Java

程序设计实用教程(第4版)

微课视频版

胡伏湘　　　　　　　主　编
肖玉朝　曾新洲　张　田　副主编
雷军环　吴名星　文建全　编　著

清华大学出版社
北京

内 容 简 介

Java 是当今软件行业的主流语言，也是软件技术及相关专业学生必须掌握的编程工具。本书以"仿QQ 聊天软件"项目为主线，遵循软件行业标准，按照软件项目开发的流程，全面介绍了面向对象编程思想和运用 Java 语言及 Eclipse 开发平台完成项目的过程。内容包括课程准备、面向对象编程初级、面向对象编程高级、图形用户界面和网络编程及相关技术共 5 篇 17 章，主要知识点有搭建开发环境、建立面向对象的编程思想、创建类和对象、使用程序包、实现接口、异常处理、图形用户界面及组件处理、流、多线程、网络通信和数据库编程技术。通过贯穿全书的"仿 QQ 聊天软件"项目分析与编程设计，让读者实现从理论到实际、从初学者到程序员的提升。

本书以通俗易懂的语言介绍了 Java 编程思想，运用大量的经典实例，从实用的角度讲解了 Java 面向对象编程思路和技术，运用项目驱动和案例教学，让读者轻松掌握 Java 软件开发过程，并提供全套案例和项目源程序。

本书适合有一定编程基础的读者使用，可作为高职院校、应用型本科及其他高等院校"Java 程序设计"和"面向对象程序设计"课程的教材，也可作为编程类培训班的教材或参考资料。

本书封面贴有清华大学出版社防伪标签，无标签者不得销售。
版权所有，侵权必究。举报：010-62782989，beiqinquan@tup.tsinghua.edu.cn。

图书在版编目(CIP)数据

Java 程序设计实用教程：微课视频版/胡伏湘主编. —4 版. —北京：清华大学出版社，2022.12 (2023.9重印)
ISBN 978-7-302-61968-0

Ⅰ.①J… Ⅱ.①胡… Ⅲ.①JAVA 语言—程序设计—教材 Ⅳ.①TP312.8

中国版本图书馆 CIP 数据核字(2022)第 181619 号

责任编辑：	闫红梅
封面设计：	刘　键
责任校对：	李建庄
责任印制：	杨　艳

出版发行：清华大学出版社
网　　址：http://www.tup.com.cn, http://www.wqbook.com
地　　址：北京清华大学学研大厦 A 座　　邮　编：100084
社 总 机：010-83470000　　邮　购：010-62786544
投稿与读者服务：010-62776969，c-service@tup.tsinghua.edu.cn
质量反馈：010-62772015，zhiliang@tup.tsinghua.edu.cn
课件下载：http://www.tup.com.cn,010-83470236

印 装 者：三河市铭诚印务有限公司
经　　销：全国新华书店
开　　本：185mm×260mm　　印　张：21　　字　数：513 千字
版　　次：2005 年 7 月第 1 版　　2022 年 12 月第 4 版　　印　次：2023 年 9 月第 2 次印刷
印　　数：1201～2200
定　　价：59.00 元

产品编号：097746-01

前言

期盼已久的第 4 版终于面世了。本书在继承第 3 版优势和精华的基础上，将国家有关政策精神融入教材内容，将软件行业相关标准和规范渗透到项目开发过程，更具高度和专业性，特色更为明显。

本书自 2005 年 7 月第 1 版诞生，到现在已经有 17 年了，承蒙全国各地同仁厚爱，被九十所高等院校选为教材或者教学参考用书，许多老师和读者通过 E-mail 或者电话提出了宝贵的建议和意见，并就业界动态、技术变化、内容组织、教学方法、实训实践设计等方面与作者进行了深入的探讨，为再版提供了目标和方向。在此，作者对长期支持和关心本书的所有读者表示深深的感谢！

软件技术的更新和版本迭代升级是 IT 人永恒的话题，紧跟业界变化，融入最新技术和行业规范，为软件企业培养优秀的程序员是本书编者的使命。掌握业界主流编程语言和开发工具，能够独立开发网络软件项目，是软件类专业学生梦寐以求的事情。"以行业项目引导人、以经典案例启发人、以通俗语言教诲人"是本书追求的目标。作者在软件研发岗位任职多年，本书既是所积累经验的系统总结，更是技术技能培养的完美升华。

本书定位为培养 Java 程序员，适合具有一定编程基础和数据库知识、步入软件开发之路的入门者使用。本书以业界通用的 Eclipse 作为设计平台，通过纯 Java 开发的"仿 QQ 聊天软件"项目主线，从需求分析到功能实现，贯穿全部教学过程，让学习者有兴趣、有目标、有挑战，实现从学生到程序员身份的顺利过渡。

本书按照企业承接一个软件项目的标准流程，从项目需求分析、搭建开发环境到最后编码实现，分为 5 篇共 17 章。

第一篇：课程准备，包括前 3 章。第 1 章是初识 Java，第 2 章是搭建开发环境，第 3 章是建立面向对象的编程思想。通过分析"仿 QQ 聊天软件"项目需求及面向对象特性，初步建立面向对象思想，为后续学习在环境上、思想上、项目上做好准备。

第二篇：面向对象编程初级，包括第 4~7 章。第 4 章是创建类，第 5 章是创建类的成员属性和方法，第 6 章是创建对象，第 7 章是使用程序包。通过实现"仿 QQ 聊天软件"的类及包，掌握类、对象、包技术相关知识在实际项目中的应用方法。

第三篇：面向对象编程高级，包括第 8~11 章。第 8 章是实现继承，第 9 章是实现接口，第 10 章是实现多态，第 11 章是处理异常。通过实现"仿 QQ 聊天软件"高级特性，让读者掌握利用继承、接口、抽象类、多态、异常处理相关知识在实际中提高程序的重用性、可维护性、可扩展性、容错性的方法。

第四篇：图形用户界面，包括第 12、13 章。第 12 章是 AWT 和 Swing 支持的 GUI 编程，第 13 章是 Java 中的事件处理。通过实现"仿 QQ 聊天软件"图形界面，掌握图形用户界面及事件处理相关知识在实际中的运用方法。

第五篇：网络编程及相关技术，包括最后 4 章。第 14 章是实现流，第 15 章是实现多线程,第 16 章是实现网络通信,第 17 章是实现数据库编程。通过实现"仿 QQ 聊天软件"网络编程,掌握网络通信及流处理、多线程、JDBC 技术在实际项目中的综合运用。

与第 3 版相比,第 4 版主要有 6 方面的变化:一是重新设计了实践教学体系,将耳熟能详的"仿 QQ 聊天软件"项目贯通整个教材,操作界面和功能模块众所周知,既有实用性,更具挑战性;二是本书所有内容、技能训练和项目实践全部更新为最新技术,紧密对接业界主流平台;三是所有技能训练全部对接各章教学内容,学完理论即可马上通过实践巩固知识点;四是所有项目实践全部按照"仿 QQ 聊天软件"的项目分析,逐步实现,渗透软件行业标准;五是增加了课程思政内容,将工匠精神、行业规范、名人典故等元素融入教材;六是为难点内容录制了微课视频,突破瓶颈有保障。

本书的主要特色是:

(1) 面向 Java 程序员职业岗位,从"仿 QQ 聊天软件"需求分析入手,以项目开发为主线,完全贯通教学内容。

(2) 5 个项目实战训练,17 章内容,15 个与章节对应的技能训练,完整的实践教学体系,从生手到高手不再是难事。

(3) 每个知识点都设计了典型例题,既能反映知识点,又具有很强的实用价值,是模块设计的缩影。

(4) 每一章均安排了相应的技能训练,每篇即一个模块,均设计了项目实战,实践环节比例达到 50%以上,理论和实践融会贯通。

(5) 语言通俗易懂,讲解深入浅出,让读者迅速上手,逐步建立编程思想,最后提供程序代码,实现由知识到技能的突破。

本书所有的例题和源程序均在 JDK 8、Eclipse 4.5 环境中运行通过,本书配套的教学资源,包括全部源程序代码及相应素材、电子教案和习题参考答案,可以从清华大学出版社网站(www.tup.com.cn)下载。

本书第一至三篇由长沙商贸旅游职业技术学院胡伏湘编写,第四篇由长沙商贸旅游职业技术学院肖玉朝和长沙民政职业技术学院雷军环编写,第五篇由长沙商贸旅游职业技术学院张田和长沙民政职业技术学院雷军环编写,技能训练和项目实践由长沙商贸旅游职业技术学院曾新洲和长沙民政职业技术学院吴名星编写,技能训练和软件项目得到了湖南创星科技股份有限公司文建全先生的指导,全书由胡伏湘统稿。本书在编写过程中,得到了清华大学出版社的大力支持,并参阅了众多的图书文献和网络资源,在此一并表示感谢。

由于编者水平有限,不足之处在所难免,恳求批评指正。

编 者

2022 年 4 月于长沙

第一篇　课　程　准　备

第 1 章　初识 Java ·· 3

1.1　Java 语言的发展历史 ·· 4
1.1.1　Java 的三种版本 ·· 4
1.1.2　Java 的应用 ·· 4
1.2　Java 语言的特点与 Java 虚拟机 ··· 5
1.2.1　Java 语言的特点 ··· 5
1.2.2　Java 虚拟机（JVM） ··· 6
本章习题 ·· 7

第 2 章　搭建开发环境 ··· 8

2.1　软件的安装与配置 ·· 8
2.1.1　安装和设置 JDK ··· 8
2.1.2　Eclipse 介绍 ··· 8
2.2　体验第一个 Java 程序 ·· 10
2.2.1　应用程序（Application） ·· 10
2.2.2　应用程序的运行 ·· 10
2.2.3　小程序（Applet） ·· 12
2.2.4　小程序的运行 ·· 13
本章习题 ·· 14

第 3 章　建立面向对象的编程思想 ·· 15

3.1　面向对象的思想 ·· 15
3.1.1　面向对象思想的基本概念 ··· 15
3.1.2　面向对象思想的基本特征 ··· 16
3.1.3　面向对象思想的基本要素 ··· 17
3.2　面向对象的编程方法 ·· 17
3.2.1　面向对象编程的基本步骤 ··· 17
3.2.2　主要概念解析 ·· 18
3.2.3　类的实现 ··· 19
本章习题 ·· 21

项目实战1　分析"仿QQ聊天软件"项目 ………………………………………………… 22

第二篇　面向对象编程初级

第4章　创建类 …………………………………………………………………………… 31

4.1　定义类 …………………………………………………………………………… 31
4.1.1　声明类 …………………………………………………………………… 31
4.1.2　修饰类 …………………………………………………………………… 33
4.2　成员属性的声明 ………………………………………………………………… 33
4.2.1　基本数据类型 …………………………………………………………… 33
4.2.2　类型转换 ………………………………………………………………… 36
4.2.3　成员属性的声明 ………………………………………………………… 36
技能训练1　创建类 ……………………………………………………………………… 41
本章习题 ………………………………………………………………………………… 45

第5章　创建类的成员属性和方法 ……………………………………………………… 46

5.1　Java语言的基本组成 …………………………………………………………… 46
5.1.1　分隔符 …………………………………………………………………… 46
5.1.2　关键字 …………………………………………………………………… 47
5.2　运算符与表达式 ………………………………………………………………… 48
5.2.1　算术运算符 ……………………………………………………………… 48
5.2.2　关系运算符 ……………………………………………………………… 49
5.2.3　逻辑运算符 ……………………………………………………………… 49
5.2.4　赋值运算符 ……………………………………………………………… 50
5.2.5　条件运算符 ……………………………………………………………… 50
5.2.6　表达式 …………………………………………………………………… 50
技能训练2　创建类的成员属性 ………………………………………………………… 51
5.3　控制结构 ………………………………………………………………………… 52
5.3.1　分支语句 ………………………………………………………………… 53
5.3.2　循环语句 ………………………………………………………………… 57
5.3.3　Java编程规范 …………………………………………………………… 59
5.4　数组 ……………………………………………………………………………… 60
5.4.1　一维数组 ………………………………………………………………… 60
5.4.2　多维数组 ………………………………………………………………… 62
5.5　成员方法的声明 ………………………………………………………………… 63
5.5.1　方法的声明 ……………………………………………………………… 63
5.5.2　方法的覆盖与重载 ……………………………………………………… 65
技能训练3　创建类的成员方法 ………………………………………………………… 68

本章习题 ·· 70

第 6 章　创建对象 ·· 72

6.1 类的实例化及对象引用 ··· 72
　　6.1.1 类的实例化 ·· 72
　　6.1.2 对象的引用 ·· 73
　　6.1.3 方法的参数传递 ·· 74
　　6.1.4 对象的消失 ·· 75
6.2 构造方法 ··· 76
　　6.2.1 构造方法的定义 ·· 76
　　6.2.2 构造方法的重载 ·· 77
技能训练 4　创建对象 ·· 79
本章习题 ·· 83

第 7 章　使用程序包 ··· 84

7.1 Java 系统包 ··· 84
　　7.1.1 Java 类库结构 ·· 84
　　7.1.2 包的引用 ··· 86
7.2 建立自己的包 ··· 87
　　7.2.1 包的声明 ··· 87
　　7.2.2 包的应用 ··· 88
7.3 字符串的处理 ··· 90
　　7.3.1 字符串的生成 ··· 90
　　7.3.2 字符串的访问 ··· 91
　　7.3.3 String 类的常用方法 ·· 91
7.4 JDK 帮助系统 ·· 92
　　7.4.1 JDK 帮助文档介绍 ·· 93
　　7.4.2 JDK 帮助文档应用举例 ·· 95
技能训练 5　使用程序包 ·· 97
本章习题 ·· 101

项目实战 2　实现"仿 QQ 聊天软件"的类及包 ····························· 103

第三篇　面向对象编程高级

第 8 章　实现继承 ·· 109

8.1 定义继承 ··· 109
　　8.1.1 继承的概念 ·· 109
　　8.1.2 继承的声明 ·· 110

8.2 子类对父类的访问 ··· 110
    8.2.1 调用父类中特定的构造方法 ·· 110
    8.2.2 在子类中访问父类的成员 ·· 111
8.3 定义抽象类 ··· 112
    8.3.1 什么叫抽象类 ·· 112
    8.3.2 抽象类的声明 ·· 113
技能训练6 实现继承 ·· 114
本章习题 ·· 117

第9章 实现接口 ·· 119

9.1 定义接口 ··· 119
    9.1.1 什么叫接口 ·· 119
    9.1.2 声明接口 ·· 119
9.2 接口的实现 ·· 120
    9.2.1 实现一个接口 ·· 120
    9.2.2 实现多个接口 ·· 121
    9.2.3 应用接口 ·· 121
技能训练7 实现接口 ·· 121
本章习题 ·· 125

第10章 实现多态 ··· 126

10.1 创建多态的条件 ·· 126
    10.1.1 什么叫多态 ··· 126
    10.1.2 多态的条件 ··· 126
10.2 实现多态的两种方法 ·· 127
    10.2.1 子类向父类转型实现多态 ··· 127
    10.2.2 实现类接口 ··· 128
技能训练8 实现多态 ·· 128
本章习题 ·· 130

第11章 处理异常 ··· 131

11.1 异常的分类 ·· 131
    11.1.1 异常的产生 ··· 132
    11.1.2 Java定义的标准异常类 ··· 132
11.2 异常处理机制 ·· 134
    11.2.1 异常处理的语句结构 ··· 134
    11.2.2 Throwable类的常用方法 ·· 136
    11.2.3 异常类的创建 ··· 137
11.3 异常的抛出 ·· 137

11.3.1 throw 语句 ········· 138
11.3.2 throws 语句 ········· 138
技能训练 9 处理异常 ········· 139
本章习题 ········· 141

项目实战 3 实现"仿 QQ 聊天软件"高级特性 ········· 143

第四篇 图形用户界面

第 12 章 AWT 和 Swing 支持的 GUI 编程 ········· 147

12.1 使用 AWT 框架创建 GUI 图形用户界面 ········· 147
12.1.1 AWT 组件的层次结构 ········· 147
12.1.2 AWT GUI 组件的类型 ········· 148
12.1.3 AWT 容器组件 ········· 148
12.1.4 AWT 基本组件 ········· 153

12.2 使用 Swing 框架创建 GUI 图形用户界面 ········· 164
12.2.1 Swing 包的优势 ········· 164
12.2.2 Swing 包的体系结构 ········· 164
12.2.3 Swing 组件的层次结构 ········· 165
12.2.4 Swing 包中的基本组件 ········· 166

12.3 布局管理器 ········· 170
12.3.1 FlowLayout 流布局管理器 ········· 171
12.3.2 GridLayout 网格布局管理器 ········· 172
12.3.3 BorderLayout 边界布局管理器 ········· 173
12.3.4 其他布局管理器 ········· 174

技能训练 10 创建图形界面 ········· 174
本章习题 ········· 179

第 13 章 Java 中的事件处理 ········· 181

13.1 交互与事件处理 ········· 181
13.1.1 事件处理中的基本概念 ········· 181
13.1.2 事件处理模型 ········· 182
13.1.3 事件类型 ········· 183

13.2 事件类与接口 ········· 183
13.2.1 事件监听器接口 ········· 183
13.2.2 事件处理流程 ········· 184
13.2.3 事件处理的实现方式 ········· 185

13.3 事件适配器 ········· 188
13.3.1 引入事件适配器类 Adapter 的必要性 ········· 188

13.3.2 事件监听器接口对应的适配器类 ·················· 188
13.3.3 使用事件适配器类实现事件监听 ·················· 189
13.3.4 选择适当的事件类型 ·················· 191
13.3.5 实现多重监听器 ·················· 191
技能训练 11 处理图形界面组件事件 ·················· 191
本章习题 ·················· 201

项目实战 4 实现"仿 QQ 聊天软件"图形界面 ·················· 203

第五篇 网络编程及相关技术

第 14 章 实现流 ·················· 217

14.1 识别流的类型 ·················· 217
14.2 输入输出流 ·················· 218
  14.2.1 Java 标准输入输出数据流 ·················· 218
  14.2.2 InputStream 类 ·················· 219
  14.2.3 Reader 类 ·················· 221
  14.2.4 OutputStream 类 ·················· 222
  14.2.5 Writer 类 ·················· 223
14.3 应用文件流 ·················· 224
  14.3.1 File 类 ·················· 225
  14.3.2 FileInputStream 类和 FileOutputStream 类 ·················· 226
技能训练 12 实现流 ·················· 229
本章习题 ·················· 237

第 15 章 实现多线程 ·················· 239

15.1 认识多线程 ·················· 239
  15.1.1 线程 ·················· 239
  15.1.2 多线程的意义 ·················· 240
  15.1.3 线程的优先级与分类 ·················· 241
  15.1.4 线程的生命周期 ·················· 241
15.2 创建多线程 ·················· 242
  15.2.1 Thread 线程类 ·················· 242
  15.2.2 线程的创建 ·················· 243
15.3 同步多线程 ·················· 246
  15.3.1 synchronized 同步方法 ·················· 246
  15.3.2 synchronized 同步代码块 ·················· 248
技能训练 13 实现多线程 ·················· 249
本章习题 ·················· 252

第 16 章　实现网络通信 · 253

16.1　认识网络通信 · 253
16.1.1　网络编程基本理论 · 254
16.1.2　网络编程的基本方法 · 255

16.2　URL 编程 · 255
16.2.1　URL 类 · 255
16.2.2　URLConnection 类 · 257

16.3　实现基于 Socket 的网络通信 · 259
16.3.1　ServerSocket 类 · 260
16.3.2　Socket 类 · 260
16.3.3　Socket 应用 · 261

技能训练 14　实现网络通信 · 266
本章习题 · 276

第 17 章　实现数据库编程 · 277

17.1　认识 JDBC · 277
17.1.1　JDBC 概述 · 277
17.1.2　JDBC 的功能 · 277
17.1.3　JDBC 驱动程序类型 · 278

17.2　实现 JDBC 数据库编程 · 279
17.2.1　JDBC API · 279
17.2.2　JDBC 应用程序的开发过程 · 279

技能训练 15　实现数据库编程 · 283
本章习题 · 286

项目实战 5　实现"仿 QQ 聊天软件"存储和通信 · 288

参考文献 · 323

第一篇

课程准备

在学习 Java 程序设计语言之前,了解 Java 语言的发展史,明确其特点、开发环境及在软件开发中所处的地位、目的、任务和思想,有助于学习过程的有的放矢。

通过本篇的学习,能够:
- 了解 Java 语言的发展历史和特点;
- 搭建 Java 程序的开发和运行环境;
- 理解 Java 程序的运行原理;
- 初步建立面向对象的编程思想。

本篇通过分析"仿 QQ 聊天软件"需求及面向对象特性,初步建立面向对象思想,从环境、思想、项目方面为后续的学习做准备。

第 1 章 初识 Java

主要知识点

Java 语言的发展历史；

Java 语言的特点；

Java 的三种版本。

学习目标

熟悉 Java 语言的特点和三种版本。

软件开发是将用户需求设计成软件系统的过程，通常包括需求分析、设计、实现、测试、维护等环节，软件一般是用程序设计语言通过设计平台完成。其主流技术包括五个：数据库开发、商务网站设计、Java、.NET 和移动应用开发。数据库开发技术主要包括 MS SQL Server、MySQL、Oracle、DB2、SYBASE、MongoDB 等。传统的关系数据库如 MS SQL Server，用表存放字符、数值、日期等结构化数据，但在移动软件中，经常包含地理位置等记录长度可变的数据，这时就需要用非结构化数据库存储，如 MongoDB、HBase。商务网站开发包括客户端技术和服务器端技术，客户端技术用于设计客户端页面、动态脚本和动画，主要包括 HTML、CSS+DIV、JavaScript/VBscript、Ajax、PHP、ASP.NET、JSP.NET、Perl 等，服务器端用于数据的保存及后台处理，通常包括 ASP.NET 和 JSP，前者用于 Windows 环境，后者可以用于 Android、iOS、Windows 等操作系统。Java 技术以 Java 开发平台 JDK 为基础，采用 Struts+Spring+Hibernate/iBATIS 架构（Java SSH/SSI）或 JSP+Servlet+Javabean+Dao 的 MVC（模型—视图—控制器）框架，是目前软件行业最主要的开发技术，可以跨平台运行；.NET 技术以 Windows 操作系统为基础，开发 Windows 环境的应用软件。

Java 的先导技术有计算机应用基础和一定的编程知识，根据软件开发类型选择后续课程，如表 1-1 所示。

表 1-1 Java 的后续技术

主要技术	说明	主要应用
Java EE	Java 开发平台企业版	企业级网络应用软件开发
Java ME	Java 开发平台微型版	嵌入式设备、无线终端、Wap 应用开发
JSP	动态网页设计	Web 应用和动态网站开发
Android	安卓操作系统	安卓智能终端应用软件开发
iOS	苹果公司移动操作系统	苹果智能终端应用软件开发

1.1 Java 语言的发展历史

Java 是 Sun Microsystems 公司在 1995 年推出的面向对象程序设计语言,1998 年发布了 Java 开发的免费工具包 JDK 1.2,并开始使用 Java 2 这一名称,从此 Java 技术在软件开发领域全面普及,以后又陆续推出了 JDK 1.3、1.4、1.5、1.6、1.7、1.8、1.9 等版本,Java 10 以后名称改为 JDK 10、JDK 11、JDK 12、JDK 13、JDK 14、JDK 15,Java 是一种跨平台的面向对象程序设计语言。2009 年,Sun Microsystems 被 Oracle(甲骨文)公司收购,JDK 软件及帮助文档等相关技术资料均可在 Oracle 官网上免费下载。

1.1.1 Java 的三种版本

Java 程序的运行需要 JDK(Java Development Kit-Java 开发工具)软件的支持,JDK 有 3 种版本:

(1) Java SE:Standard Edition(标准版),又称为 J2SE,包含了构成 Java 语言核心的类,主要用于桌面应用软件的编程。

(2) Java EE:Enterprise Edition(企业版),又称为 J2EE,是 Java 2 企业开发的技术规范,是对标准版的扩充,包括企业级软件开发的许多组件,如 JSP、Servlet、JavaBean、EJB、JDBC、JavaMail 等。

(3) Java ME:Micro Edition(微型版),又称为 J2ME,是对 J2SE 的压缩并增加一些专用类而构成的,用于嵌入式系统和电子产品的软件开发。如智能卡、智能手机、手持设备 PDA、智能电器。

Java 编程入门都是从标准版开始的,这也是本书的版本,其他版本在后续课程中将会单独开设,也可以自学掌握。

1.1.2 Java 的应用

Java 技术自 1995 年问世以来,在我国得到了迅速普及,主要集中于企业应用开发。从开发领域的分布情况上看,Web 开发占大半市场份额,还包括 Java ME 移动或嵌入式开发、C/S 应用、系统编程等。具体应用在 5 个领域:

(1) 行业和企业信息化:由于 Sun、IBM、Oracle、BEA 等国际厂商相继推出各种基于 Java 技术的应用服务器以及各种应用软件,带动了 Java 在商业、金融、电信、制造等领域日益广泛的应用。Java 在我国软件开发领域应用非常广泛,如移动、联通、电信等通信行业的信息化平台,银行、证券、保险公司的金融管理系统,ERP 企业资源计划软件等,特别是淘宝、京东这类访问量极大的购物网站,程序员们需要设计最优架构,多次峰值测试,确保在等流量极大的时间段还能稳定运行。

(2) 电子政务及办公自动化:我国自主开发的 Java EE 应用服务器在电子政务及办公自动化中也得到应用,如金蝶软件(中国)有限公司的 Apusic 在民政部及广东省市工商局应用;东软集团有限公司的电子政务架构 EAP 平台在社会保险、公检法、税务系统得到应用;中创软件商用中间件股份有限公司的 InforWeb 等 Infor 系列中间件产品在国家海事局、山东省政府及中国建设银行、民生银行等金融系统应用。

(3) 嵌入式设备及消费类电子产品：手机和无线手持设备的App、通信终端、医疗设备、智能家电（如智能冰箱）物联网、汽车电子设备等都是热门的Java应用领域，如微信、百度等App给人们的工作和生活带来了诸多便利。

(4) 辅助教学：运用Java架构设计的远程教学系统、教学资源管理系统、交互式仿真教学平台、网络虚拟课堂、电子书包等软件极大提高了教育信息化程度。

(5) 大数据技术：在大数据领域，Java语言也是比较常见的编程语言，Hadoop以及其他大数据处理技术很多是通过Java语言实现的。例如，Apache的基于Java的HBase、结构化存储Accumulo和分布式搜索分析引擎Elasticsearch。

1.2 Java语言的特点与Java虚拟机

Java语言克服了其他语言的许多缺陷（如C语言中的指针），采用面向对象编程方式，与人类处理事务的过程更加接近，受到广大程序员的喜爱。

1.2.1 Java语言的特点

(1) 面向对象：面向对象是现实世界模型的自然延伸，现实世界中任何实体都可以看作是对象，对象之间通过消息相互作用。如果说传统的过程式编程语言是以过程为中心、以算法为驱动，那么面向对象的编程语言则是以对象为中心、以消息为驱动。用公式表示，面向过程的编程语言是：程序＝算法＋数据；面向对象编程语言为：程序＝对象＋消息。Java语言是一种典型的面向对象编程语言，具有封装、多态和继承等属性。

(2) 平台无关性：用Java写的应用程序不用修改就可在不同的软硬件平台上运行，称为跨平台，Java主要靠Java虚拟机（JVM）实现平台无关性。

(3) 分布式：分布式包括数据分布和操作分布。数据分布是指数据可以分散在网络的不同主机上，操作分布是指把一个计算分散在不同主机上处理。

Java支持WWW客户端/服务器计算模式，因此，它支持这两种分布性。对于前者，Java提供了一个叫作URL的对象，利用这个对象可以打开并访问具有相同URL地址上的对象，访问方式与访问本地文件系统相同。对于后者，Java的Applet小程序可以从服务器下载到客户端，即部分计算在客户端进行，提高系统执行效率。Java提供了一整套网络类库，开发人员可以利用类库进行网络程序设计，方便实现Java的分布式特性。

(4) 可靠性和安全性：Java最初设计的目的是应用于电子产品，因此要求有较高的可靠性，它源于C++，但消除了C++中的许多不可靠因素，可以防止不少编程错误。首先，Java是强类型的语言，要求显式的方法声明，保证了编译器可以发现方法调用错误，保证程序可靠；其次，Java不支持指针，杜绝了内存的非法访问；第三，Java的自动单元收集防止了内存丢失等动态内存分配导致的问题；第四，Java解释器运行时实时检查，可以发现数组和字符串访问的越界；Java还提供了异常处理机制，程序员可以把一组错误代码放在一个地方，简化错误处理任务，从源头上控制了错误的出现。

Java主要用于网络应用程序开发，对安全性有较高的要求。如果没有安全保证，用户从网络下载程序执行就非常危险。Java 通过自己的安全机制防止了病毒程序的产生和下载程序对本地系统的威胁破坏。当 Java 字节码进入解释器时,首先必须经过字节码校验器的检查;然后,Java 解释器决定程序中类的内存布局;接着,类装载器负责把来自网络的类装载到单独的内存区域,避免应用程序之间相互干扰破坏;最后,客户端用户还可以限制从网络上装载的类只能访问某些文件系统。几种机制结合起来,使 Java 安全性得到了根本保证。

(5) 多线程:线程是操作系统的一种新概念,又称为轻量进程,是比传统进程更小的可并发执行的单位。Java 在两方面支持多线程,一方面,Java 环境本身就是多线程的,若干个系统线程运行负责必要的无用单元回收,系统维护等系统级操作;另一方面,Java 语言内置多线程控制,简化了多线程应用程序开发。Java 提供了一个类 Thread,负责启动运行,终止线程,并可检查线程状态。Java 的线程还包括一组同步原语,负责对线程实行并发控制。利用 Java 的多线程编程接口,开发人员可以方便地写出支持多线程的应用程序,提高程序执行效率。

(6) 健壮性:Java 在编译和运行程序时,都要对可能出现的问题进行检查,以消除错误的产生。它提供自动垃圾收集来进行内存管理,防止程序员在管理内存时容易产生的错误。通过集成的面向对象的异常处理机制,在编译时,Java 提示可能出现但未被处理的异常,帮助程序员正确选择以防止系统崩溃。另外,Java 在编译时还可捕获类型声明中的许多常见错误,防止动态运行时出现不匹配的问题。

(7) 灵活性:Java 适合于一个不断发展的环境,在类库中可以自由地加入新的方法和实例变量而不会影响用户程序的执行,通过接口实现多重继承,比类的多重继承更加具有灵活性和扩展性。

Sun 公司在其网站上定期扩充和更新系统类库,加上大量的免费资源,用户可以将这些资源无缝嵌入自己的系统,缩短了用户开发软件的周期。

1.2.2　Java 虚拟机(JVM)

JVM 是一种抽象机器,它附着在具体操作系统之上,本身具有一套虚机器指令,并有自己的栈、寄存器组等,在 JVM 上有一个 Java 解释器用来解释 Java 编译器编译后的程序。Java 编程人员在编写完软件后,通过 Java 编译器将 Java 源程序编译为 JVM 的字节代码。任何一台机器只要配备了 Java 解释器,就可以运行这个程序,而不管这种字节码是在何种平台上生成的,如图 1-1 所示。Java 采用了基于 IEEE 标准的数据类型,通过 JVM 保证数据类型的一致性,也确保了 Java 的平台无关性,程序员开发一次软件即在任意平台上运行,无须进行任何改造。

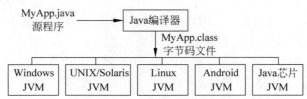

图 1-1　Java 的平台无关性示意图

JVM 是 Java 的核心和基础，是 Java 编译器和 OS 平台之间的虚拟处理器，利用软件方法实现操作系统和硬件平台，可以在上层直接执行 Java 字节码程序，其运行原理如图 1-2 所示。

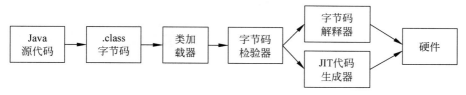

图 1-2　JVM 运行原理

字节码是可以发送给任何平台并且能在那个平台上运行的独立于平台的代码，而不是编译成与某个特定的处理器硬件平台对应的指令代码。在 Java 编程语言和环境中，即时 JIT(just-in-time)编译器是一个把 Java 的字节码转换成可以直接发送给处理器的指令的程序，因此 Java 编译器只要面向 JVM，生成 JVM 能理解的代码或字节码文件即可，通过 JVM 将每一条指令翻译成不同平台机器码，在 Java 运行时环境(Java Runtime Environment，JRE)下运行，JRE 是由 JVM 构造的 Java 程序的运行环境。JVM 的功能包括加载.class 文件、管理并分配内存、执行垃圾收集等。

本章习题

1．简答题

（1）Java 语言有哪些特点？主要用于开发哪些方面的软件？
（2）Java 有哪些版本，各用于什么场合？
（3）什么是 Java 虚拟机？简述其工作机制。
（4）什么是 JDK？它与 Java 有什么关系？

2．操作题

参考第 2 章的内容，试着写一个简单的 Java 程序，输出一行信息"这是我第一次使用 Java!"，并与 C 语言程序进行对比，比较其异同。

第 2 章 搭建开发环境

主要知识点

Java 开发环境的建立方法；

Java 程序的分类、工作原理、建立方法和运行过程；

Java 程序的开发平台。

学习目标

掌握 Java 程序的设计与运行过程。

Java 源程序的编辑和运行环境有多种，最常用的是采用 Windows 中的记事本编写源程序，然后进入 MS-DOS 窗口状态，在提示符状态下输入编译命令将源程序编译为 class 文件，最后运行程序。也可以在 JCreate 集成环境输入源程序并运行，适合于初学者。而业界通常是 Eclipse 或 MyEclipse 环境，本书采用 Eclipse 开发平台。

2.1 软件的安装与配置

Java 开发环境包括两部分：Java 开发工具集 JDK 和开发平台。开发平台有很多，本书采用业界通用的 Eclipse。

2.1.1 安装和设置 JDK

JDK 是一种免费资源，可以在 Sun 公司网站上免费下载，一般使用的是其标准版，即 Java SE。本书采用软件企业常用的版本 JDK 8，将下载的 JDK 文件 jdk-8u25-windows-x64.exe 安装后即可使用，默认的位置是 C:\Program Files\Java\jdk1.8.0_25。

2.1.2 Eclipse 介绍

Eclipse 是最初由 IBM 公司设计的集成环境，是一个开放源代码的、基于 Java 技术的可扩展开发平台，本身只是一个框架和一组服务，但通过添加插件可以搭建各种基于 Java 技术的软件项目，如 Java EE、Java ME、Android、JSP，还支持 Java 以外的其他语言，包括 C/C++、Perl、Ruby、Python 和数据库开发，是开发企业级软件的标准平台。

Eclipse 是一款绿色软件，可以从 Eclipse 网站下载，下载后直接解压即可运行，第一次启动时它会自动查找 JDK 的位置并配置好相应的参数。Eclipse 平台由平台核心(platform kernel)、工作台(workbench)、工作区(workspace)、团队(team)以及帮助(help)等组件组成。当启动 Eclipse 时，先执行平台核心，再加载其他外挂程序。

工作区负责管理使用者的资源，这些资源会被组织成一个（或多个）项目，摆在最上层。每个项目对应到 Eclipse 工作区目录下的一个子目录。每个项目可包含多个文件和数据夹，通常每个数据夹对应一个在项目目录下的子目录，数据夹也可连到档案系统中的任意目录。

Eclipse 工作台如图 2-1 所示，是仅次于平台核心最基本的组件，其主要窗口就是工作界面，主要包括菜单栏、常用工具栏、包浏览器窗格 Package Explorer（左边）、源文件编辑器窗格（中间）、大纲窗格 Outline（右边）、任务窗格 Problems。

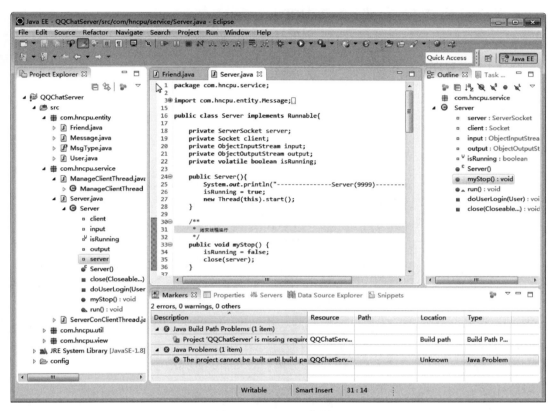

图 2-1　Eclipse 工作界面

包浏览器窗格中包括项目名、源文件列表和 JRE（Java 运行时环境）系统库及其他文件；大纲窗格中则列出了当前源程序中所包含的常量、变量和方法；任务窗格中通常包括问题（Problems）、文档（Javadoc）、声明（Declaration）、控制台（Console）等选项卡，如果选择 Problems 选项卡，则系统会检测源程序并显示其中存在的错误数（errors）、警告数（warnings）和其他问题数，并在下方的描述窗格（Description）显示详细情况。

Eclipse 允许用户同时打开或编辑多个文件，以选项卡的形式进行切换，源程序中，系统用不同颜色标记语法成分，并具有逐步提示功能，方便用户输入。如果需要设置工作台的内容，可以从 Window 下的 Show View 菜单中选取一个视图来实现。

2.2 体验第一个 Java 程序

Java 程序分为两类：应用程序 Application 和小程序 Applet。Application 多以控制台（Console）方式经编译后单独运行。而 Applet 程序不能单独运行，必须以标记的方式嵌入 Web 页面（HTML 文件），在支持 Java 虚拟机的浏览器上运行，使用时应该区别。

2.2.1 应用程序（Application）

下面是一个 Java 应用程序，输出一行文字"我在学习 Java!"。

例 2-1 源程序文件名是 HelloJava.java。

```
public class HelloJava {                //最简单的应用程序
  public static void main (String args[ ]){
    System.out.println("我在学习 Java!");
  }
}
```

程序中，首先用保留字 class 来声明一个新的类，其类名为 HelloJava，它是一个公共类（public）。整个类定义由大括号{ }括起来。在该类中定义了一个 main()方法，其中 public（公共的）表示访问权限，指明所有的类都可以使用这一方法；static（静态的）指明该方法是一个类方法，可以通过类名直接调用；void（任意的）则指明 main()方法不返回任何值。对于一个应用程序来说，main()方法是必需的，而且须按照如上的格式来定义。Java 解释器在没有生成任何实例的情况下，以 main()作为入口来执行程序。Java 程序中可以定义多个类，每个类中可以定义多个方法，但是最多只能有一个公共类，main()方法也只能有一个，作为程序的入口。main()方法定义中，括号()中的 String args[]是传递给 main()方法的参数，参数名为 args，它是类 String（字符串）的一个实例，参数可以为 0 个或多个，每个参数用"类名 参数名"来指定，多个参数间用逗号分隔。在 main()方法的实现（大括号）中，只有一条语句：

```
System.out.println("我在学习 Java!");
```

用来将字符串输出，调用了 println 方法。第 1 行中，"//"后的内容为注释。

2.2.2 应用程序的运行

在 Eclipse 中，要运行 Java 程序，先要建立一个项目（Project），然后在这个项目中增加一个类（Class），然后运行此项目。

(1) 新建一个项目。

依次单击 File→New→Project…→Java→Java Project 菜单项，弹出 New Java Project 对话框，输入项目名并设置好项目所在的位置及其他参数，单击 Finish 按钮，完成项目的创建，如图 2-2 所示。

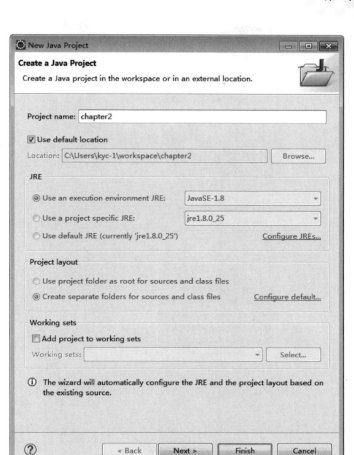

图 2-2　New Java Project 对话框

（2）创建一个 Java 程序。

一个项目中可以包括多个 Java 程序（类），这些程序不能同名。在包浏览器窗格中，选择刚刚创建的项目，依次单击 File→New→Class，打开 New Java Class 对话框，如图 2-3 所示。输入类名，设置好其他参数，单击 Finish 按钮，完成类名的创建，返回工作窗口，即可输入类的内容。

说明：Java 源程序文件实际上就是类，文件名就是类名，类型名为 .java。可以说，编写 Java 程序就是创建类。

（3）输入源程序内容。注意：Java 程序（包括文件名）严格区分大小写，书写代码时要养成习惯，语法格式中采用英文标点（不能是中文标点），一个标点、一个字母出错，程序都会报错而不能运行，程序员要有细致耐心、一丝不苟的工匠精神。

（4）运行程序。

在包浏览器窗格中，选择刚刚创建的文件（HelloJava.java），依次单击 Run→Run AS→Java Application 菜单项，或者单击运行按钮 ▶，系统在任务窗格中显示运行结果，如图 2-4 所示。

图 2-3 新建类对话框

图 2-4 程序 HelloJava.java 的运行结果

也可以在包浏览器窗格中右击文件名 HelloJava.java,或者直接在文件编辑窗口任何空白位置右击,在弹出的快捷菜单中,依次选择 Run AS→Java Application 菜单项。

2.2.3 小程序(Applet)

以下是一个 Java 小程序,用于输出一行信息 Hello World!。

例 2-2 源程序文件名是 HelloWorldApplet.java。

```
import java.awt.*;
import java.applet.*;
public class HelloWorldApplet extends Applet {      //这是一个小程序
    public void paint(Graphics g){
        g.drawString("Hello Java World!",20,20);
    }
}
```

在程序中,首先用 import 导入 java.awt 和 java.applet 下所有的包,使该程序可以使用这些包中所定义的类。然后声明一个公共类 HelloWorldApplet,用 extends 指明它是 Applet 的子类。程序中重写了父类 Applet 的 paint()方法,其中参数 g 为图形类 Graphics 的对象。在 paint()方法中,调用 g 的方法 drawString(),在坐标(20,20)处输出字符串"Hello Java World!"。

注意:小程序中没有 main()方法,这是 Applet 与 Application 的重要区别之一。

2.2.4 小程序的运行

小程序的运行方法,也要经过建立项目、建立类、输入源程序和运行程序四个步骤。

(1) 建立项目。可以新建一个项目,也可以利用原有的项目,只添加文件。

(2) 建立 Java 程序,方法与 Application 相同,但不要选中 public static void main(String[] args)复选框。

(3) 输入源程序代码,并保存。

(4) 运行程序。右击选择源程序名(HelloWorldApplet.java),在弹出的快捷菜单中,依次单击 Run→Run AS→Java Applet 菜单项,或者单击运行按钮 ,弹出 Save and Launch 对话框,选中小程序文件名,单击"确定"按钮,系统会打开一个小窗口显示运行结果,如图 2-5 所示。

图 2-5　程序 HelloWorldApplet.java 的运行结果

源程序在保存后,系统会自动编译此文件,并在项目所在文件夹的 bin 目录中产生同名的字节码文件(HelloWorldApplet.class)。

字节码文件可以作为网页文件的一个标记嵌入网页中,由浏览器软件打开。在网页文件中加进 applet 标记的方法是:

<applet code=字节码文件名.class　width=宽度 height=高度></applet>

例如,建立一个网页文件 mypage.html,与 HelloWorldApplet.class 存放在同一文件夹下,其内容如下:

```
<HTML>
<HEAD>
<TITLE>这是一个 Java Applet 的例子</TITLE>
</HEAD>
<BODY>
<applet code=HelloWorldApplet.class width=200 height=40>
</applet>
</BODY>
</HTML>
```

用浏览器软件如 IE 打开此网页文件即可,此时需要在浏览器软件中设置允许 Java 程序运行,否则会被当成不安全因素而禁止掉。

从上面两个例子看出,Java 程序是由类构成的,对于一个应用程序来说,必须有一个类中定义 main()方法,程序的运行就是从这个方法开始的,而 applet 中没有 main()方法且必须作为网页对象才能运行。可以说,编写 Java 程序就是编写类(class)的过程。

课堂练习:分别用应用程序和小程序编写一个程序,输出一行信息"欢迎您进入 Java 天地!",并写出小程序对应的 HTML 文件。

本章习题

1. 简答题

(1) 运行 Java 程序需要哪些软件?
(2) JDK 与 Eclipse 有什么关系?
(3) Java 程序分为哪几类?有什么区别?
(4) 如何在 Eclipse 环境下运行 Java 程序?

2. 操作题

(1) 从网上下载 JDK 15,并安装到本机,了解此软件安装后的目录结构和文件组成。

(2) 从网上下载 Eclipse 软件,可以是中文版,并安装到本机,熟悉其工作界面和 Java 程序运行过程。

(3) 依照本章例题,自己分别编写一个 Application 和 Applet,功能是输出以下信息并在 Eclipse 环境下运行。

I love Java!

第 3 章 建立面向对象的编程思想

主要知识点

面向对象编程的基本思想;

面向对象编程的一般方法;

运用 Java 语言编写简单的应用程序。

学习目标

掌握面向对象编程的基本思想。

面向对象编程(Object Oriented Programming,OOP)是一套概念和想法,利用计算机程序来描述实际问题,也是一种更直观、效率更高的解决问题的方法,与面向过程的编程方法(如 C 语言)相对应。面向过程的程序设计方法从解决问题的每一个步骤入手,适合于解决比较小的简单问题。而面向对象的程序设计方法则按照现实世界的特点来管理复杂的事务,把它们抽象为对象(Object),把每个对象的状态和行为封装在一起,通过对消息的反应来完成一定的任务。

Java 是面向对象的典型编程语言。面向对象编程方法主要解决两方面的问题。

- 程序代码的重复使用,提高共享程度,增加程序的开发速度。
- 降低维护负担,将具备独立性的代码封装起来,在修改部分程序代码时,不会影响程序的其他部分。

3.1 面向对象的思想

从现实世界中客观存在的事物(即对象)出发来构造软件系统,并在系统构造中尽可能运用人类的自然思维方式,强调直接以问题域(现实世界)中的事物为中心来思考问题,认识问题,并根据这些事物的本质特点,把它们抽象地表示为系统中的对象,作为系统的基本构成单位(而不是用一些与现实世界中的事物不太相关,并且没有对应关系的其他概念来构造系统),可以使系统直接映射成问题域,保持问题域中事物及其相互关系的本来面貌。

3.1.1 面向对象思想的基本概念

面向对象(Object Oriented)是当今软件开发的主流方法,其概念和应用已超越了程序设计和软件开发,扩展到很宽的范围。如数据库系统、交互式界面、应用结构、应用平台、分布式系统、网络管理结构、CAD 技术、人工智能等领域。

面向对象程序设计语言必须有描述对象及其相互之间关系的语言成分。这些成分的关系是：系统中一切皆为对象；对象是属性及其操作的封装体；对象可按其性质划分为类，对象为类的实例；实例关系和继承关系是对象之间的静态关系；消息传递是对象之间动态联系的唯一形式，也是计算的唯一形式；方法是消息的序列。主要概念包括：

(1) 对象：对象是人们要进行研究的任何事物，从最简单的整数到复杂的飞机等均可看作对象，它不仅能表示具体的事物，还能表示抽象的规则、计划或事件。

(2) 对象的状态和行为：对象具有状态，一个对象用数据值来描述它的状态。对象还有操作，用于改变对象的状态，操作就是对象的行为。对象实现了数据和操作的结合，使数据和操作封装于对象的统一体中。

(3) 类：具有相同或相似性质的对象的抽象就是类。因此，对象的抽象是类，类的具体化就是对象，也可以说类的实例是对象。类具有属性，是对象状态的抽象化，用数据结构来描述类的属性。类是对象行为的抽象化，用操作名和实现该操作的方法来描述。

(4) 类的结构：在客观世界中有若干类，这些类之间有一定的结构关系。通常有两种主要的结构关系，即一般与具体、整体与部分的结构关系。一般与具体结构称为分类结构，也可以说是"或"关系，或者是"is a"关系。整体与部分结构称为组装结构，它们之间的关系是一种"与"关系，或者是"has a"关系。类中操作的实现过程叫作方法，一个方法有方法名、参数、方法体。

(5) 消息和方法：对象之间进行通信的结构叫作消息。在对象的操作中，当一个消息发送给某个对象时，消息包含接收对象去执行某种操作的信息。发送一条消息至少要包括说明接收消息的对象名、发送给该对象的消息名（即对象名、方法名）。一般还要对参数加以说明，参数可以是认识该消息的对象所知道的变量名，或者是所有对象都知道的全局变量名。

3.1.2 面向对象思想的基本特征

(1) 对象的唯一性：每个对象都有唯一的标识，通过这种标识，可找到相应的对象。在对象的整个生命期中，它的标识都不改变，不同的对象不能有相同的标识。

(2) 分类性：指将具有一致的数据结构（属性）和行为（操作）的对象抽象成类。一个类就是这样一种抽象，它反映了与应用有关的重要性质，而忽略其他一些无关内容。任何类的划分都是主观的，但必须与具体的应用有关。

(3) 继承性：使子类自动共享父类数据结构和方法的机制，这是类之间的一种关系。在定义和实现一个类的时候，可以在一个已经存在的类的基础之上来进行，把这个已经存在的类所定义的内容作为自己的内容，并加入若干新的内容。

继承性是面向对象程序设计语言不同于其他语言的最重要的特点，是其他语言所没有的。在类层次中，子类只继承一个父类的数据结构和方法，称为单重继承；子类继承了多个父类的数据结构和方法，称为多重继承。

在软件开发中，类的继承性使所建立的软件具有开放性、可扩充性，它简化了对象、类的创建工作量。采用继承性，提供了类的规范的等级结构。通过类的继承关系，使公共的特性能够共享，提高了软件的重用性。

(4) 多态性：指相同的操作或函数、过程可作用于多种类型的对象上并获得不同的结果,不同的对象收到同一消息可以产生不同的结果。多态性允许每个对象以适合自身的方式去响应共同的消息,增强了软件的灵活性和重用性。

3.1.3 面向对象思想的基本要素

(1) 抽象:抽象是指强调实体的本质、内在的属性。在系统开发中,抽象指的是在决定如何实现对象之前的对象的意义和行为。使用抽象可以尽可能避免过早考虑一些细节,类实现了对象的数据(即状态)和行为的抽象。

(2) 封装性(信息隐藏):封装性是保证软件部件具有优良的模块性的基础。面向对象的类是封装良好的模块,类定义将其说明(用户可见的外部接口)与实现(用户不可见的内部实现)显式地分开,其内部实现按其作用域提供保护。

对象是封装的最基本单位。封装防止了程序相互依赖性而带来的变动影响。面向对象的封装比传统语言的封装更为清晰。

(3) 共享性:面向对象技术在不同级别上促进了共享,同一类中的对象有着相同数据结构,这些对象之间是结构、行为特征的共享关系。在同一应用的类层次结构中,存在数据结构和行为的继承,使各相似子类共享共同的结构和行为,使用继承来实现代码的共享,这也是面向对象的主要优点之一。面向对象不仅允许在同一应用中共享信息,而且为未来目标的可重用设计准备了条件,通过类库这种机制和结构来实现不同应用中的信息共享。

3.2 面向对象的编程方法

面向对象编程(Object Oriented Programming,OOP)方法是一种把面向对象的思想应用于软件开发过程中,指导开发活动的系统方法,是建立在"对象"概念基础上的方法学。对象是由数据和允许的操作所组成的封装体,与客观实体有直接对应关系,一个对象类定义了具有相似性质的一组对象。而继承性是对具有层次关系的类的属性和操作进行共享的一种方式。所谓面向对象就是基于对象概念,以对象为中心,以类和继承为构造机制,来认识、理解、刻画客观世界和设计、构建相应的软件系统。

3.2.1 面向对象编程的基本步骤

面向对象编程通常要经过9个步骤:
(1) 分析确定在问题空间和解空间出现的全部对象及其属性。
(2) 确定施加于每个对象的操作,即对象固有的处理能力。
(3) 分析对象间的联系,确定对象彼此间传递的消息。
(4) 设计对象的消息模式,消息模式和处理能力共同构成对象的外部特性。
(5) 分析各个对象的外部特性,将具有相同外部特性的对象归为一类,从而确定所需要的类。
(6) 确定类间的继承关系,将各对象的公共性质放在较上层的类中描述,通过继承来共享对公共性质的描述。
(7) 设计每个类关于对象外部特性的描述。

(8) 设计每个类的内部实现(数据结构和方法)。

(9) 创建所需的对象(类的实例),实现对象间的联系(发送消息)。

3.2.2 主要概念解析

1. 对象、类和消息

对象就是变量和相关方法的集合,其中变量表明对象的状态,方法表示对象所具有的行为,一个对象的变量构成这个对象的核心,包围在它外面的方法使这个对象和其他对象分离开来。例如,可以把汽车抽象为一个对象,用变量来表示它当前的状态,如速度、油量、型号、所处的位置等,它的行为则可以有加速、刹车、换挡等。操纵汽车时,不用去考虑汽车内部各个零件如何运作的细节,而只需根据汽车可能的行为使用相应的方法即可。实际上,面向对象的程序设计实现了对对象的封装,使用者不必关心对象的行为是如何实现的这样一些细节。通过对对象的封装,实现了模块化和信息隐藏,有利于程序的可移植性和安全性,也有利于对复杂对象的管理。

对象之间必须要进行交互来实现复杂的行为。例如,要使汽车加速,必须发给它一个消息,告诉它进行何种动作(这里是加速)以及实现这种动作所需的参数(这里是需要达到的速度等)。一个消息包含三方面的内容:消息的接收者、接收对象应采用的方法和方法所需要的参数。接收消息的对象在执行相应的方法后,可能会给发送消息的对象返回一些信息,例如上例中汽车的仪表上会出现已经达到的速度等。

由于任何一个对象的所有行为都可以用方法来描述,通过消息机制可以实现对象之间的交互,同时,处于不同处理过程甚至不同主机的对象间也可以通过消息实现交互。上面所说的对象是一个具体的事物,例如每辆汽车都是一个不同的对象。但是多个对象常常具有一些共性,例如所有的汽车都有轮子、方向盘、刹车装置等。于是可以抽象出对象的共性,这就是类(Class)。典型的类是"人类",表明人的共同性质。类中定义一类对象共有的变量和方法。把一个类实例化即生成该类的一个对象。例如可以定义一个汽车类来描述所有汽车的共性,通过类的定义可以实现代码的复用。我们不用去描述每一个对象(某辆汽车)而是通过创建类(如汽车类)的一个实例来创建该类的一个对象,这样大大减化了软件的设计量。

类是对一组具有相同特征的对象的抽象描述,所有这些对象都是这个类的实例。在程序设计语言中,类是一种数据类型,而对象是该类型的变量,变量名即是某个具体对象的标识名,即对象名。

2. 继承

通过对象、类,可以实现封装,通过子类则可以实现继承。

公共汽车、出租车、货车等都是汽车,但它们是不同的汽车,除了具有汽车的共性外,还具有自己的特点,如不同的操作方法,不同的用途等。这时可以把它们作为汽车的子类来实现,它们继承父类(汽车)的所有状态和行为,同时增加自己的状态和行为。通过父类和子类实现了类的层次,可以从最一般的类开始,逐步特殊化定义一系列的子类。同时,通过继承也实现了代码的复用,使程序的复杂性线性地增长,而不是呈几何级数增长。

Java 则只支持单一继承,降低了继承的复杂度。通过接口也能实现多重继承,接口的概念更简单,使用接口编程更方便。

3. 抽象与接口

虽然继承别人已写好的代码的功能,使程序代码能重复使用,不过,若修改了基础类,继承基础类的扩展类是否还能正常运行呢?如果基础类是自己开发的,要修改很简单,但若基础类是别人做好了的,该如何处理呢?这就引出了抽象(abstract)的概念。抽象概念的生成是为了要降低程序版本更新后在维护方面的负担,使功能的提供者和功能的用户能够彼此分开,各自独立,互不影响。

为了达到抽象的目的,需要在功能提供者与功能使用者之间提供一个共同的规范,功能提供者与功能使用者都要按照这个规范来提供、使用这些功能。这个共用的规范就是接口(interface),接口定义了功能数量、函数名称、函数参数、参数顺序等。它是一个能声明属性、事件和方法的编程结构,只提供定义,并不实现这些成员,留给用户自己扩充。接口定义了功能提供者与功能使用者之间的准则,因此只要接口不变,功能提供者就可以任意更改实现的程序代码,而不影响使用者。接口就好比两个以上的体系拟定的共同规范,如调用Windows API 一样。

4. 多态

一个类中可以包含多个方法,是不是允许有同名呢?答案是允许。一方面,多个方法可以同名,但参数不能完全相同,否则系统无法识别。另一方面,如果在父类和子类中都有同一个方法名,也是允许的,方法体可以相同也可以不同。这就是多态,Java 通过方法重载和方法覆盖来实现多态。

通过方法重载,一个类中可以有多个具有相同名字的方法,由参数来区分哪一个方法,包括参数的个数、参数的类型和参数的顺序。例如,对于一个绘图的类 Graphics,它有一个 draw()方法用来画图或输出文字,可以传递给它一个字符串、一个矩形、一个圆形,甚至还可以再指明绘图的初始位置、图形的颜色等,对于每一种实现,只需实现一个新的 draw()方法即可,而不需要新起一个名字,简化了方法的实现和调用,程序员和用户不需要记住很多的方法名,只需要设置相应的参数即可。

通过方法覆盖,子类可以重新实现父类的某些方法,使其具有自己的特征。例如对于车类的加速方法,其子类(如赛车)中可能增加了一些新的部件来改善、提高加速性能,这时可以在赛车类中覆盖父类的加速方法。覆盖隐藏了父类的方法,使子类拥有自己的具体实现,更进一步表明了与父类相比,子类所具有的特殊性。

3.2.3 类的实现

类是组成 Java 程序的基本要素,封装了一类对象的状态和方法,是这一类对象的原型。在前面的例子中已经定义了一些简单的类,看下面的 HelloWorldApp 类:

```
public class HelloWorldApp{
  public static void main(String args[]){
    System.out.println("Hello World !");
  }
}
```

可以看出,一个类包含类声明和类体两部分内容:

```
类声明 {
  类体
}
```

1. 类的声明

一个最简单的类声明如下:

```
class 类名 {
  …
}
```

在类声明中还可以包含类的父类,类所实现的接口以及修饰符。这些内容将后面介绍。

2. 类体

类体中定义了该类所有的属性(也称为变量)和该类所支持的方法(也称为函数)。通常属性在方法前定义(但不强制),如:

```
class 类名 {
  属性声明;
  方法声明;
}
```

下例定义了一个 Point 类,并且声明了它的两个变量 x、y 坐标,同时通过 init() 方法实现对 x、y 赋初值。

```
class Point {
  int x,y;
  void init(int m, int n){
    x = m;
    y = n;
  }
}
```

3. 属性

最简单的属性声明格式为:

类型 属性名;

属性的类型可以是 Java 中的任意数据类型,包括简单类型、数组、类和接口。在一个类中,属性必须是唯一的,但是属性名可以和方法名相同,例如:

```
class Point{
  int x,y;
  int x(){
    return x;
  }
}
```

其中,方法 x() 和属性 x 具有相同的名字,最好是不要同名。

类的属性和在方法中所声明的局部变量是不同的,属性的作用域是整个类,而局部变量的作用域只是方法内部。对一个属性,也可以限定它的访问权限,用 static 限定它为静态变量,或者用 final 修饰符限定。

final 表示最终的,用 final 声明的变量就是最终变量,最终变量就是常量,因而它用来声明一个常量,例如:

```
class FinalVar{
   final float PAI = 3.14;
   …
}
```

例中声明了常量 PAI,并赋值为 3.14,程序中任何时候用到 PAI,均是 3.14,其值不能再变化。常量名通常用全部大写字母表示。

特别提示:一个简单的程序,可以依赖程序员的经验直接写出来,而功能强大的软件,其代码量可能达到数万条,由专门的软件设计团队,经过需求分析和整体设计,各程序员分工合作共同完成。程序员要养成良好的编程习惯,遵守行业标准和流程,并按照软件工程规范进行操作。

本章习题

1. 简答题

(1) 面向对象思想有哪些基本特征?
(2) 面向对象思想包括哪些基本要素?
(3) 面向对象编程需要哪些步骤?
(4) 什么是类?类由哪些成分构成?
(5) 解释以下概念:类、对象、继承、封装、抽象。

2. 操作题

(1) 定义一个类 Person,并设置若干成员变量和成员方法。
(2) 定义一个类 Teacher,并设置若干成员变量和成员方法,分析 Teacher 和 Person 的关系。

项目实战 1 分析"仿 QQ 聊天软件"项目

一、目的

(1) 掌握面向对象的基本概念；
(2) 掌握面向对象的分析与设计方法；
(3) 培养良好的编码习惯和编程风格。

二、内容

(一) 任务描述

在日常生活中人们经常使用 QQ 软件与亲朋好友聊天，QQ 软件的出现极大地丰富了人们的交流方式。本项目的主要目标是模仿 QQ 聊天系统进行分析设计。

(二) 步骤

1. 需求分析

"仿 QQ 聊天软件"由两大部分组成，一是服务器程序，二是客户端程序。服务器程序的功能包括：

(1) 处理用户登录请求，验证登录用户的用户名和密码。
(2) 用户登录成功后，创建线程与该用户通信，并将用户登录信息发送给好友。
(3) 处理用户退出请求，并将用户退出信息发送给好友。

服务器启动以后，用户才能使用客户端程序登录，客户端程序的功能包括：

(1) 提供用户登录界面，将用户输入的用户名和密码发送给服务器进行验证。
(2) 与好友聊天。
(3) 查看历史聊天记录。

2. 服务器程序设计

(1) 服务器界面，启动服务器后进入服务器界面，界面效果如图 P1-1 所示。
(2) 启动服务界面，单击服务器界面上的"启动服务"按钮可启动服务器程序，界面效果如图 P1-2 所示。
(3) 停止服务，单击服务器界面上的"停止服务"或右上角的×可停止服务。
(4) 管理用户账户，用户账户信息保存在 config/user.txt 文件中，文件内容如下：

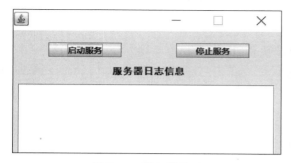

图 P1-1　服务器界面

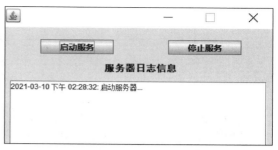

图 P1-2　启动服务界面

2020001,001,张三
2020002,002,李四
2020003,003,王五

文件内容说明如下：

用户账号：2020001,密码：001,昵称：张三；

（5）管理好友信息，用户好友信息保存在 config/friend.txt 文件中，文件内容如下：

2020001,李四,2020002
2020001,王五,2020003
2020002,张三,2020001
2020002,王五,2020003
2020003,张三,2020001
2020003,李四,2020002

其中，2020001 为用户账号，李四为好友昵称，2020002 为好友账号，账号 2020002 是账号 2020001 的好友，这里需要双方互加好友才行。

（6）用户登录后，服务器界面中将显示用户登录信息，如图 P1-3 所示为服务器端显示用户成功登录界面。

（7）用户退出后，服务器界面中将显示用户退出信息，如图 P1-4 所示为服务器端显示用户退出登录界面。

图 P1-3　服务器端显示用户成功登录界面

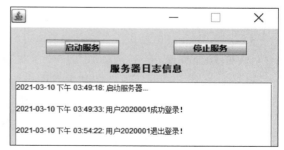

图 P1-4　服务器端显示用户退出登录界面

3. 客户端程序设计

（1）登录界面，运行客户端程序后进入登录界面，效果如图 P1-5 所示。

（2）主界面，用户输入用户名 2020001、密码 001，单击"登录"按钮，进入主界面，效果如图 P1-6 所示。

图 P1-5　登录界面

图 P1-6　主界面

（3）好友列表界面，双击主界面中向右的箭头，展开好友列表，界面效果如图 P1-7 所示。当前没有好友在线，再次运行客户端程序，输入账号 2020002、密码 002，单击"登录"按钮，展开好友列表，可以看到好友"张三 202001"头像已经变亮，说明好友已经登录了，界面效果如图 P1-8 所示。

图 P1-7　好友列表界面（没有好友登录）

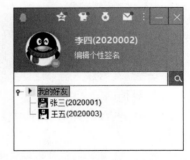

图 P1-8　好友列表界面（有好友登录）

（4）聊天界面，在主界面中，用户"李四"双击已经登录的好友"张三"进入聊天界面，界面效果如图 P1-9 所示，用户在聊天界面中输入聊天信息，然后单击"发送"按钮，可将聊天信息发送给好友"张三"，如图 P1-10 所示，"张三"在自己的主界面中双击好友"李四"，打开与李四的聊天界面，可查看好友"张三"发送过来的信息，如图 P1-11 所示。

（5）消息记录界面，在聊天界面中单击消息记录按钮，可以查看聊天记录，如图 P1-12 所示。

（6）重启聊天界面，用户"张三"与好友"李四"聊天结束，退出登录后，再次登录，用户"张三"再次打开与好友"李四"的聊天窗口，窗口中可显示上次的聊天信息，如图 P1-13 所示。

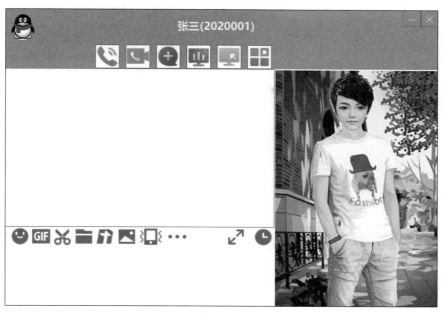

图 P1-9　聊天界面

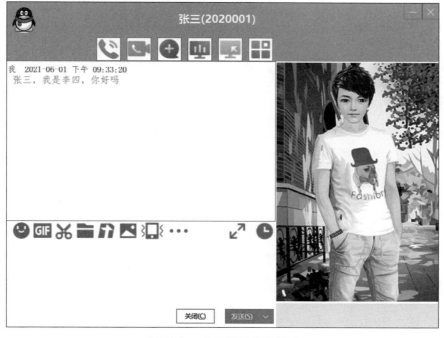

图 P1-10　发送聊天信息界面

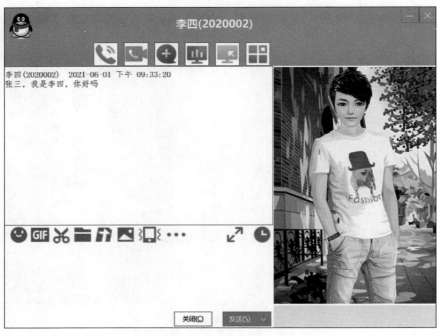

图 P1-11　查看聊天信息界面

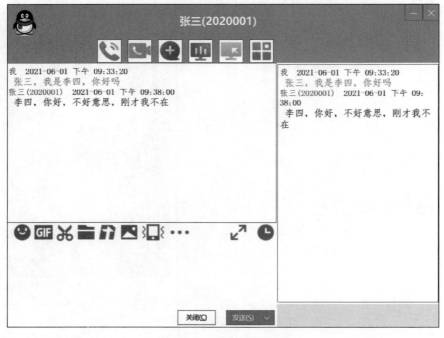

图 P1-12　消息记录界面

项目实战1 分析"仿QQ聊天软件"项目

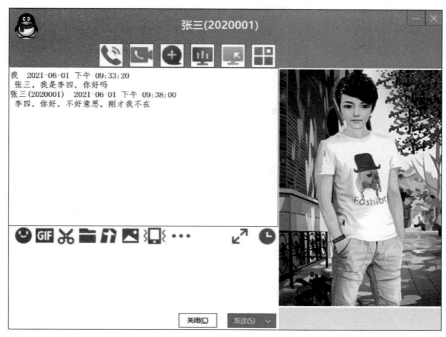

图 P1-13 重启聊天界面

第二篇

面向对象编程初级

任何一个 Java 程序都是由一个个类组成的，编写 Java 程序的过程就是从现实中抽象出 Java 可以实现的类并用合适的语句定义它们的过程，这个定义包括对类内各种成员变量和方法的定义。在程序中通过创建类的对象使用类，创建包组织类。

通过本篇的学习，能够：
- 用 Java 创建类；
- 用 Java 创建对象；
- 理解抽象和封装的特性；
- 使用包来组织类。

本篇通过实现"仿 QQ 聊天软件"的类及包，让读者掌握类、对象、包技术相关知识在实际项目中的应用方法。

第4章 创建类

主要知识点
类的定义；
类的修饰。
学习目标
通过本章的学习，掌握类的定义方法，能够编写简单的类，即 Java 程序。

在第3章里，初步介绍了面向对象的基本思想及编程步骤，为面向对象编程奠定了基础。本章将深入学习类的定义方法并运用 Java 语言实现，进入编程世界。

4.1 定义类

对象（Object）是现实世界的实体或概念在计算机逻辑中的抽象表示。面向对象的程序设计是以要解决的问题中所涉及的各种对象为主要考虑因素，面向对象语言更加贴近人的思维方式，允许用问题空间中的术语来描述问题。

4.1.1 声明类

类（Class）实际上是对某种类型的对象定义变量和方法的原型。类包含有关对象动作方式的信息——名称、方法、属性和事件。类本身并不是对象，只是某一类型对象的抽象表示，当引用类的代码运行时，类的实例（Instance），即对象，就在内存中创建了。虽然只有一个类，但能通过这个类在内存中创建多个相同类型的对象。比如，university 是一个代表大学的类，而"大连理工大学"就是这个类的一个具体实例。

Java 程序由类组成，一个程序至少包括一个类，编写程序就是设计类，创建类既可以从父类继承得到，也可以自行定义，其关键字是 class，声明类的格式是：

```
修饰符 class 类名 [extends 父类名][implements 接口名]{
        类型 成员属性名；
        …
        修饰符 类型 成员方法(参数列表){
                类型 局部变量名；
                方法体；
                …
        }
}
```

例 4-1 定义一个类"工人",并创建一个对象 e,输出其属性。

```
class Employee {               //工人类
     String  name;             //姓名属性
     int   age;                //年龄属性
     float   salary;           //工资属性
}
Employee e = new Employee();   //创建工人类的对象 e
e.name = "张立";
e.age = 21;
e.salary = 3528.5F;
System.out.println(e.name + "年龄为:" + e.age + "月薪为:" + e.salary);}
```

注意事项:
- 类的定义与实现是放在一起保存的,整个类必须保存在一个文件中。
- 如果类的修饰符为 public,表示公共类,对应的文件名就是这个类名。
- 新类必须在已有类的基础上构造。
- 在已有类的基础上构造新类的过程称为派生,派生出的新类称为已有类的子类,已有类称为父类,子类继承父类的方法和属性。
- 当没有显式指定父类时,父类隐含为 java.lang 包中的 Object 类。Object 类是 Java 中唯一没有父类的类,是所有类的祖先。
- 类的成员变量也称为属性,类的成员方法也称为函数。

使用 extends 可以继承父类的成员属性和成员方法,形成子类,也就是说子类是父类派生出来的。前面我们定义了一个类"工人",如果再定义一个类"管理者",在"工人"类的基础上增加属性:部门、人数。则可以这样定义:

```
class Manager extends Employee {   //经理
     String departmentName;        //部门名称
     int departmentMumber;         //部门编号
}
```

通过继承,子类可以使用父类的属性,比如有个 Manager 对象 m,则它具有 name、age、salary、departmentName、departmentNumber 共 5 个属性,前 3 个属性是继承来的,后 2 个是自己定义的,比重新定义一个新类简单多了,而且层次关系更加明确。

通过子项 implements(实现)用来说明当前类中实现了某个接口定义的功能和方法。接口是一种特殊的类,这种类全部由抽象方法组成,它在实现之前不可以实例化。通过在类的定义中加上 implements 子句实现接口的功能,增加类的处理能力。

在定义类、声明类的属性和方法时,其名称要符合行业规范,由相应意思的单词构成,见名思义,既方便软件团队成员阅读,也有利于自己检查。同时,还要巧妙借力,通过类的继承机制,减少代码量,实现编程风格的统一,提高源代码的可读性。

课堂练习:定义一个学院类 college,成员属性包括学校名 name、所在城市 city、地址 address、电话 telephone、邮政编码 postcode,成员方法包括招生 enroll、教学 teach、就业 employ,然后以自己学校为例,建立 college 类的一个实例。

4.1.2 修饰类

类的修饰符用于说明类的特殊性质,分为访问控制修饰符、抽象类说明符、最终类说明符三种。

1. 访问控制修饰符

用于声明类的被访问权限,又分为两种情况:
- public:公共类,说明这是一个公共类,可以被其他任何类引用和调用。
- 不写访问控制符,表示类只能被本包的其他类访问。

说明:同一个源程序文件中不能出现两个或者两个以上的公共类,否则编译时系统会提示应将第二个公共类放在另一个文件中。

2. 抽象类说明符

以 abstract 作为关键字,如果有的话,应该放在访问控制符后面,表示这个类是个抽象类。抽象类不能直接实例化,它只能被继承。现实世界中也存在抽象概念,比如"食品",可以理解为能够吃的东西,但谁也不会说明食品是什么样子,平时可能指的是粮食、饼干、水果等具体对象,必须要进一步分类才能实例化,如水果,就有苹果、西瓜等对象。

3. 最终类说明符

以 final 作为关键字,如果有的话,应该放在访问控制符后面,表示这个类是个最终类,也就是说最终类不能被继承,不能再派生出其他子类。

Java 中的 String 类(字符串)就是一个最终类,一个方法或者对象无论何时使用 String,解释程序总是使用系统的 String 而不会是其他,保证了任何字符串不会出现不可理解的符号。程序员也可以把一些非常严密的类声明为最终类,以免被其他程序修改。

abstract 和 final 不能同时修饰一个类,既是抽象类又是最终类的类没有意义。

4.2 成员属性的声明

成员属性就是变量,遵循先声明后使用的原则。

4.2.1 基本数据类型

Java 的数据类型分为两大类,一类是基本类型,另一类是复合数据类型。基本数据类型有数值型、布尔型、字符型。复合数据类型包括类、接口、字符串、数组。如图 4-1 所示为 Java 的数据类型。

Java 是一种严格的类型语言,不允许在数值型和布尔型之间转换,1 不能表示 true,0 也不能表示 false。基本数据类型可以用于变量,也可用于常量,如表 4-1 所示。

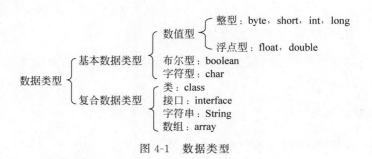

图 4-1 数据类型

表 4-1 Java 基本数据类型一览表

类 型	描 述	取 值 范 围	说 明
boolean	布尔型	只有两个值 true、false	全部是小写字母
char	字符型	0～65 535，一个 char 表示一个 Unicode 字符	常量用''括起来
byte	8 位带符号整数	－128～127 的任意整数	
short	16 位无符号整数	－32 768～32 767 的任意整数	
int	32 位带符号整数	$-2^{31} \sim 2^{31}-1$ 的任意整数	
long	64 位带符号整数	$-2^{63} \sim 2^{63}-1$ 的任意整数	
float	32 位单精度浮点数	－3.4E+38～3.4E+38	默认值是 0.0f
double	64 位双精度浮点数	－1.8E+308～1.8E+308	默认值是 0.0d

1．布尔型

也称逻辑型，只有两个值：true 表示逻辑真，成立；false 表示逻辑假，不成立。

2．字符型

用来表示字母，它仅能表示一个单一的字母，其值用 16 位无符号整数表示，范围是 0～65 535。通常 char 型常量必须使用单引号括起来，以与数字区分开来。如：

```
char letter1 = 'a';          //表示字符 a
char letter2 = '\t';         //表示 Tab 键
```

char 型并不常用，因为如果要存储字符，一般使用 String 即字符串表示。

3．数值型

数值型又分为整型和浮点型。

（1）整型。

Java 提供了 4 种整型数据类型：byte、short、int、long，它们都是定义一个整数，但能够表示数据的范围不同。能够表示数据的范围越大，占用的内存空间也就越大，因此，在程序设计中应该选择最合适的类型来定义整数。整型可用十进制(以 1～9 开头)、十六进制(以 0x 开头)、八进制表示(以数字 0 开头)。

int 是最基本的整数型，占用 32 位；long，长整数，占用 64 位；short，短整数，占用 16 位；byte，字节型，8 位组成 1 字节，只占 8 位。

如：243 表示十进制数 243；243L 表示十进制长整数 243，L 不可缺少；077 表示八进制数 77，即十进制 63；0xB2F 表示十六进制数 B2F。

例 4-2　整型数据的使用。

```
public class Test402{
  public static void main(String args[]){
    int x = 25;
    System.out.println(x + 5);
    System.out.println(x * 7);
  }
}
```

例 4-3　定义变量时，应充分考虑运算后结果是否会超过范围，本程序演示了因为溢出而报错的情况。

```
public class Test403{
  public static void main(String args[]){
    byte x = 129;
    System.out.println(x + 5);
  }
}
```

编译这个程序时，将无法通过，出现如图 4-2 所示的提示。

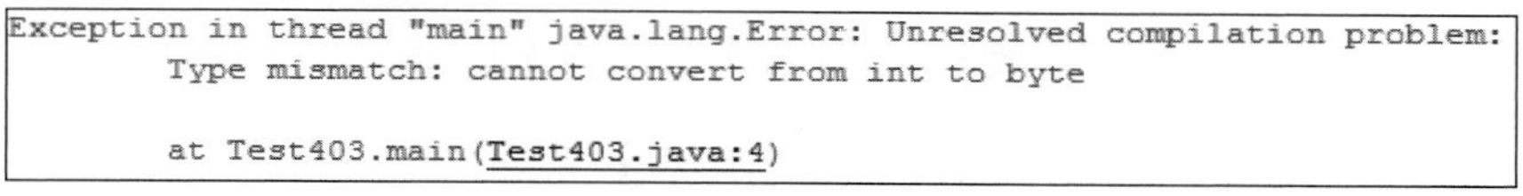

```
Exception in thread "main" java.lang.Error: Unresolved compilation problem:
        Type mismatch: cannot convert from int to byte

    at Test403.main(Test403.java:4)
```

图 4-2　例 4-3 的运行结果

由于 x 是 byte 型数据，它占用 8 位空间，最大能够表示的数是 128，而此处赋值 129，超出了取值范围，所以导致了编译错误。在源程序窗口中，129 下方有波浪线，是系统自动标记的，表示存在错误。

Java 定义了 4 个整型常量，分别是：

Integer.MAX_VALUE 表示最大 int 数，Integer.MIN_VALUE 表示最小 int 数，Long.MAX_VALUE 表示最大 long 数，Long.MIN_VALUE 表示最小 long 数。

（2）浮点型。

在 Java 语言中有两种浮点数类型：float、double。其中 float 是单精度型，占用 32 位内存空间，而 double 是双精度型，占用 64 位内存空间，它们都是有符号数。浮点数常量是 double 型，也可以在后面加上 D 说明，如果要求是 float 型实数，必须加上 F 标志，F 和 D 可以大写，也可以小写。如：5.31,5.31D，$-12.54e-6$ 均是 double 型实数；$-35.97F$ 是 float 型实数。Java 提供了一些特殊浮点型常量，如表 4-2 所示。

表 4-2　特殊浮点常量

含　义	float	Double
最大值	Float.MAX_VALUE	Double.MAX_VALUE
最小值	Float.MIN_VALUE	Double.MIN_VALUE

续表

含 义	float	Double
正无穷大	Float.POSITIVE_INFINITY	Double.POSITIVE_INFINITY
负无穷大	Float.NEGATIVE_INFINITY	Double.NEGATIVE_INFINITY
0/0	Float.NaN	Double.NaN

4.2.2 类型转换

整型、浮点型、字符型数据可以进行混合运算。运算时，不同类型的数据先转换成同一类型后再参与运算，转换的原则是位数少的类型转换成位数多的类型，称为自动类型转换。不同类型数据的转换规则如表4-3所示。

表 4-3 不同类型数据的转换规则

操作数 1 类型	操作数 2 类型	转换后的类型
byte 或 short	int	int
byte 或 short 或 int	long	long
byte 或 short 或 int 或 long	float	float
byte 或 short 或 int 或 long 或 float	double	double
char	int	int

当位数多的类型向位数少的类型转换时，需要用户明确说明，即强制类型转换。如：

int i1 = 12; byte b = (byte)i1;

高位类型数据转化为低位类型数据时，可能会截掉高位内容，导致精度下降或数据溢出。

4.2.3 成员属性的声明

成员属性又称为成员变量，描述对象的状态，是类的静态属性。类的成员属性可以是简单变量，也可以是对象、数组或者其他复杂数据结构。

声明类的成员属性为简单变量的格式是：

[修饰符] 变量类型 变量名[= 初值]

成员属性、局部变量、类、方法、接口都需要一定的名称，称为标识符，由用户给定。Java中对标识符有一定的限制，命名规则是：

- 首字符必须是字母（大小写均可）、下画线（_）或美元符（$）。
- 标识符可以由数字（0～9）、A～Z 的大写字母、a～z 的小写字母和下画线（_）、美元符（$）和所有在十六进制 0xc0 前的 ASCII 码等构成。
- 长度不限。
- 汉字可以作为标识符，但建议不用。

以上是标识符命名的基本规则，表4-4是一个正误对照，通过它会对标识符的命名规则有一个更好的了解。

表 4-4　标识符命名的正误对照

合法标识符	非法标识符	非法的原因
trik	try#	标识符中不能出现#
group_7	7group	不能用数字符号开头
$ opendoor	open-door	-不能出现在标识符中
boolean1	boolean	boolean 为关键字,不能用关键字作为标识符

说明:不能使用系统保留的关键字作为标识符,最好使用完整单词的组合或者汉字的拼音作为标识符,见文思义,方便阅读和理解。

修饰符包括访问控制修饰符、静态修饰符 static、最终说明符 final。变量修饰符是可选项。一个没有修饰符的属性定义如下:

```
public class Cup{
    double width,height;
    int number;
}
```

访问控制修饰符包括以下 4 种类型。
- private:私有,此成员只能在类的内部使用。
- default:默认,也可以不写访问控制符,成员可被本包的其他类访问。
- protected:被保护,成员可被本包的所有类访问,也可以被声明它的类和派生的子类访问(家庭成员)。
- public:公共,成员可被所有类访问。

4 种访问修饰符的作用范围如表 4-5 所示。

表 4-5　访问控制修饰符的作用范围

修饰符	private	default	protected	public
同一类	√	√	√	√
同一包中的类		√	√	√
子类			√	√
其他包中的类				√

用 static 声明的成员变量被视为类的成员变量,而不能当成实例对象的成员变量,也就是说,静态变量是类固有的,可以被直接引用,而其他成员变量声明后,只有生成对象时才能被引用。所以有时也把静态变量称为类变量,非静态变量称为实例变量,相应地,静态方法称为类方法,非静态方法称为实例方法。

用 final 声明的变量一旦被赋值,其值就不可以改变,如:

```
final float PAI = 3.14
```

如果在以后的程序试图给 PAI 重新赋值,编译时将会产生错误。

声明类的属性为对象的格式是:

```
[修饰符] 类名 对象名[ = new 类名(实际参数列表)];
```

这里的类名是另一个类的名称,即一个类内部又可以包含另一个类的对象。当类包括其他类的对象时,可以在声明这个对象时创建,也可以仅仅声明这个对象,在类的方法中再创建。如:

```
class Department{
    int deptNo;                  //部门编号
    String deptName;             //部门名称
    int member;                  //人员数
    CEO deptManager;             //部门经理是 CEO,而 CEO 是另外一个类
}
```

1. 公共变量

凡是被 public 修饰的成员属性,称为公共变量,可以被任何类访问。既允许该变量所属的类中所有方法访问,也允许其他类在外部访问。如下面的例子:

```
public class FirstClass{
    public int publicVar = 10;    //定义一个公共变量
}
```

在类 FirstClass 中声明了一个公共变量 publicVar,可以被任何类所问。下面的程序中,类 SecondClass 可以合法地修改变量 publicVar 的值,而无论 SecondClass 位于什么地方。

```
public class SecondClass{
    void change(){
    FirstClass ca = new FirstClass();
    //创建一个 FirstClass 对象
     ca.publicVar = 20;          //通过对象名访问它的公共变量,正确
    }
}
```

用 public 修饰的变量,允许任何类在外部直接访问,这破坏了封装的原则,造成数据安全性能下降,所以除非特别需要,否则不要使用这种方式。

2. 私有变量

凡是被 private 修饰的成员变量,都称为私有变量。它只允许在本类的内部访问,任何外部类都不能访问它。

```
public class declarePrivate{
    private int privateVar = 10;    //定义一个私有变量
    void change(){
        privateVar = 20;            //在本类中访问私有变量,合法
    }
}
```

如果企图在类的外部访问私有变量,编译器将会报错。

```
public class otherClass{
```

```
        void change(){
            declarePrivate ca = new declarePrivate();
//创建一个 declarePrivate 对象
            ca.privateVar = 20;          //企图访问私有变量,非法
        }
}
```

为了让外部用户能够访问某些私有变量,通常类的设计者会提供一些方法给外部调用,这些方法被称为访问接口。下面是一个改写过的 declarePrivate 类。

```
public class declarePrivate{
    private int privateVar = 10;    //定义一个私有变量
    void change(){
        privateVar = 20;
    }
    public int getPrivateVar(){     //定义一个接口,返回私有变量 privateVar 的值
        return privateVar;
    }
    public boolean setPrivateVar(int value){
        privateVar = value;
        return true;
    }
}
```

私有变量很好地贯彻了封装原则,所有的私有变量都只能通过接口来访问,任何外部使用者都无法直接访问它,所以具有很高的安全性。但是,在下面这两种情况下,需要使用 Java 另外提供的两种访问类型。

- 通过接口访问私有变量,将降低程序的性能,在程序性能比较重要的情况下,需要在安全性和效率之间取得一个平衡。
- 私有变量无法被子类继承,当子类必须继承成员变量时,需要使用其他的访问类型。

3. 保护变量

凡是被 protected 修饰的变量,都称为保护变量。除了允许在本类的内部访问之外,还允许它的子类以及同一个包中的其他类访问。子类是指从该类派生出来的类。包是 Java 中用于管理类的一种松散的集合。

下面的程序先定义一个名为 onlyDemo 的包,declarProtected 类属于这个包。

```
package onlyDemo;
public class declareProtected{
  protected int protectedVar = 10;    //定义一个保护变量
  void change(){
    protectedVar = 20;                //合法
    }
}
```

下面这个 otherClass 类也定义在 onlyDemo 包中,与 declareProtected 类同属一个包。

```
package   onlyDemo;
public class   otherClass{              //它也在包 onlyDemo 中
```

```java
  void change(){
    declareProtected ca = new declareProtected();
    ca.protectedVar = 20;                                   //合法
  }
}
```

下面这个 deriveClass 类是 declareProtected 的子类,它并不在 onlyDemo 包中。它也可以访问保护变量 protectedVar,但是只能通过继承的方式访问。

```java
import onlyDemo.declareProtected;                           //引入需要的包
public class deriveClass extends declareProtected{          //定义一个子类
  void change(){
  //合法,改变的是 deriveClass 从 declarProtected 中所继承的 protectedVar 值
    protectedVar = 30;
  }
}
```

说明:import 是 Java 关键字,用于引入某个包。包的使用将在下一章详细介绍。

子类如果不在父类的同一包中,是无法通过"对象名.变量名"的方式来访问 protected 类型的成员变量,比如下面这种访问是非法的:

```java
import onlyDemo.declareProtected;
public class deriveClass extends declareProtected{          //定义一个子类
  void change(){
    declareProtected ca = new declareProtected();
    ca.protectedVar = 30;        //错误,不允许访问不在同一包中的保护变量
  }
}
```

4. 默认访问变量

如果在变量前不加任何访问权修饰符,它就具有 default 默认的访问控制特性,也称为 friendly 友好变量。和保护变量非常像,它只允许在同一个包中的其他类访问,即便是子类,如果和父类不在同一包中,也不能继承默认变量(这是默认访问变量和保护变量的唯一区别)。因为它限定了访问权限只能在包中,所以也有人称默认访问权限为包访问权限。

```java
package onlyDemo;                                           //本类定义在包中
public class declareDefault{
  int defaultVar = 10;                                      //定义一个默认访问变量
  void change(){
    defaultVar = 20;                                        //合法
  }
}
```

onlyDemo 包中的其他类,可以访问 defaultVar 变量:

```java
package onlyDemo;
public class otherClass{                                    //它也在包 onlyDemo 中
  void change(){
    declareDefault ca = new declareDefault();
    ca.defaultVar = 20;                                     //合法
```

          }
    }

下面是它的子类,也在 onlyDemo 包中。它除了可以像包中其他类那样通过"对象名.变量名"来访问默认变量,还可以通过继承的方式来访问。

```
package onlyDemo;
public class deriveClass extends declareDefault{        //定义一个子类
   void change(){
   //合法,改变的是 deriveClass 从 declarDefault 中继承的 defaultVar 值
      defaultVar = 30;
   }
}
```

如果子类不在 onlyDemo 包中,就不会继承默认变量,也无法像上面那样来访问。

```
import onlyDemo.declareDefault;
public class deriveClass extends declareDefault{        //定义一个子类
   void change(){
      defaultVar = 30;                                  //非法,这个变量没有继承下来
   }
}
```

技能训练 1 创建类

一、目的

(1) 掌握面向对象的基本概念;
(2) 掌握定义类与创建对象实例的方法;
(3) 培养良好的编码习惯和编程风格。

二、内容

1. 任务描述

圆是一类对象,圆具有半径 radius、周长 perimeter、面积 area 等特性,圆的周长 perimeter＝2×PI×radius,圆的面积 area＝PI×radius×radius。其中 PI 是一个常量,取值为 3.14。

根据面向对象的分析方法,将圆抽象成一个类,用 Circle 表示,其中半径为圆的成员属性,而计算周长和面积的方法为类的成员方法。创建 Circle 类,并测试其功能。

2. 实训步骤

(1) 打开 Eclipse 开发工具,新建一个 Java Project,如图 4-T-1 所示,项目名称为 Ch04Train,项目的其他设置采用默认设置。注意当前项目文件的保存路径。

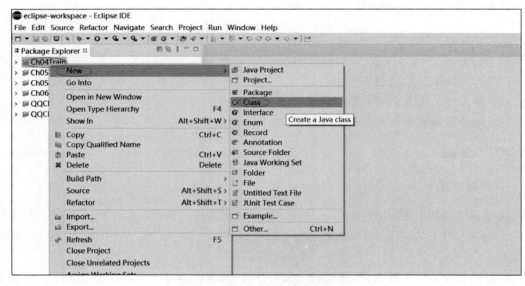

图 4-T-1　新建项目

（2）在新建的 Ch04Train 项目中新建一个名为 Circle 的类，包名为空，如图 4-T-2 所示。

图 4-T-2　新建类

打开 Circle.java 文件，编写如下代码：

```
/**
 * 圆类
 */
public class Circle {
    private static final double PI = 3.14;            //圆周率 PI,静态常量
```

```
        private double radius;                              //圆的半径,成员变量
        /**
         * 获得半径的成员方法
         */
        public double getRadius() {
            return radius;
        }
        /**
         * 设置半径的成员方法
         * @param r 圆的半径
         */
        public void setRadius(double r) {
            radius = r;
        }
        /**
         * 返回圆的周长的方法
         */
        public double perimeter(){
            return 2 * PI * radius;
        }
    }
```

（3）为了测试 Circle 类,向 Ch04Train 项目中再添加一个类名为 TestCircle 的测试类,在 TestCircle 类的 main 方法中实现以下功能:用 Circle 类创建一个类的实例对象,设置圆的半径为 100,输出该圆周长。

```
    /**
     * 测试类 TestCircle 类
     */
    public class TestCircle {
        public static void main(String[] args) {
            // TODO Auto-generated method stub
            Circle circle = new Circle();              //创建一个圆的对象 circle
            circle.setRadius(100);                     //设置圆的半径值为 100
            double perimeter = circle.perimeter();     //计算圆的周长
            System.out.println("半径为 100 的圆的周长为:" + perimeter);   //输出周长
        }
    }
```

（4）当没有编译错误时,在 TestCircle.java 窗口,单击 Run 菜单下的 Run 菜单项运行程序,如图 4-T-3 所示。

（5）在 Eclipse 控制台中显示程序的运行结果如图 4-T-4 所示。

3．任务拓展

完善圆 Circle 类的定义,增加计算圆面积的方法 double area(),并在 TestCircle 类中输出圆的面积。输出内容如图 4-T-5 所示。

4．思考题

在前面程序的基础上,思考如下的问题:

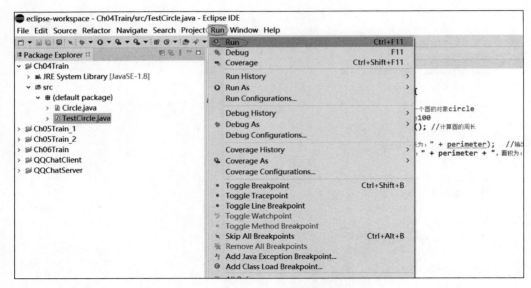

图 4-T-3 运行程序

半径为**100**的圆的周长为：**628.0**

图 4-T-4 程序 TestCircle.java 的运行结果

半径为**100**的圆的周长为：**628.0**，面积为：**31400.0**

图 4-T-5 运行结果

（1）将方法 setRadius 的修饰符改为 private 或 protected，程序是否能正确运行？

（2）如果将 Circle 的修饰符 public 去掉，程序能否正确运行？如果修改为 private 或 protected 呢？

（3）在正确运行的基础上，如果将 TestCircle 类的名称修改为 TestCircle2，程序还能运行吗？

三、独立实践

（1）创建一个书类 Book，具有以下属性和方法：

属性：书名（title），出版日期（publishDate），字数（words）。

方法：计算单价 price()：单价＝字数/1000×35×日期系数，上半年的日期系数＝1.2；下半年的日期系数＝1.18。

（2）创建一个银行账户类 Account，具有以下属性和方法：

属性：账号（id），密码（password），创建日期（createDate），余额（balance）。

方法：存钱 deposit（double money），取钱 withdraw（double money），查询余额 getBalance（）。

本章习题

1．简答题

（1）Java 提供了哪些数据类型？
（2）如何进行数据类型的转换？
（3）类的修饰符有哪些？有什么区别？
（4）public 的类和 abstract 的类有什么不同？
（5）什么是最终类？如何声明？

2．操作题

（1）创建一个学生类 Student，包括学号 no、姓名 name、年龄 age、性别 sex 4 个属性以及学习 study、实践 practice 两个方法。
（2）分别创建一个普通类、抽象类和最终类，类名均为 Student。

第5章 创建类的成员属性和方法

主要知识点

Java 语言的基本组成；

运算符与表达式；

程序控制结构；

Java 程序的编程规范；

类成员方法的创建方法。

学习目标

能根据 Java 语言的基本语法和程序结构声明类的成员方法，从而定义完整的类。

在第 4 章中学习了类的定义方法，能够对类的属性进行声明。一个完整的类是由若干属性和方法构成。本章将在学习 Java 语法的基础上，学会定义类的成员方法，从而能够编写简单的应用程序，通过"仿 QQ 聊天软件"项目的分析，掌握类的定义与用法。

5.1 Java 语言的基本组成

Java 语言主要由 5 种元素组成：标识符、关键字、文字、运算符和分隔符。各元素有着不同的语法含义和组成规则，它们互相配合，共同完成 Java 语言的语意表达。

5.1.1 分隔符

分隔符用于将一条语句分成若干部分，便于系统识别，让编译程序确认代码在何处分隔。Java 语言的分隔符有三种：空白符、注释语句、普通分隔符。

1. 空白符

在 Java 程序中，换行符和回车键均表示一行的结束，都是典型的空白符，空格键和 Tab 制表键也是空白符。为了增加程序可读性，Java 语句的成分之间可以插入任何多个空白符，在编译时，系统自动忽略多余的空白符。

2. 注释语句

注释语句是为了提高程序的可读性而附加的内容，编译程序对注释部分既不显示也不执行，有没有注释部分不会影响程序的执行。Java 提供了三种形式的注释：

(1) // 一行的注释内容

以//开始,最后以按回车键结束,表示从//到本行结束的所有字符均为注释内容。

(2) /* 一行或多行的注释内容 */

从/*到*/间的所有字符(可能包括几行内容)都作为注释内容。

以上两种注释可用于程序的任何位置。

(3) /** 文档注释内容 */

当这类注释出现在任何声明之前时将会作特殊处理,它们不能再用在代码的任何地方。表示被括起来的正文部分,应该作为声明项目的描述,而被包含在自动产生的文档中。

编写程序时,除了加入适当的空白符和注释内容外,还要尽可能使用层次缩进格式,使同一层语句的起始列号位置相同,层次分明,便于阅读和维护,形成良好的编程习惯。

3. 普通分隔符

普通分隔符用于区分程序中的各种基本成分,但它在程序中有确切的意义,不可忽略。包括 4 种:

- 花括号({ }),用来定义复合语句、类体、方法体以及进行数组的初始化。
- 分号(;),表示一条语句的结束。
- 逗号(,),用来分隔变量说明和方法的参数。
- 冒号(:),说明语句标号。

例 5-1 分隔符的用法。

```java
/** 程序名:MyClass.java
功能:简单程序使用举例
开发日期:2022 年 3 月 10 日
*/
public class MyClass{                           //这里定义一个类
    public static void main(String args[]){     //定义程序的主方法
        int int1,int2;                          //声明 2 个整型变量
        /* 从这里开始书写方法的内容 */
        …
    }                                           //main()方法结束
}                                               //MyClass 类结束
```

程序说明:对于应用程序,必须有一个主方法 main(),是程序执行的入口,其中的参数格式是 String args[],表示含有 String 字符串类型的数组参数 args,args 是数组名,是用户自定义标识符,可以改成其他名称。以上参数也可以写成 String[] args 的形式。main()方法的返回值是 void,表示无返回值,是公有的(public),是类的静态成员(static)。

5.1.2 关键字

关键字用来表示特定的意义,也叫保留字,由系统本身使用,不能用作标识符。Java 的关键字共有 48 个,所有的关键字都是小写字母,如表 5-1 所示。

表 5-1　Java 关键字

abstract	boolean	break	byte	case
catch	char	class	continue	default
do	double	else	extends	false
final	finally	float	for	if
implements	import	instanceof	int	interface
long	native	new	null	package
private	protected	public	return	short
static	super	switch	synchronized	this
throw	throws	transient	true	try
void	volatile	while		

5.2　运算符与表达式

运算符指明对操作数所进行的运算。按操作数的数目来分,可以有单目运算符(如++、--),双目运算符(如+、>)和三目运算符(如?:),它们分别对应于一个、两个和三个操作数。对于单目运算符来说,可以有前缀表达式(如++i)和后缀表达式(如 i++),对于双目运算符来说则采用中缀表达式(如 a+b)。按照运算符功能来分,基本的运算符有下面几类:

- 算术运算符(+,-,*,/,%,++,--)
- 关系运算符(>,<,>=,<=,==,!=)
- 布尔逻辑运算符(!,&&,||)
- 位运算符(>>,<<,>>>,&,|,^,~)
- 赋值运算符(=,及其扩展赋值运算符如+=)
- 条件运算符(?:)
- 其他,包括分量运算符(.)、下标运算符[]、实例运算符 instanceof、内存分配运算符 new、强制类型转换运算符(类型)、方法调用运算符()等。

5.2.1　算术运算符

算术运算符作用于整型或浮点型数据,完成算术运算。

1. 双目算术运算符

双目算术运算符包括+、-、*、/、%(取模)5 种运算符。

Java 对加运算符进行了扩展,使它能够进行字符串的连接,如"abc"+"de",得到串"abcde"。取模运算符%的操作数可以是浮点数,如 37.2%10=7.2。

2. 单目算术运算符

单目算术运算符如表 5-2 所示(op 表示操作数)。

表 5-2　单目运算符

运　算　符	用　　法	描　　述
＋	＋op	正值
－	－op	负值
＋＋	＋＋op,op＋＋	加 1
－－	－－op,op－－	减 1

i＋＋与＋＋i 的区别：i＋＋在使用 i 之后，使 i 的值加 1，因此执行完 i＋＋后，整个表达式的结果仍为 i，而 i 的值变为了 i＋1。＋＋i 在使用 i 之前，使 i 的值加 1，因此执行完＋＋i 后，整个表达式和 i 的值均为 i＋1。例如，初值 a＝1,b＝1，执行 a＝b＋＋后 a＝1,b＝2，而执行 a＝＋＋b 后，a＝2,b＝2。

5.2.2　关系运算符

关系运算符用来比较两个值的大小关系，返回布尔类型的值 true 或 false。关系运算符都是双目运算符，包括＞、＞＝、＜、＜＝、＝＝、!＝、＜＞共 7 个。

在 Java 中，任何数据类型的数据（包括基本类型和组合类型）都可以通过＝＝或!＝来比较是否相等，结果返回 true 或 false。关系运算符常与布尔逻辑运算符一起使用，作为流控制语句的判断条件。

5.2.3　逻辑运算符

逻辑运算符包括 &&（逻辑与）、||（逻辑或）、!（逻辑非），逻辑表达式的结果是一个布尔值 true 或 false。

对于布尔逻辑运算，先求出运算符左边的表达式的值，对于或运算，如果为 true，则整个表达式的结果为 true，不必再对运算符右边的表达式再进行运算；同样，对于与运算，如果左边表达式的值为 false，则不必再对右边的表达式求值，整个表达式的结果为 false，这种逻辑运算又称为逻辑短路与和逻辑短路或。

例 5-2　逻辑运算符的应用。

```
public class Test502{
  public static void main(String args[]){
    int a = 25,b = 3;
    boolean d = a < b;                          //d = false
    System.out.println("a < b = " + d);
    int e = 3;
    if(e!= 0 && a/e > 5)
      System.out.println("a/e = " + a/e);
    int f = 0;
    if(f!= 0 && a/f > 5)                        //注意此语句中被 0 除
      System.out.println("a/f = " + a/f);
    else
      System.out.println("f = " + f);
  }
}
```

说明：第二个 if 语句在运行时不会发生除 0 溢出的错误，因为 f!=0 已经为 false，所以就不需要再对 a/e 进行运算。

5.2.4 赋值运算符

赋值运算符"="把一个数据赋给一个变量，在赋值运算符两侧的类型不一致的情况下，如果左侧变量的数据类型的级别高，则右侧的数据被转化为与左侧相同的数据类型，然后赋给左侧变量；否则，需要使用强制类型转换运算符，如：

```
byte b = 100;                              //自动转换
int i = b; int j = 100;
byte b = (byte)a;                          //强制类型转换
```

在赋值符"="前加上其他运算符，即构成扩展赋值运算符，例如：a+=3 等价于 a=a+3，用扩展赋值运算符可表达为：变量 运算符=表达式，如 x*=5。

5.2.5 条件运算符

条件运算符 ?: 是三目运算符，一般形式为：

```
expression? statement1: statement2
```

其中，表达式 expression 的值应为一个布尔值，如果该值为 true，则执行语句 statement1；否则执行语句 statement2，而且语句 statement1 和 statement2 需要返回相同的数据类型，且该类型不能是 void。例如：

```
money = score >= 60 ? 100:0;
```

表示：如果 score>=60，则 money=100，否则 money=0。

如果要通过测试某个表达式的值来选择两个表达式中的一个进行计算时，用条件运算符来实现是一种简捷的方法，实现了 if-else 条件语句的功能。如求 a 和 b 的较大值，表达式是

```
max = a > b?a:b
```

5.2.6 表达式

表达式是变量、常量、运算符、方法调用的序列，它执行这些元素指定的计算并返回某个值，如 a+b,c+d 等都是表达式。表达式用于计算并对变量赋值，以及作为程序控制的条件。表达式的值由表达式中的各个元素来决定，可以是简单类型，也可以是复合类型。

在对一个表达式进行运算时，要按运算符的优先顺序从高向低进行，同级的运算符则按从左到右的方向进行，通过加()可以提高运算符的优先级，因为小括号的优先级最高。因此在表达式中，可以用括号()显式地标明运算次序，括号中的表达式首先被计算。适当地使用括号可以使表达式的结构清晰。例如：a>=b&&c<d||e==f 可以用括号显式地写成((a<=b)&&(c<d))||(e==f)，这样就清楚地表明了运算次序，使程序的可读性加强。

技能训练 2　创建类的成员属性

一、目的

（1）掌握面向对象的基本概念；
（2）掌握定义类与创建对象实例的方法；
（3）掌握类属性的定义和使用；
（4）培养良好的编码习惯和编程风格。

二、内容

1. 任务描述

用户 User 在"仿 QQ 聊天软件"中是一个非常重要的类，服务器使用该类管理用户的相关信息，这里假设服务器只需要维护用户的账号 id、密码 password 两个属性。类的属性见表 5-T-1。

表 5-T-1　User 类属性定义

类名	User
属性	id、password

2. 实训步骤

（1）打开 Eclipse 开发工具，新建一个 Java Project，项目名称为 Ch05Train_1，项目的其他设置采用默认设置。注意当前项目文件的保存路径。

（2）在新建的 Ch05Train_1 项目中添加一个名为 User 的类，包名称为空。

打开 User.java 文件，编写如下代码：

```
public class User {
    public String id;        //账号
    public String pwd;       //密码
    /*
     * 无参构造方法
     */
    public User() {
    }
}
```

（3）为了测试 User 类，向 Ch05Train_1 项目中再添加一个类名为 TestUser 的测试类，在 TestUser 类的 main()方法中实现以下功能。

① 用 User 类创建一个实例 user，并在控制台输出 user 对象的所有属性。
② 修改密码为"234"，输出修改后的密码。

```java
/**
 * 对 User 类的属性和方法进行测试
 */
public class TestUser {
    public static void main(String[] args) {
        //使用带两个参数的构造方法创建对象 user,账号为 2020001,密码为 123
        User user = new User();
        user.id = "2020001";
        user.pwd = "123";
        System.out.println("账号:" + user.id);           //输出账号
        System.out.println("密码:" + user.pwd);          //输出密码
        user.pwd = "234";                                //修改密码
        System.out.println("修改后的密码:" + user.pwd); //输出修改后的密码
    }
}
```

（4）当没有编译错误时,切换到 TestUser.java 窗口,单击 Run 菜单下的 Run 菜单项运行 TestUser 类,在 Eclipse 控制台中显示程序的运行结果如图 5-T-1 所示。

3. 任务拓展

完善用户 User 类的定义。给 User 类增加一个属性 String petName,用于保存用户的昵称,修改用户 2020001 的昵称为"张三",并输出用户 2020001 的昵称,输出内容如图 5-T-2 所示。

```
账号:2020001
密码:123
修改后的密码:234
```

图 5-T-1　运行结果

```
账号:2020001
密码:123
修改后的密码:234
用户昵称:张三
```

图 5-T-2　运行结果

4. 思考题

在前面程序的基础上,思考如下的问题:
（1）类成员属性的命名规则是什么?
（2）boolean 类型 get 方法的习惯写法与其他数据类型有何不同?
（3）对于 User 类中的成员变量 id、password、petName 的修饰符都为 public,修改成 private 程序可以运行吗? 如果不行,需要做哪些修改,使用 private 有什么好处吗?

三、独立实践

在"仿 QQ 聊天软件"中,一个用户 User 可以有多个朋友 Friend,请实现这两个类之间的一对多关系。

5.3　控制结构

Java 程序通过流程控制语句来执行程序,完成一定的任务。被控制的程序段可以是单

一的一条语句,也可以是用大括号{ }括起来的一个复合语句。Java 中的控制结构,包括:
- 分支语句:if-else,break,switch,return。
- 循环语句:while,do-while,for,continue。
- 异常处理语句:try-catch-finally,throw。

5.3.1 分支语句

分支语句提供了一种控制机制,使程序在执行时可以跳过某些语句,而转去执行特定的语句。

1. 条件语句 if-else

if-else 语句根据判定条件的真假来执行两种操作中的一种,格式为:

```
if(boolean – expression)
   statement1;
[else
statement2;]
```

- 布尔表达式 boolean-expression 是任意一个返回布尔型数据的表达式。
- 每个单一的语句后都必须有分号。
- 语句 statement1、statement2 可以为复合语句,这时要用大括号({ })括起来,建议对单一的语句也用大括号括起,这样程序的可读性强,而且有利于程序的扩充,大括号外面不加分号。
- else 子句是任选的。
- 若布尔表达式的值为 true,则程序执行 statement1,否则执行 statement2。
- if-else 语句的一种特殊形式为嵌套语句,即:

```
if(expression1){
  statement1
  }else if (expression2){
       statement2
     } …
      }else if (expressionM){
         statementM
        }else {
     statementN
}
```

else 子句不能单独作为语句使用,必须和 if 配对使用,它总是与离它最近的 if 配对,可以通过使用大括号{ }来改变配对关系。

例 5-3 判断某一年是否为闰年,闰年的 2 月是 29 天,平年是 28 天。闰年的条件是符合二者之一:① 用 4 位数表示的年份能被 4 整除,但不能被 100 整除;② 能被 400 整除。

```java
public class LeapYear{
  public static void main(String args[]){
    int year = 1989;                          //方法1
```

```
   if((year % 4 == 0 && year % 100 != 0) || (year % 400 == 0))
      System.out.println(year + "是闰年");
   else
      System.out.println(year + "不是闰年");
   year = 2000;                                              //方法 2
   boolean leap;
   if(year % 4 != 0) leap = false;
   else if(year % 100 != 0)
         leap = true;
   else if(year % 400 != 0)
      leap = false;
   else
      leap = true;
   if(leap == true)
      System.out.println(year + "是闰年");
   else
      System.out.println(year + "不是闰年");
   year = 2050;                                              //方法 3
   if(year % 4 == 0){
      if(year % 100 == 0){
      if(year % 400 == 0)
         leap = true;
      else
         leap = false;
      }else
         leap = false;
      }else
         leap = false;
   if(leap == true)
      System.out.println(year + "是闰年");
   else
      System.out.println(year + "不是闰年");
   }
}
```

运行结果为：

1989 不是闰年
2000 是闰年
2050 不是闰年

说明：方法 1 用一个逻辑表达式包含了所有的闰年条件；方法 2 使用了 if-else 语句的特殊形式；方法 3 则通过使用大括号({})对 if-else 进行匹配来实现闰年的判断。

2. 多分支选择语句 switch

switch 语句根据表达式的值来执行多个操作中的一个，一般格式如下：

```
switch (expression){
   case value1 : statement1;
   break;
```

```
    case value2 : statement2;
    break;
    …
    case valueN : statemendN;
    break;
    [default : defaultStatement; ]
}
```

说明：

- 表达式 expression 可以返回任一简单类型的值（如整型、实型、字符型），多分支语句把表达式返回的值与每个 case 子句中的值相比。如果匹配成功，则执行该 case 子句后的语句序列。
- case 子句中的值 value1 必须是常量，而且所有 case 子句中的值应是不同的。
- default 子句是任选的。当表达式的值与任一 case 子句中的值都不匹配时，程序执行 default 后面的语句；如果表达式的值与任一 case 子句中的值都不匹配且没有 default 子句，则程序不作任何操作，而是直接跳出 switch 语句。
- break 语句用来在执行完一个 case 分支后，使程序跳出 switch 语句，即终止 switch 语句的执行。因为 case 子句只是起到一个标号的作用，用来查找匹配的入口并从此处开始执行，对后面的 case 子句不再进行匹配，而是直接执行其后的语句序列，因此应该在每个 case 分支后，要用 break 来终止后面的 case 分支语句的执行。在一些特殊情况下，多个不同的 case 值要执行一组相同的操作，这时可以不用 break。
- case 分支中包括多个执行语句时，可以不用大括号{ }括起。

switch 语句的功能可以用 if-else 来实现，但在某些情况下，使用 switch 语句更简练，可读性强，而且程序的执行效率提高。

例 5-4 根据考试成绩的等级打印出百分制分数段。

```java
public class Test504{
  public static void main(String args[ ]){
    System.out.println("\n**** first situation ****");
    char grade = 'C';                              //normal use
    switch(grade){
      case 'A' : System.out.println(grade + " is 85～100");
              break;
      case 'B' : System.out.println(grade + " is 70～84");
              break;
      case 'C' : System.out.println(grade + " is 60～69");
              break;
      case 'D' : System.out.println(grade + " is < 60");
              break;
      default : System.out.println("input error");
    }
    System.out.println("\n**** second situation ****");
    grade = 'A';                                   //成绩赋值为 A
    switch(grade){
      case 'A' : System.out.println(grade + " is 85～100");
      case 'B' : System.out.println(grade + " is 70～84");
```

```
            case 'C' : System.out.println(grade + " is 60~69");
            case 'D' : System.out.println(grade + " is < 60");
            default : System.out.println("input error");
        }
        System.out.println("\n**** third situation ****");
        grade = 'B';                                          //several case with same operation
        switch(grade){
            case 'A' :
            case 'B' :
            case 'C' : System.out.println(grade + " is >= 60");
            break;
            case 'D' : System.out.println(grade + " is < 60");
            break;
            default : System.out.println("input error");
        }
    }
}
```

从该例可以看到 break 语句的作用，如果子句中缺少了 break 语句，输出结果会出错。

3. break 语句

在 switch 语中，break 语句用来终止 switch 语句的执行，使程序从 switch 语句后的第一个语句开始执行。可以为每个代码块加一个括号，一个代码块通常是用大括号({ })括起来的一段代码。加标号的格式如下：

```
BlockLabel: { codeBlock }
```

break 语句的第二种使用情况就是跳出它所指定的块，并从紧跟该块的第一条语句处执行。其格式为：

```
break BlockLabel;
```

即用 break 来实现程序流程的跳转，不过应该尽量避免使用这种方式。

4. 返回语句 return

return 语句从当前方法中退出，返回到调用该方法的语句处，并从紧跟该语句的下一条语句继续程序的执行。返回语句有两种格式：

格式 1：

```
return expression;
```

用于返回一个值给调用该方法的语句，返回值的数据类型必须和方法声明中的返回值类型一致。可以使用强制类型转换来使类型一致。

格式 2：

```
return;
```

当方法说明中用 void 声明返回类型为空时，应使用这种格式，它不返回任何值。return 语句通常用在一个方法体的最后，以退出该方法并返回一个值。Java 中，单独的 return 语句用在一个方法体的中间时,会产生编译错误,因为这时会有一些语句执行不到。但可以通过把 return 语句嵌入某些语句(如 if-else)来使程序在未执行完方法中的所有语句时退出,例如:

```
int method( int num) {
return num;                                    //本句会产生编译错误
if (num > 0)
return num;
…      // 本句能否执行,取决于 num 的值
}
```

5.3.2 循环语句

循环语句的作用是反复执行一段代码,直到满足终止循环的条件为止,一个循环一般应包括四部分内容。

- 初始化部分(initialization):设置循环的一些初始条件,如计数器清零等。
- 循环体部分(body):反复循环的一段代码,可以是单一的一条语句,也可以是复合语句。
- 迭代部分(iteration):这是在当前循环结束,下一次循环开始前执行的语句,常常用来使计数器变量加 1 或减 1。
- 终止部分(termination):通常是一个布尔表达式,每一次循环都要对该表达式求值,以验证是否满足循环终止条件。

Java 提供的循环语句有 while、do-while 和 for 三种语句,下面分别介绍。

1. while 语句

while 语句实现"当型"循环,一般格式为:

```
[initialization]           //初始化
while (termination){       //循环条件
  body;                    //循环体
[iteration;]               //迭代,改变循环变量的值
}
```

布尔表达式(termination)表示循环条件,值为 true 时,循环执行大括号中的语句。while 语句首先判断循环条件,当条件成立时,才执行循环体中的语句,如果一开始条件就不成立,可能循环体一次都不会执行,这是"当型"循环的特点。

2. do-while 语句

do-while 语句实现"直到型"循环,一般格式为:

```
[initialization]
do {
  body;
[iteration;]
} while (termination); //
```

do-while 语句首先执行循环体,然后判断循环条件,若结果为 true,则循环执行大括号

中的语句,直到布尔表达式的结果为 false。与 while 语句不同的是,do-while 语句的循环体至少执行一次,这是"直到型"循环的特点。

3. for 语句

for 语句实现固定次数的循环,一般格式为:

```
for (initialization; termination; iteration){
  body;
}
```

- for 语句执行时,首先执行初始化操作,然后判断循环条件是否满足,如果满足,则执行循环体中的语句,最后执行迭代部分。完成一次循环后,重新判断终止条件。
- 可以在 for 语句的初始化部分声明一个变量,它的作用域为整个 for 语句。
- for 语句通常用来执行循环次数确定的情况(如对数组元素进行操作),也可以根据循环结束条件执行循环次数不确定的情况。
- 在初始化部分和迭代部分可以使用逗号语句来进行多个操作。逗号语句是用逗号分隔的语句序列。例如:for(i=0,j=10;i<j;i++,j−−){…}。
- 初始化、终止以及迭代部分都可以为空语句,但分号不能省,三者均为空时,相当于一个无限循环(死循环)。

4. continue 语句

continue 语句用来结束本次循环,跳过循环体中下面尚未执行的语句,接着进行终止条件的判断,以决定是否继续循环。对于 for 语句,在进行终止条件的判断前,还要先执行迭代语句。它的格式为:

```
continue;
```

也可以用 continue 跳转到括号指明的外层循环中,格式为:

```
continue outerLable;
```

例 5-5 用 while、do-while 和 for 语句实现累计求和。

```
public class Test505{
  public static void main(String args[]){
    System.out.println("\n**** while statement ****");
    int n = 10, sum = 0;              //初始化
    while(n > 0){                      //循环条件
      sum += n;                        //循环体
      n-- ;                            //迭代
    }
    System.out.println("sum is " + sum);
    System.out.println("\n**** do_while statement ****");
    n = 0;                             //初始化
    sum = 0;
    do{
      sum += n;                        //循环体
```

```
            n++;                         //迭代
        }while(n<=10);                   //循环条件
        System.out.println("sum is " + sum);
        System.out.println("\n**** for statement ****");
        sum = 0;
        for(int i=1; i<=10; i++){        //初始化,循环条件,迭代
            sum += i;                    //循环体
        }
        System.out.println("sum is " + sum);
    }
}
```

运行结果为:

```
**** while statement ****
sum is 55
**** do_while statement ****
sum is 55
**** for statement ****
sum is 55
```

可以从中来比较这三种循环语句,从而在不同的场合选择合适的语句。

5.3.3 Java 编程规范

养成良好的编程风格是程序员应具备的基本素质,运用 Java 编程也要遵守 Java 编程规范,这对于读懂别人的程序和让别人理解自己的程序都十分重要。

1. 一般原则

- 尽量使用完整的英文单词描述符。
- 采用适用于相关领域的术语。
- 采用大小写混用,可读性更好。
- 避免使用相似或相同的名字,或者仅仅是大小写不同的名字。
- 少用下画线(除静态常量等)。

2. 具体要求

- 包(Package):包名采用完整的英文描述符,都由小写字母组成。
- 类(Class):类名采用完整的英文描述符,所有单词的第一个字母均大写,如 CustomerName、SavingsAccountBank。
- 接口(Interface):接口名采用完整的英文描述符说明接口封装,所有单词的第一个字母大写。习惯上,接口名字后面加上后缀 able、ible 或者 er,但这不是必需的。如 Contactable、Prompter。
- 组件(Component):使用完整的英文描述来说明组件的用途,末端应接上组件类型,如 okButton、customerList、fileMenu。
- 异常(Exception):通常采用字母 e 表示异常的实例,这是个特例,表示单词

Exception 的第一个字母,易于记忆。
- 变量、属性、方法:采用完整的英文描述,第一个单词首字母小写,后面所有单词的首字母大写。如 firstName、lastName。
- 获取成员函数:被访问字段名的前面加上前缀 get,如 getFirstName()、getLastName()。
- 布尔型获取成员函数:所有的布尔型获取函数必须用单词 is 做前缀,表示"是不是……"这样一个意义,如 isPersistent()、isString()。
- 设置成员函数:被访问字段名的前面加上前缀 set 表示设置,如 setFirstName()、setLastName()、setWarpSpeed()。
- 普通成员函数:采用完整的英文描述说明成员函数功能,第一个单词尽可能采用动词,第一个字母小写,类似于变量名,如 openFile()、addAccount()。
- 静态常量(static final):全部采用大写字母,单词之间用下画线分隔,如 PI、MIN_BALANCE、DEFAULT_DATE。
- 循环变量:用于循环语句中控制循环次数,通常用 i、j、k 或者 counter 表示。

5.4 数组

数组是有序数据的集合,数组中的每个元素具有相同的类型,数组名用下标来区分数组中的元素位置,数组可分为一维数组和多维数组。

5.4.1 一维数组

1. 一维数组的定义

一维数组的定义格式为:

```
type arrayName[];
```

或者

```
type [] arrayName;
```

其中类型 type 可以为 Java 中任意的数据类型,包括简单类型和复合类型(也可以是数组),数组名 arrayName 为一个合法的标识符,[]指明该变量是一个数组类型变量。例如:

```
int intArray[];
int [] intArray;
```

声明了一个整型数组,数组中的每个元素为整型数据。Java 在数组的定义中并不为数组元素分配内存,因此[]中不能指出数组中元素个数(数组长度),不允许访问这个数组的任何元素。必须为它分配存储空间后才能访问它的元素,这时要用到 new 命令,其格式是:

```
arrayName = new type[arraySize];
```

arraySize 指明数组的长度。如:"intArray=new int[10];"为一个整型数组分配 10 个

int 型整数所占据的内存空间,其下标分量为 0～9。

通常,这两部分可以合在一起,用一条语句完成,格式是:

type arrayName = new type[arraySize];

例如:

int intArray = new int[3];

2. 一维数组元素的引用

定义了一个数组,并用运算符 new 为它分配了内存空间后,就可以引用数组中的每一个元素了。数组元素的引用方式为:

arrayName[index]

其中,index 为数组下标,它可以为整型常数或表达式。如 a[8]、b[i](i 为整型)、c[2 * i]等。下标从 0 开始,一直到数组的长度减 1。对于上面例子中的 intArray 数来说,它有 10 个元素,分别从 intArray[0]到 intArray[9],但没有 intArray[10]。

Java 对数组元素要进行越界检查以保证安全性。同时,每个数组都有一个属性 length 指明它的长度(元素个数),例如:intArray.length 表示数组 intArray 的长度。

3. 一维数组的初始化

对数组元素可以按照上述的例子进行赋值,也可以在定义数组的同时初始化。例如:

int a[ ] = {1,2,3,4,5};

但"int a[5]={1,2,3,4,5};"是非法的,系统自动统计数据个数,不要用户确定。

用逗号(,)分隔数组的各个元素,系统自动为数组分配一定的存储空间。

例 5-6 从小到大冒泡法排序数组,冒泡排序是对相邻的两个元素进行比较,并把小的元素交换到前面。

```
public class Test506{
  public static void main(String args[ ]){
    int i,j;
    int intArray[ ] = {30,1, - 9,70,25};      //数组初始化
    int l = intArray.length;                  //数组长度赋值给变量 l
    for(i = 0;i < l - 1;i++)
      for(j = i + 1;j < l;j++)
        if(intArray[i]> intArray[j]){         //以下 3 行用于交换位置
          int t = intArray[i];
          intArray[i] = intArray[j];
          intArray[j] = t;
        }
    for(i = 0;i < l;i++)
      System.out.println(intArray[i] + "");
  }
}
```

5.4.2 多维数组

多维数组可以看作是数组的数组。例如二维数组的每个元素又是一个一维数组。下面以二维数组为例来进行说明,多维数组的使用与此类似。

1. 二维数组的定义

二维数组实际上就是一个表,矩阵或者行列式,每个元素的位置均包括行号(第一维)和列号(第二维),其定义格式为:

```
type arrayName[][];
```

例如:

```
int intArray[][];
```

与一维数组一样,这时对数组元素也没有分配内存空间,使用运算符 new 生成一个数组对象后,系统才会分配内存,才能访问每个元素。

对多维数组来说,分配内存空间有下面几种方法:

(1) 直接为每一维分配空间,如:

```
int a[][] = new int[2][3];
```

(2) 从最高维开始,分别为每一维分配空间,如:

```
int a[][] = new int[2][];
a[0] = new int[3];
a[1] = new int[3];
```

2. 二维数组元素的引用

对二维数组中每个元素,引用格式为:

```
arrayName[index1][index2]
```

其中,index1、index2 均为下标,可以是整型常数或表达式,如 a[2][3] 等。同样,每一维的下标都是从 0 开始编号。

3. 二维数组的初始化

有两种方式初始化:直接对每个元素进行赋值、在定义数组的同时进行初始化。如:

```
int a[][] = {{2,3},{1,5},{3,4}};
```

定义了一个 3×2 的数组,并对每个元素赋值。

例 5-7 二维数组举例——矩阵的乘法运算。

两个矩阵 $A_{m \times p}$、$B_{p \times n}$ 相乘得到 $C_{m \times n}$,每个元素 $C_{ij} = \sum_{k=1}^{p} a_{ik} b_{kj} = a_{i1}b_{1j} + a_{i2}b_{2j} + \cdots + a_{ip}b_{pj}$ $(i=1 \sim m, j=1 \sim n)$

```java
public class Test507{
    public static void main(String args[]){
        int i,j,k;
        int a[][] = new int[2][3];                              //数组 a 赋值
        int b[][] = {{1,5,2,8},{5,9,10,-3},{2,7,-5,-18}};       //数组 b 赋值
        int c[][] = new int[2][4];
        for(i=0;i<2;i++)
          for(j=0;j<3;j++)
            a[i][j] = (i+1)*(j+2);
        for(i=0;i<2;i++){
          for(j=0;j<4;j++){
            c[i][j] = 0;
            for(k=0;k<3;k++)
            c[i][j] += a[i][k]*b[k][j];
          }
        }
        System.out.println("\n*** MatrixA *** ");
        for(i=0;i<2;i++){
          for(j=0;j<3;j++)
            System.out.print(a[i][j]+"");
          System.out.println();
        }
        System.out.println("\n*** MatrixB *** ");
        for(i=0;i<3;i++){
          for(j=0;j<4;j++)
            System.out.print(b[i][j]+"");
          System.out.println();
        }
        System.out.println("\n*** MatrixC *** ");
        for(i=0;i<2;i++){
          for(j=0;j<4;j++)
            System.out.print(c[i][j]+"");
          System.out.println();
        }
    }
}
```

以上介绍的数组都要求固定大小,即声明时就需要确定分量的个数。有时可能会出现这种情况:在声明时无法确定大小,运行过程中大小可变,这时要使用类 ArrayList,它由系统包 java.util 提供,用法是,首先预定义一个初始大小(通常为 10),当向数组中添加元素时,其长度会自动增加。ArrayList 类的用法,读者可以查阅 JDK 帮助文档。

5.5 成员方法的声明

类的方法,也叫作成员函数,用来规定类属性上的操作,实现类的内部功能;同时,它也是类与外界联系的渠道,即外界通过调用类的方法来实现信息交互。

5.5.1 方法的声明

声明类的方法的格式是:

```
[修饰符] 返回值类型 方法名(形式参数列表) [throws 异常名列表]
{   方法体;
    局部变量声明;
    语句序列;
}
```

方法名是一个标识符,由用户定义,在同一个类中允许有同名方法,但其参数(包括参数名、类型、个数、顺序)不能完全相同,而且允许有同名的成员属性名和方法名,只是不建议这样使用。

方法的修饰符很多,包括访问控制修饰符、静态修饰符 static、抽象方法修饰符 abstract、最终方法 final 等。

访问控制修饰符和静态修饰符 static 的作用与成员属性相同。

用 final 声明的方法称为最终方法,它不能被子类覆盖,即不能在子类中修改或者重新定义,但可以被子类继承,用于保护一些重要的方法不被修改。

用 abstract 修饰的方法称为抽象方法,这种方法只有方法头的声明,没有方法体,它不能实现。只有被重写时,加上方法体后,才能产生对象。抽象方法只能出现在抽象类中,含有抽象方法的类称为抽象类,抽象类中还可以含有其他非抽象类。一个抽象类可以定义一个统一的编程接口,使其子类表现出共同的状态和行为,但各自的细节不同。子类共有的行为由抽象类中的抽象方法来约束,而子类行为的具体细节由通过抽象方法的覆盖来实现。这种机制可以增加编程的灵活性。

throws 子句用于异常处理,这些内容在第 11 章介绍。

在方法声明中,必须返回一个类型,如果只是执行一个操作,没有确定的类型,则返回的是 void。

在方法中声明的变量只在本方法中有用,离开本方法不可以再引用,而成员属性的作用范围是整个类,因此它与成员属性是不同的。

下面的类 Student 声明了 5 个属性和 2 个方法:

```
public class Student{
    private int age;                    //声明私有变量 age
    private String name;                //声明私有变量 name
    private char sex;                   //声明私有变量 sex
    public final int GRADE = 2;         //声明公有的 final 变量 GRADE,即常量
    public static int counter = 0;      //声明公有的 static 型变量 counter
    public void speekEnglish(){
        System.out.println("大家好,我在说英语!");
    }
    public void walk(){
        System.out.println("我在散步!");
    }
}
```

下面的 MyScore 类声明了一个属性 result 和一个求和的方法 sum,在方法中定义了形式参数 a 和 b 以及局部变量 x,注意它们的作用范围。

```
public class MyScore{
```

```
    public int result;                    //result 的作用范围是整个类
 public void sum(int a,int b){            //a 和 b 的作用范围是方法内
    int x;                                //x 是局部变量,作用范围是方法内
    x = a + b;
    result = x;
    System.out.println("x = " + x);
  }
}
```

5.5.2 方法的覆盖与重载

Java 是通过方法的覆盖和重载来实现多态的。类层次结构中,如果子类中的一个方法与父类中的方法有相同的方法名并具有相同数量和类型的参数列表,则称子类中的方法覆盖了父类中的方法。通过子类引用覆盖方法时,总是引用子类定义的方法,而父类中定义的方法被隐藏。

在子类中,若要使用父类中被隐藏的方法,可以使用 Super 关键字。

1. 方法的覆盖

例 5-8　方法覆盖示例。

```
class SuperClass{                         //父类声明
  public void printA(){
    System.out.println("父类打印函数");
  }
}
class SubClass extends SuperClass{        //子类声明
  public void printA(){
    System.out.println("子类打印函数");
  }
}
public class OverrideDemo {
  public static void main(String[] args) {
    SuperClass s1 = new SubClass();       //s1 是子类的实例
    s1.printA();
  }
}
```

以上程序的输出结果:

子类打印函数

在 OverrideDemo 类中,语句"SuperClass s1＝new SubClass();"创建了一个类型为 SuperClass 的对象,而且 SubClass 对象被赋给 SuperClass 类型的引用 s1。语句:s1.printA()将调用 SubClass 的 printA()方法,因为 s1 引用的对象类型为 SubClass。

父类的引用变量可以引用子类对象。Java 用这一事实来解决在运行期间对覆盖方法的调用。过程为:当一个覆盖方法通过父类引用被调用时,Java 根据被引用对象的类型来决定执行哪个版本的方法。因此,如果父类包含一个被子类覆盖的方法,那么通过父类引用

变量引用不同子对象时,就会执行该方法的不同版本。

覆盖方法允许 Java 支持运行时多态性。多态性是面向对象的编程本质,因为它允许通用类指定方法,这些方法对该类的派生类都是公用的。同时该方法允许子类定义这些方法中某些或全部实现。覆盖方法是 Java 实现多态性的一种方式。

2. 方法的重载

方法的重载是 Java 实现面向对象的多态性机制的另一种方式。在同一个类中两个或两个以上的方法可以有相同的名字,只要它们的参数声明不同即可,这种情况称为方法重载。Java 用参数的类型和数量来确定实际调用的重载方法的版本。因此每个重载的方法的参数的类型或数量必须是不同的。虽然每个重载方法可以有不同的返回类型,但返回类型并不足以区分所使用的是哪个方法。当 Java 调用一个重载方法时,参数与调用参数匹配的方法被执行。

例 5-9 方法重载示例,程序名为 OverLoadDemo.java。

```java
class Calculation{
    public void add(int a,int b){
        int c = a + b;
        System.out.println("两个整数相加得:" + c);
    }
    public void add(float a,float b){
        float c = a + b;
        System.out.println("两个浮点数相加得:" + c);
    }
    public void add(String a,String b){
        String c = a + b;
        System.out.println("两个字符串相加得:" + c);
    }
}
public class OverLoadDemo {
    public static void main(String[] args) {
        Calculation c = new Calculation();
        c.add(10,20);
        c.add(21.5f,32.3f);
        c.add("早上","好");
    }
}
```

以上程序的输出结果是:

两个整数相加得:30
两个浮点数相加得:53.8
两个字符串相加得:早上好

在以上程序中,add()方法被重载。其中有三个方法具有相同的名称 add(),但具有不同的参数,分别实现两个整数、浮点数相加和两个字符串连接。在实际调用时,具体调用哪个 add 方法取决于传递的参数与哪个方法相匹配。

前面所有例题的变量赋值都是在编程时确定的,如果希望变量的值在程序运行过程中从键盘动态输入,则需要使用 Scanner 类。Scanner 类由系统包 java.util 提供,即 java.util.Scanner,它是一个用于扫描输入文本的类,用于在程序运行时接收用户从键盘输入的信息,可以接收字符串和 char、int、double、boolean 等多种类型的数据。

Scanner 类提供的常用方法如下。
- next():读取下一个值。
- nextInt():读取下一个整数。
- nextBoolean():读取下一个布尔型数据。
- nextByte():读取下一个字节型数据。
- nextShort():读取下一个短整型数据。
- nextLong():读取下一个长整型数据。
- nextDouble():读取下一个双精度型数据。
- nextFloat():读取下一个浮点型数据。
- nextLine():读取下一行数据。

要使用 Scanner 命令,则必须在程序首部添加一条命令:import java.util.Scanner;然后在类中创建 Scanner 对象,如:Scanner s = new Scanner(System.in);这样才可以调用 Scanner 的方法从键盘读取数据。

例 5-10　输入若干学生成绩,用-1 结束输入,输出平均成绩。

```java
import java.util.Scanner;                //引入类,也可以是 import java.util.*;
public class ExamScore{
    public static void main(String args[]){
        float cj, pj, zh = 0, n = 0;
        Scanner s = new Scanner(System.in);    //生成 Scanner 的实例 s
        cj = s.nextFloat();                    //调用 nextFloat 方法从键盘读取输入的值赋给 cj
        while (cj!= -1){
            zh += cj;
            n += 1;
            cj = s.nextFloat();                //继续读取下一个成绩
        }
        if (n!= 0) {
            pj = zh/n;
            System.out.println("平均成绩是:" + pj);
        }
        else System.out.println("您没有输入成绩");
    }
}
```

程序运行时,系统会等待用户输入数据,直到输入-1 为止才显示结果。用户输入数据时,可以每输入一个数据按一下回车键,也可以一行输入多个数据,中间用空格分开。

特别提示:从本章实例可以看出,编程是运用数据模型来解决日常工作中的问题,比如闰年 2 月份的天数,这就需要大家关注生活。同时,一个问题可能有多种解决方案,也有多种编程方法,应具有选择最优方案的知识储备,编写出来的软件用户才会喜欢。

技能训练 3 创建类的成员方法

一、目的

(1) 掌握面向对象的基本概念；
(2) 掌握定义类与创建对象实例的方法；
(3) 掌握类属性的定义和使用；
(4) 掌握 get 和 set 方法的定义使用；
(5) 掌握类成员方法的定义和使用；
(6) 培养良好的编码习惯和编程风格。

二、内容

1. 任务描述

好友在"仿 QQ 聊天软件"中也是一个非常重要的类，它记录了用户的好友信息，通常一个用户的好友信息至少包括用户的账号 id、好友姓名 friendName、好友的账号 friendId 等信息。请编写一个好友类 Friend，实现相关属性和方法。属性与方法见表 5-T-2。

表 5-T-2 Friend 类定义

类名	Friend
属性	id,friendName,friendId
方法	getId,setId(String id),getFriendId(),setFriendId(String friendId)

2. 实训步骤

(1) 打开 Eclipse 开发工具，新建一个 Java Project，项目名称为 Ch05Train_2，项目的其他设置采用默认设置。注意当前项目文件的保存路径。

(2) 在新建的 Ch05Train_2 项目中添加一个名为 Friend 的类，包名称为空。

打开 Friend.java 文件，编写如下代码：

```java
/*
 * 用户好友信息
 */
public class Friend {
    private String id;           //用户账号
    private String friendId;     //好友账号
    public Friend() {
        id = "2020001";
        friendId = "2020002"; }
    /*
     * 获得用户账号
     */
```

```java
    public String getId() {
        return id; }
    /*
     * 设置用户账号
     */
    public void setId(String id) {
        this.id = id; }
    /*
     * 获得好友账号
     */
    public String getFriendId() {
        return friendId; }
    /*
     * 设置好友账号
     */
    public void setFriendId(String friendId) {
        this.friendId = friendId; }
}
```

(3) 为了测试 Friend 类,向 Ch05Train_2 项目中再添加一个类名为 TestFriend 的测试类,在 TestFriend 类的 main()方法中实现以下功能:

① 用 Friend 类创建一个实例 friend,在控制台输出 friend 对象的所有属性(用户账号、好友账号);

② 修改好友账号为 201901,输出修改后的 friend 对象的所有属性。

```java
/*
 * 测试用户好友信息
 */
public class TestFriend {
    public static void main(String[] args){
        Friend friend = new Friend();                              //创建好友对象
        System.out.println("用户账号:" + friend.getId());           //输出用户账号
        System.out.println("好友账号:" + friend.getFriendId());}    //好友账号
}
```

(4) 当没有编译错误时,切换到 TestFriend.java 窗口,单击 Run 菜单下的 Run 菜单项运行 TestFriend 类,在 Eclipse 控制台中显示程序的运行结果如图 5-T-3 所示。

用户账号:2020001
好友账号:2020002

图 5-T-3 运行结果

3. 任务拓展

(1) 完善账户 Friend 类的定义,增加属性:好友姓名 friendName,并为属性 friendName 添加相应的 get 和 set 方法;

(2) 在 Friend 类中增加验证好友的方法:boolean checkFriend(String id, String friendId),如果 id 值与 friendId 相等(用户账号不能与好友账号相同),返回 false;否则返回 true。编写代码进行测试。

4．思考题

在前面程序的基础上,思考如下的问题:

(1) 类成员方法的命名规则是什么?

(2) 修饰类的成员方法时,说一说使用 public、protected 和 private 的不同。

三、独立实践

(1) 计算器具有加 add、减 sub、乘 mul、除 div 四种功能,编写一个计算器类 Calculator, 并编写测试类 TestCalculator 类,对计算器 Calculator 进行测试;

(2) 编写日期类 MyDate,具有年 year、月 month、日 day 三个属性和输出日期 string getDate()、判断是否是闰年 boolean isLeapYear()两个方法。请实现 MyDate 类并测试。

本章习题

1．简答题

(1) Java 提供了哪些注释语句,功能有什么不同?

(2) 识别下面标识符,哪些是合法的,哪些是非法的。

Ply_1、$32、java、myMothod、While、your-list、class、ourFriendGroup_、$110、长度、7st

(3) 程序有哪三种控制结构?

(4) Java 中提供了哪些循环控制语句?

(5) 数组有什么特点,数组的声明和初始化方法与简单变量有什么不同?

(6) Java 编码规范有哪些?

(7) 什么是方法的覆盖？什么是方法的重载？

2．编程与操作题

(1) 编写一个类,其方法是从 10 个数中求出最大值、最小值及平均值。

(2) 编写一个类,其方法是编程求 $n!$,设 $n=8$。

(3) 编写一个类,其方法是:根据考试成绩的等级打印出分数段,优秀为 90 分以上,良好为 80～90 分,中等为 70～79 分,及格为 60～69 分,60 分以下为不及格,要求采用 switch 语句。

(4) 编写一个类,其方法是:判断一个数是不是回文。回文是一种从前向后读和从后向前读都一样的文字或者数字,如 12321、569878965、abcba。

(5) 编写一个类,其方法是：将数组中值按从大到小排列输出。

(6) 编写一个类,其方法是:编程输出杨辉三角形的前 8 行(杨辉三角形的构成特点是: 每一行两边的数均为 1,中间的数等于它肩上的两个数之和,这是我国南宋数学家杨辉 1261 年在所著的《详解九章算术》一书中提出的,而欧洲的帕斯卡(1623—1662)在 1654 年才发现这一规律,比杨辉迟了 393 年,表明中华民族灿烂文化源远流长)。

```
                        1
                    1       1
                1       2       1
            1       3       3       1
        1       4       6       4       1
    1       5       10      10      5       1
```

第6章 创建对象

主要知识点

类的实例化；

构造方法；

对象的使用；

对象的清除。

学习目标

能根据已经定义的类进行实例化，运用对象编写代码完成一定的功能。

通过前面的学习，已经掌握了类的定义方法，能够对类的成员属性和成员方法进行声明，并且了解了 Java 的基本语法和程序控制结构。本章将对类实例化，生成类的对象，利用对象开始软件的设计过程，通过"仿 QQ 聊天软件"项目，掌握对象的使用方法。

6.1 类的实例化及对象引用

将类实例化，就是产生类的一个对象。对象是在执行过程中由其所属的类动态产生的，一个类可以生成多个不同的对象。值得注意的是，一个对象的内部状态，也就是说私有属性只能由该对象自身修改，即使同一个类的任何其他对象也不能修改它。所以同一个类的对象只是在内部状态的表现形式上相同，但它们所分配的存储空间却是不同的，一个对象的生命周期包括三个阶段：生成、使用、消失。

6.1.1 类的实例化

将类实例化的命令格式是：

类名　对象名 = new 类名([参数列表]);

其中，"类名"表示对象的类型，必须是复合类型，包括类、字符串等，"对象名"是一个合法的标识符。"参数列表"要根据本类的构造方法的形式参数确定，与构造方法匹配，以便自动调用构造方法。

下面的代码是先定义一个类。

```
public class Person{
    String name;
    int age;
```

```
    float salary;
    public void work(){
       System.out.print("I am an engineer!");}
}
```

生成一个对象 teacher 的方法是：

```
Person teacher = new Person();
```

说明：每一条语句只能实例化一个对象，通过运算符 new 为对象 teacher 分配存储空间，这时 Java 自动执行类对应的构造方法进行初始化，构造方法可以是系统默认的构造方法，也可以通过重载实现，以后就可以引用此对象了。

6.1.2　对象的引用

类的成员（包括成员属性和成员方法）必须要在产生对象即实例化后才能被引用，引用的格式是：

对象名.成员

1．引用对象的变量

访问对象的某个变量的属性时，可以是一个已经生成的对象，也可以是能够生成对象引用的表达式，以类 Person 为例，生成一个对象 teacher，并给 name 属性赋值为 Liming，以下两种格式都是正确的。

方法 1：

```
Person teacher = new Person();
teacher.name = "Liming";
```

方法 2：

```
new Person().name = "Liming";
```

第二种方法直接生成对象的引用，是方法 1 中两条语句的合并，但没有产生对象 teacher，通常用于一次性使用。

2．引用对象的方法

格式：

对象.方法名([参数列表]);

例 6-1　方法的引用，源程序名是 TestPerson.java。

```
class Person{
    int age;
    void shout(){
      System.out.println("Oo God,my age is" + age);}
}
public class TestPerson{
```

```
    public static void main(String args[]){
        Person xiaoli = new Person();        //对象实例化
        Person zhangsan = new Person();      //对象实例化
        xiaoli.age = 20;                     //成员属性的引用
        zhangsan.age = 38;                   //成员属性的引用
        xiaoli.shout();                      //成员方法的引用
        zhangsan.shout();}                   //成员方法的引用
}
```

运行结果如图 6-1 所示。

```
<terminated> TestPerson [Java Application] C:\Program Files\Java\jre1.8.0_25\bin\javaw.exe (2021年3月1日 下午9:47:14)
Exception in thread "main" java.lang.Error: Unresolved compilation problem:
        at chapter6.TestPerson.main(TestPerson.java:8)
```

图 6-1　例 6-1 的运行结果

6.1.3　方法的参数传递

在方法中,如果变量是基本数据类型(包括字符串和数组),则按值传递,即方法调用前后变量的值不变;如果变量的类型是类或者接口,即引用数据类型,则按地址传递,变量的值在方法调用后会发生改变。

1. 基本数据类型的参数传递

例 6-2　基本数据类型的参数传递举例。

```
class PassValue{
  public static void main(String args[]){
    int x = 5;
    chang(x);
    System.out.println(x);}
    public static void chang(int x){
       x = 3;}
}
```

其输出结果是：5

总结：
- 基本类型的变量作为实参传递,并不能改变这个变量的值。
- 方法中的形式参数相当于局部变量,方法调用结束后自行释放,不会影响到主程序中的同名变量。
- 对象的引用变量并不是对象本身,而是对象的句柄(名称),一个对象可以有多个句柄。

2. 引用数据类型的参数传递

例 6-3　引用数据类型的参数传递示例。

```
class PassRef{
```

```
    int x;
    public static void main(String [] args){
      PassRef obj = new PassRef();
      obj.x = 5;
      chang(obj);
      System.out.println(obj.x);}
    public static void chang(PassRef obj){
    obj.x = 3;
    }
}
```

运行结果是3,说明引用数据类型的参数x调用chang方法后其值发生了改变。

6.1.4 对象的消失

Java运行时系统通过垃圾收集器周期性地释放无用对象所占的内存,以完成对象的清除。当不存在对一个对象的引用时,该对象就称为无用对象。当前的代码段不属于对象的作用域或者把对象的引用赋值为null就成为无用对象。

Java的垃圾收集器自动扫描对象的动态内存空间,对正在使用的对象加上标记,将所有引用的对象作为垃圾收集起来并释放。Java采用自动垃圾收集进行内存管理的机制,使程序员不需要跟踪每个生成的对象,简化了程序员的编程强度,这是Java的一个显著特点。

当程序创建对象、数组等引用类型实体时,系统都会在堆内存中为之分配一块内存区,对象就保存在这块内存区中,当这块内存不再被任何引用变量引用时,这块内存就变成垃圾,等待垃圾回收机制进行回收。当一个对象在堆内存中运行时,根据它被引用变量所引用的状态可以分为三种:激活状态、去活状态和死亡状态。三者的关系如图6-2所示。

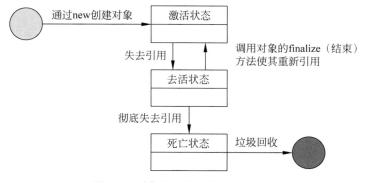

图6-2 对象的三种状态的转换关系

下面的代码创建了两个字符串对象,并创建了一个引用变量依次指向两个对象。

```
public class StatusTranfer{
  public static void test(){
    String a = new String("世界你好");        //代码1
    a = new String("你好世界"); }             //代码2
    public static void main(String[] args) {
  test(); }                                   //代码3
}
```

当程序执行 test 方法中的代码 1 时，代码定义了一个 a 变量，并让该变量指向"世界你好"字符串，该代码执行结束后，"世界你好"字符串对象处于激活状态。当程序执行了 test 方法的代码 2 后，代码再次定义了"你好世界"字符串对象，并让 a 变量指向该对象，"世界你好"字符串对象处于去活状态，而"你好世界"字符串对象处于激活状态。

一个对象可以被一个方法的局部变量引用，也可以被其他类的类属性引用，或被其他对象的实例属性引用，当某个对象被其他类的类属性引用时，只有该类被销毁后，该对象才会进入去活状态。

程序只能控制一个对象何时不再被任何引用变量引用，绝不能控制它何时被回收。强制系统垃圾回收有两个方法：① 调用 System 类的 gc() 静态方法 System.gc()；② 调用 Runtime 对象的 gc() 实例方法：Runtime.getRuntime().gc()。

6.2 构造方法

构造方法也称为构造函数，是包含在类中的一种特殊方法，在类实例化时它会被自动调用，其参数在实例化命令中指定。

6.2.1 构造方法的定义

先看一个构造方法的例题。

例 6-4 构造方法的使用，源程序名 TestPerson.java。

```
class Person{
  public Person(){
    System.out.println("method person is using");}
  private int age = 18;
  public void shout(){
    System.out.println("age is " + age);}
}
class TestPerson{
public static void main(String[] args){
  Person p1 = new Person(); p1.shout();
  Person p2 = new Person(); p2.shout();
  Person p3 = new Person(); p3.shout();}
}
```

运行结果是：

```
method person is using
age is 18
method person is using
age is 18
method person is using
age is 18
```

分析这个运行结果，age is 18 的输出结果容易理解，但为什么输出了三行"method per is using"呢？这就是构造方法的特殊之处，用 new 命令每生成一个实例时，构造方法都会自动执行一次,而无须编程者用语句调用。

构造方法的特征:

- 具有与类相同的名称。
- 不含返回类型。
- 不能在方法中用 return 语句返回一个值。
- 在类实例化时,由系统自动调用。

说明:定义构造方法时不要加上 void,否则就不是构造方法。一个类不一定只有一个构造方法,因为它们的参数可以不同。生成实例时,根据用户确定的实际参数,系统自动找到与实际参数个数相等、类型匹配、顺序一致的构造方法执行。

特别提示:构建方法是提高程序运行效率、优化软件结构的重要途径,需要程序员在需求分析的基础上,站在使用者角度进行功能划分,充分考虑其操作习惯,做到以用户为中心,为用户提供好操作、易维护的软件服务,这是程序员提高软件质量的途径。

6.2.2 构造方法的重载

构造方法也可以重载,看下面的例题。

例 6-5 构造方法的重载示例,程序名为 TestPerson.java。

```
class Person{
    private String name = "unknown";
    private int age = -1;
    public Person(){
        System.out.println("constructor1 is calling");}
    public Person(String s){
        name = s;
        System.out.println("constructor2 is calling");
        System.out.println("name is" + name);}
    public Person(String s,int i){
        name = s;
        age = i;
        System.out.println("constructor3 is calling");
        System.out.println("name&age:" + name + age);}
    public void shout(){
        System.out.println("Please see above!");}
}
class TestPerson{
    public static void main(String [] args){
        Person p1 = new Person();p1.shout();
        Person p2 = new Person("Jack");p2.shout();
        Person p3 = new Person("Tom",9);p3.shout();}
}
```

运行结果是:

```
constructor1 is calling
Please see above!
constructor2 is calling
```

```
name isJack
Please see above!
constructor3 is calling
name&age:Tom9
Please see above!
```

以上可以看出,一个类的构造方法可以有多个,而且还可以进行重载。

构造方法总结:

- 每个类至少有一个构造方法,如果用户没有定义,系统自动产生一个默认构造方法,没有参数,也没有方法体。
- 用户可以定义构造方法,如果定义了构造方法,则系统不再提供默认构造方法。
- 构造方法一般是 public 的,不可定义为 private 的。

课堂练习:面向对象编程综合应用,运行下面的程序,分析程序中定义了哪些类,每个类提供了哪些变量和方法,有哪些构造方法,程序的功能是什么?

```java
import java.util.*;                          //导入包,以便调用 GregorianCalendar 日历类
public class EmployeeTest{
    public static void main(String[] args){   // 将三个员工的数据赋给数组
        Employee[] staff = new Employee[3];
        staff[0] = new Employee("张三", 75000,1987, 12, 15);
        staff[1] = new Employee("李四", 50000,1989, 10, 1);
        staff[2] = new Employee("王五", 40000,1990, 3, 15);
        for (int i = 0; i < staff.length; i++)
            staff[i].raiseSalary(5);          //每个员工的工资增长 5%
        for (int i = 0; i < staff.length; i++) {  // 打印输出员工信息
            Employee e = staff[i];
            System.out.println("姓名=" + e.getName() + ",工资=" + e.getSalary() + ",工作日期=" + e.getHireDay()); }
        }
}
class Employee{
    public Employee(String n, double s, int year, int month, int day){
        name = n;
        salary = s;
        GregorianCalendar calendar
            = new GregorianCalendar(year, month - 1, day);
          // GregorianCalendar 计算月份从 0 开始
        hireDay = calendar.getTime();
    }
    public String getName(){
        return name; }
    public double getSalary(){
        return salary; }
    public Date getHireDay(){
        return hireDay; }
    public void raiseSalary(double byPercent){
        double raise = salary * byPercent / 100;
        salary += raise; }
    private String name;
    private double salary;
    private Date hireDay;
}
```

说明：GregorianCalendar 提供了世界上大多数国家/地区使用的标准日历系统。Date 是包 java.util 提供的一个类，表示特定的瞬间，精确到毫秒，它可以接收或返回年、月、日期、小时、分钟和秒值。

技能训练 4　创建对象

一、目的

（1）掌握面向对象的基本概念；
（2）掌握定义类与创建对象实例的方法；
（3）掌握类属性的定义和使用；
（4）掌握 get 和 set 方法的定义和使用；
（5）掌握类成员方法的定义和使用；
（6）掌握带参构造函数的定义和使用；
（7）培养良好的编码习惯和编程风格。

二、内容

1. 任务描述

在 Ch05Train_1 项目创建的用户类 User 中，用户的账号 id、密码 password 定义成公有的 public，违背了面向对象的封装性原则，为了对用户的属性进行良好的封装，需要将所有属性定义成私有的，但用户登录时，服务器需要访问用户的这些属性，必须在类 User 中定义获得属性的 get 方法和设置属性的 set 方法。现在要求修改 User 类的定义，在创建用户对象时可以指定用户的姓名与密码等信息。为 User 类添加带参构造函数来完成此任务。

2. 实训步骤

（1）打开 Eclipse 开发工具，新建一个 Java Project，项目名称为 Ch06Train，项目的其他设置采用默认设置。注意当前项目文件的保存路径。

（2）将前面 Ch05Train_1 项目中创建的 User.java 文件与 TestUser.java 文件复制到新建的 Ch06Train 项目的 src 目录中。

（3）修改用户类 User，打开 User.java 文件，在 User 类中添加如下构造函数，其余代码不变。

```
/*
 * 带三个参数的构造方法
 * @param id         账号
 * @param password   密码
 * @param petName    昵称
 */
public User(String id, String pwd, String petName) {
    this.id = id;
    this.pwd = pwd;
```

```java
        this.petName = petName;
    }
```

(4) 在用户类 User 中，重写 Object 类的 toString 方法，用于显示 User 对象的所有属性值。

```java
    @Override
    /**
     * 重写 Object 类的 toString 方法
     * 返回用户的基本信息
     */
    public String toString() {
        return "User [id=" + id + ", pwd=" + pwd + ", petName=" + petName + "]";
    }
```

(5) 测试新增加的构造函数。打开 TestUser.java 文件，在 TestUser 类的 main 方法原有代码的基础上添加代码实现以下功能：

① 新增一个 User 对象 user，使用带参数的构造方法指定账号为"2020001"，密码 password 为"123"，昵称 petName 为"张三"，输出对象 user 的属性；

② 设置对象 user 的昵称为"李四"，输出修改后的对象 user 的所有信息。

代码如下：

```java
/**
 * 对 User 类的属性和方法进行测试
 */
public class TestUser {
    public static void main(String[] args) {
        //使用三个参数的构造方法创建对象 user,账号 2020001,密码 123,昵称张三
        User user = new User("2020001","123", "张三");
        System.out.println("账号:" + user.getId());          //输出账号
        System.out.println("密码:" + user.getPwd());         //输出密码
        System.out.println("昵称:" + user.getPetName());     //输出昵称
        user.setPetName("李四");
        String str = user.toString();
        System.out.println(str);                             //输出用户信息
    }
}
```

(6) 当没有编译错误时，切换到 TestUser.java 窗口，单击 Run 菜单下的 Run 菜单项运行 TestUser 类，在 Eclipse 控制台中显示程序的运行结果如图 6-T-1 所示。

```
账号：2020001
密码：123
昵称：张三
User [id=2020001, pwd=123, petName=李四]
```

图 6-T-1　运行结果

修改后用户类 User 的完整代码如下：

```
/**
```

```java
 * 用户信息类
 */
public class User {
    private String id;                  //账号
    private String pwd;                 //密码
    private String petName;             //昵称
    /*
     * 无参构造方法
     */
    public User() {
    }
    /*
     * 带三个参数的构造方法
     * @param id            账号
     * @param password      密码
     * @param petName       昵称
     */
    public User(String id, String pwd, String petName) {
        this.id = id;
        this.pwd = pwd;
        this.petName = petName;
    }
    // 获得用户账号
    public String getId() {
        return id;
    }
    //设置用户账号
    public void setId(String id) {
        this.id = id;
    }
    //获得用户密码
    public String getPwd() {
        return pwd;
    }
    //设置用户密码
    public void setPwd(String pwd) {
        this.pwd = pwd;
    }
    //获得用户昵称
    public String getPetName() {
        return petName;
    }
    //设置用户昵称
    public void setPetName(String petName) {
        this.petName = petName;
    }
    @Override
    //重写Object类的toString方法,返回用户的基本信息
     public String toString() {
        return "User [id = " + id + ", pwd = " + pwd + ", petName = " + petName + "]";}
}
```

3. 任务拓展

（1）完善用户类 User 的定义，再增加一个验证用户登录信息的方法 checkUser，当用户账号为 2020001，用户密码为 123 时，该方法返回 true；否则返回 false。

（2）将 Ch05Train_2 项目中好友类 Friend 复制到当前项目中，为好友类 Friend 增加带三个参数的构造方法，以便在创建 Friend 类的对象时，可以使用带三个参数的构造方法给其属性赋值，同时重写 toString()方法，用于返回当前好友的全部信息。请编写代码并进行测试。

4. 思考题

在前面程序的基础上，思考如下的问题：
（1）构造函数的主要作用是什么？
（2）建立几个不同参数的构造函数有什么好处？
（3）构造函数的不同修饰符（public/protected/private）有哪些作用？

三、独立实践

通过下面的测试类 TestRectangle 对 Rectangle 类进行测试。

```java
/**
 * Rectangle 的测试类
 */
public class TestRectangle {
    public static void main(String[] args) {
        //TODO Auto-generated method stub
        Rectangle rectangle1 = new Rectangle();
        rectangle1.setWidth(5);
        rectangle1.setLength(10);
        double width1 = rectangle1.getWidth();
        double height1 = rectangle1.getLength();
        double area1 = rectangle1.area();
        double perimeter1 = rectangle1.perimeter();
        System.out.println("长方形1的宽:" + width1 + ",长:" + height1);
        System.out.println("长方形1的面积:" + area1 + ",周长:" + perimeter1);
        System.out.println(rectangle1.toString());
        Rectangle rectangle2 = new Rectangle(10, 20);
        System.out.println("长方形2的面积:" + rectangle2.area() + ",周长:" + rectangle2.perimeter());}
}
```

请根据 TestRectangle 中的代码创建 Rectangle 类，并运行 TestRectangle 中的代码，得到如图 6-T-2 所示结果。

```
长方形1的宽:5.0,长:10.0
长方形1的面积:50.0,周长:30.0
Rectangle [width=5.0, length=10.0]
长方形2的面积:200.0,周长:60.0
```

图 6-T-2　运行结果

本章习题

1．简答题

（1）什么是类的实例化？
（2）类的初始化有哪几种方法？
（3）如何引用一个对象？
（4）基本数据类型参数和引用数据类型参数在方法中的传递有什么不同？
（5）什么是构造方法？构造方法有什么特点？
（6）在一个类中，如果几个构造方法同名，则参数不能相同。参数指的是什么？

2．操作题

（1）定义一个日期类，包括年、月、日三个属性和一个方法，用于判断是不是闰年。然后实例化两个对象：今天和明天，并分别给它们赋值。

（2）编写一个程序实现构造方法的重载。

（3）编写一个类 BankCard，表示银行卡，属性自定，给它建立一个构造方法，功能是在实例化时，输出信息"您的卡余额是：××××"。

第 7 章 使用程序包

主要知识点

包的概念,包的建立,包的引用;

Java 类库;

常用包介绍;

字符串的处理。

学习目标

掌握包的特点及应用方法,能够运用包编写程序。

一个项目由多个类构成,Java 程序是类与接口的集合,利用包机制可以将常用的类或功能相似的类放在一个程序包中,包相当于文件夹。编程时,如果所有的类或接口都由程序员亲自设计,工作量太大,理想的办法是了解系统类库,通过调用系统提供的类来完成软件开发。本章将介绍程序包(Package)、重要系统类库(系统包)以及字符串的功能与用法。

7.1　Java 系统包

面向对象编程的最大优点就是代码复用,复用的基本元素是类,系统提供的类越多,编程越简单。Java 提供了大量的类库,能够充分帮助程序员完成字符串、输入输出、声音、图形图像、数值运算、网络应用等方面的处理。

7.1.1　Java 类库结构

Java 类库包含在 Java 开发工具 JDK 中,JDK 是 Sun 公司的 Java 软件产品。Java 类库包括接口和类,每个包中又有许多特定功能的接口和类,用户可以从包开始访问包中的接口、类、变量和方法。下面简单介绍一下各个包的功能。

1. java.lang 包

Java 核心包,包括 Java 语言基础类,如基本数据类型、基本数值函数、字符串处理、线程、异常处理等。其中的类 Object 是 Java 中所有类的基础类,不需要用 import 语句引入,也就是说,每个程序运行时,系统都会自动引入 java.lang 包。

Object 类是其他所有类的祖先类,即使不书写继承,系统也会自动继承该类,所以 Object 是整个 Java 继承树的唯一根,这就是 Java 语言特色的单根继承体系。

类 Math 提供了常用的数学函数，比如正弦、余弦和平方根。类 String 和 StringBuffer 提供了字符串操作。类 ClassLoader、Process、Runtime、SecurityManager 和 System 提供了管理类的动态加载、外部进程创建、主机环境查询（比如时间）和安全策略等系统操作。

2．java.io 包

包含了用于数据输入输出的类，主要用于支持与设备有关的数据输入输出，即数据流输入输出、文件输入输出、缓冲区流以及其他设备的输入输出。凡是需要完成与操作系统相关的输入输出操作，都应该在程序的首部引入 java.io 包。

3．java.applet 包

提供了创建用于浏览器的 applet 小程序所需要的类和接口，包括如下几项。
- AppletContext：此接口对应于 applet 小程序的环境，包含 applet 的文档以及同一文档中的其他 applet，applet 小程序可以使用此接口中的方法获取有关其环境的信息。
- AudioClip：用于播放音频剪辑的简单抽象。多个 AudioClip 项能够同时播放，得到的声音混合在一起可产生合成声音。
- Applet：applet 是一种不能单独运行但可嵌入在其他应用程序中的小程序。Applet 类必须是任何嵌入 Web 页或可用 Java Applet Viewer 查看的 applet 小程序的超类。Applet 类提供了 applet 小程序及其运行环境之间的标准接口。开发 applet 小程序时，必须首先引 java.applet 包，并把应用程序的主类声明为 Applet 的子类。

4．java.awt 包

awt(Abstract Window Toolkit)抽象窗口工具集，提供了图形用户界面设计、窗口操作、布局管理和用户交互控制、事件响应的类，如 Graphics 图形类、Dialog 对话框类、Button 按钮类、Container 容器类、LayoutManager 布局管理器类、Event 事件类。Component 组件类是 java.awt 包中所有类的基类，即 java.awt 包中的所有类都是由 Component 类派生出来。

5．java.net 包

Java 网络包提供了网络应用的支持，包括三种类型的类：访问 Internet 资源的类，如 URL、Inet4Address 和 Inet6Address；实现套接字接口 Socket 网络应用的类，如 ServerSocket 和 Socket；支持网络应用的类，如 DatagramPacket。

6．java.math 包

Java 语言数学包，包括数学运算类和小数运算类，提供完善的数学运算方法，如数值运算方法、求最大值最小值、数据比较、类型转换等类。

7．java.util 包

Java 实用程序包，提供了许多实用工具，如日期时间类(Date)、堆栈类(Stack)、哈希表类(Hash)、向量类(Vector)、随机数类、系统属性类等。

8. java.SQL 包

Java 数据库包,提供了 Java 语言访问处理数据库的接口和类,它是实现 JDBC(Java Database Connect,Java 数据库连接)的核心类库,安装相应的数据库驱动程序名,Java 程序就可以访问诸如 SQLServer、Oracle、DB2 等数据库。

9. javax.swing 包

javax.swing 包提供一组轻量级(全部是 Java 语言)组件,尽量让这些组件在所有平台上的工作方式都相同。Swing 是一个用于开发 Java 应用程序用户界面的工具包。它以抽象窗口工具包(AWT)为基础使跨平台应用程序可以使用任何可插拔的外观风格。Swing 开发人员只用很少的代码就可以利用 Swing 丰富、灵活的功能和模块化组件来创建美观的用户界面。工具包中所有的包都是以 swing 作为名称,例如 javax.swing、javax.swing.event。

大部分 Swing 程序用到了 AWT 的基础底层结构和事件模型,因此需导入两个包:

```
import java.awt.*;
import java.awt.event.*;
```

如果图形界面中包括了事件处理,那么还需要导入事件处理包:

```
import javax.swing.event.*;
```

7.1.2 包的引用

程序若要使用包中定义的类,应使用 import 语句引入包,告诉编译器类及包所在位置。事实上,包名也是类的一部分。如果类在当前包中,则包名可以省略。

包引入 import 语句的格式是:

```
import 包名1[.包名2[.包名3…]].(类名|*);
```

如:

```
import java.awt.Graphics;
```

就是说,包名前面可以指明层次关系,既可以精确到某一个类,也可以用通配符 * 表示当前包中所有的类。

说明:

- 一个程序中可以导入多个包,但一条 import 语句只能导入一个包,每个包都要用一条 import 语句导入。
- JVM 通常将包以一种压缩文件的形式(.jar)存储在特定的目录。
- Java 中有一个特殊的包 java.lang,称为 Java 语言核心包,包含常用类的定义,它能够自动引入,无须使用 import 语句导入。
- 使用 import 语句引入某个包中的所有类并不会自动引入其子包中的类,应该使用

两条 import 语句分别引入。如:

```
import java.awt.*;
import java.awt.event.*;
```

尽管两个包属于上下层包含关系,但也必须分别导入,只用一条语句是不行的。

例 7-1 包的综合应用。

本例题中有 2 个程序,需要单独建立和编译运行。

程序 1:PackageDemo.java

```
package com.hu.first;                  //定义一个包
public class PackageDemo {             //此类没有 main 方法,不可执行,只能编译
  public static void add(int i,int j){ //定义方法 add
    System.out.println(i+j);
  }
}
```

程序 2:ImportPackageDemo.java

```
import com.hu.first.PackageDemo;       //引入刚才创建的包
public class ImportPackageDemo{        //定义一个新的类
  public static void main(String args[]){  //主方法
    PackageDemo test = new PackageDemo();
    //调用 com.hu.first 包中的 PackageDemo 类
    test.add(6,8);                     //调用类 PackageDemo 中的 test 方法
  }
}
```

此例中,先建立一个包,然后通过引入包,调用包中的类以及类的方法,复杂的软件都是通过这种方式实现集成的。

7.2 建立自己的包

Java 语言中,包和其他高级语言中的函数库相同,是存放类和接口的容器。Java 程序编译后每一个类和接口都会生成一个独立的 class 字节码文件,而对一个大型程序,由于类和接口的数量很多,假如将它们全部放在一起,会显得杂乱无章,难以查询也难以管理。Java 语言提供了一种类似于目录结构的管理方法,这就是包机制:将相似的类和接口放在同一个包中集中管理。

特别提示:一个复杂的软件,通常由很多人共同完成,每个成员完成一个程序(包括若干个类)。运用包机制,可以将所有程序员编写的类集中在一个包中,便于程序的统一管理和运行。个人设计的类越多越优秀,对开发团队的贡献就会越大,其他成员编程就会越方便。因此,软件开发团队是共享共建的集体,需要每个程序员发扬团结协作乐于奉献的精神。

7.2.1 包的声明

一个包由一组类和接口组成,包中还可以包括子包,相当于文件夹中可以包含若干文件

和子文件夹一样,因此,包提供了一种多层命名空间。事实上,Java 系统就是利用文件夹来存放包的,一个包对应一个文件夹,文件夹下有若干个 class 文件和子文件夹,程序员可以把自己的类放入指定的包中。

包语句用于创建自己的包,即将程序中出现的类放在指定的包中,应该首先在程序的当前目录中创建相应的子目录(可能是多层目录结构),然后将相应的源文件存放在这个文件夹,编译这个程序,就可形成用户自己的包。简单地说,包就是 Windows 中的文件夹。

声明包的语句格式是:

package 包名 1[.包名 2[.包名 3 …]];

说明:

- 包的声明语句必须放在程序源文件的开始,包语句之前除了可以有注释语句外,不能再有其他任何语句,表示该文件中声明的全部类都属于这个包。也可以在不同的文件中使用相同的包声明语句,这样可以将不同文件中定义的类放在同一个包中。
- Java 语言规定,任何一个源文件最多只能有一个包声明语句。
- 包名前可以带路径,形成多层次命名空间。
- 包名有层次关系,各层之间以点分隔,包层次要与 Java 项目的文件系统结构相同。
- 包名通常全部用小写字母表示。

在一个软件中,包建好后,在 Eclipse 的包浏览器窗格中显示包中所包含的类列表,进一步展开类,能看类中的成员属性、成员方法,如本书中的"仿 QQ 聊天软件"在 Eclipse 中的包结构如图 7-1 所示。

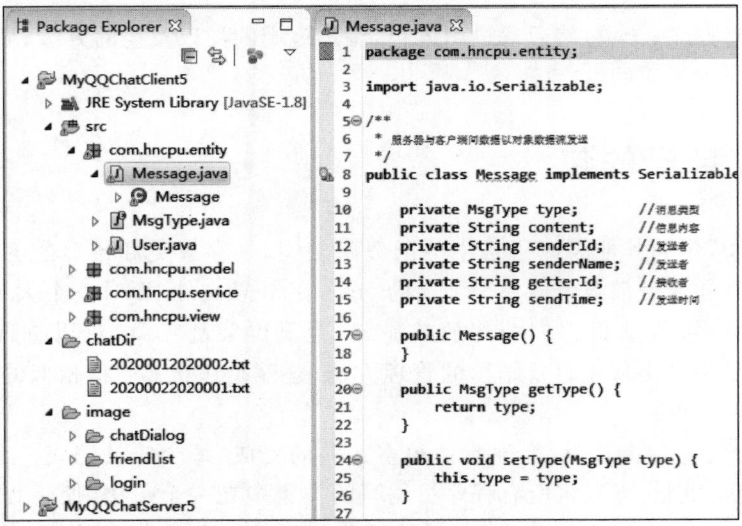

图 7-1 "仿 QQ 聊天软件"的包结构

7.2.2 包的应用

假如在程序中定义 Parents(父母)、Son(儿子)、Daughter(女儿)三个类,现在需要把它们都放在包 family(家庭)中,示意性程序如下:

```
package family;
class Parents{
    …            //类体
}
class Son{
    …            //类体
}
class Daughter{
    …            //类体
}
```

上面程序经过编译,就可以建立包 family。

例 7-2 建立包 mypack,在此包中存放 Fibonacci 类,程序名是 Fibonacci.java。

```
package mypack;
public class Fibonacci{
    public static void main(String args[]){
        int i;
        int f[] = new int[10];
        f[0] = f[1] = 1;
        for(i = 2;i < 10;i++)
            f[i] = f[i－1] + f[i－2];
        for(i = 1;i <= 10;i++)
            System.out.println("F[" + i + "] = " + f[i－1]);
    }
}
```

此程序运行后,会在当前文件夹(其中包括文件 Fibonacci.java)中建立一个下级文件夹 mypack,mypack 文件夹中只有一个文件 Fibonacci.class,即实现了源程序文件和字节码文件的分开存放。

如果包语句改为 package mypack1.pack2.pack3;则字节码文件会存放在 mypack1\pack2\pack3 文件夹下。

例 7-3 有两个文件分别是 MyFile1.java 和 MyFile2.java,希望把这两个程序中定义的所有类全部放在同一个包 mypackage 中,文件 MyFile1.java 的示意性程序如下:

```
package mypackage;
class MyClass1{
    … //类体
}
```

文件 MyFile2.java 的示意性程序如下:

```
package mypackage;
class MyClass2{
    … //类体
}
class MyClass3{
    … //类体
}
class MyClass4{
```

```
    … //类体
}
```

通过这两个程序文件即可得到声明的程序包 mypackage,这个包中含有 4 个类,分别是 MyClass1、MyClass2、MyClass3、MyClass4。

例 7-4 多层次包的建立。

```
package china.hunan.changsha;
public class TestPackage{
    public static void main(String [] args){
        new Test().print();}
}
class Test{
    public void print(){
        System.out.println("这个程序用于建立包的多层结构!");}
}
```

说明:
- 在 Eclipse 中程序运行前,需要先依次单击 File→New→Package 命令建立 china.hunan.changsh 包,然后将 TestPackage.java 放在此包下,才能正常运行。
- 本例中所有类位于包 china.hunan.changsha 中,包中每个类的完整名称是包名.类名,如 china.hunan.changsha.Test、china.hunan.changsha.TestPackage。
- 同一个包中的类相互访问,不要指明包名,如果从外部访问一个包中的类,需要使用类的完整名称。
- 包的存放位置必须与包名层次相对应的目录结构中的一致。

7.3 字符串的处理

字符串经常用于程序设计过程中提取子字符串、判断用户输入的信息是否正确等操作,Java 中没有字符串类型的简单类型,但 java.lang 语言核心包中定义了 String 和 StringBuffer 两个来封装对字符串的各种操作,它们都是 final 类,不能被其他类继承。String 类用于比较两个字符串,查找串中的字符及子串,字符串与其他类型的转换,String 类对象的内容初始化后不能改变。StringBuffer 类用于内容可以改变的字符串,可将其他类型的数据增加、插入到字符串中,也可翻转字符串的的内容,字符串是一种特殊形式的数组。String 虽然是一种类,需要实例化才能使用,但其应用过程与简单数据类型非常相似。

7.3.1 字符串的生成

通过 String 类提供的构造方法,可以生成一个空串,String 类默认的构造方法不需要任何参数。如:

```
String s = new String();
```

也可以由字符数组生成一个字符串对象,格式是:

```
String strObj = new String(char charArray[]);
String strObj = new String(char charArray[],int startIndex,int numChars);
```

下面两条语句都能够生成字符串"hello"例子：

```
char charArray1[] = {'h','e','l','l','o'};
char charArray2[] = {'h','e','l','l','o','j','a','v','a'};
String s1 = new String(charArray1);
String s1 = new String(charArray2,1,5)
```

通过类 StringBuffer 的构造方法生成可变的字符串对象，格式如下：

```
String strObj = new StringBuffer();
String strObj = new StringBuffer(int num);
String strObj = new StringBuffer(String str);
```

参数 num 为字符串缓冲区的初始长度，参数 str 给出字符串的初始值。也可以用字符串常量初始化一个 String 对象，如

```
string s = "hello Java";
```

7.3.2 字符串的访问

一旦通过 StringBuffer 生成了最终的字符串，就可用 StringBuffer.toString 方法将它变为 String 类。

Java 提供了连接运算符＋，可将其他各类型的数据转换为字符串，并连接形成新的字符串，＋运算是通过 StringBuffer 类和它的 append 方法实现的。如：

```
String s = "a" + 4 + "c";
String s = new StringBuffer().append("a").append(4).append("c").toString();
```

又如：

```
String s1 = "hello"; String s2 = "hello";                       //表明 s1、s2 是同一对象
String s1 = new String("hello");String s2 = new String("hello");  //表明 s1、s2 是两个对象
```

7.3.3 String 类的常用方法

String 类提供了以下常用方法。

(1) length()：返回字符串的长度(字符个数)。
(2) charAt(int n)：返回第 n 个字符。
(3) toLowerCase()：将字符串中的字母全部变为小写。
(4) toUpperCase()：将字符串中的字母全部变为大写。
(5) subString(int beginIndex)：从指定位置开始一直取到最后一个字符，形成新的字符串。
subString(int beginIndex,int endIndex)：从指定位置 beginIndex 开始取到第 endIndex 个字符，形成新的字符串。

例如,"s2=s1.subString(3,8);"的功能是将 s1 的第 3～第 8 的字符(共 6 个)取出来,形成字符串 s2。

(6) replace(char oldChar,char newChar):将给定字符串中出现的所有特定字符 oldChar 替换成指定字符 newChar,形成新的字符串。

例如,"s2=s1.replace('a','c');"的功能是将 s1 中的所有字符 a 全部替换成 c 形成字符串 s2。

(7) concat(String otherStr):将当前字符串和给定字符串 otherStr 连接起来,形成新的字符串。

例如,"str3=str1.concat(str2);"的功能是将 str2 字符串连接在 str1 的后面,形成新的字符串 str3。

说明:String 类的对象实例不可改变,进行有关操作时不会改变其本身值,只能生成新一个实例。

以下 4 个方法只能用于 StringBuffer 类,因为要改变字符串的内容。

(8) deleteCharAt(int index):用于删除指定位置 index 上的字符。

(9) insert(int offset,String subStr):用于在给定的字符串的 offset 位置插入字符串 subStr。

(10) append(String strObj):用于在给定的字符串末尾添加一个字符串 strObj。

(11) delete(int beginIndex,int endIndex):用于删除从 beginIndex 开始到 endIndex 结束之间的字符。

例如,"str.delete(4,9);"的功能是从字符串 str 中删除第 4～第 9 共 6 个字符,结果仍然存放在 str 中。

例 7-5 求 3 个字符串的平均长度。

```
class StringAverage {
public static void main(String args[]) {
  String array[] = new String[3];
  array[0] = "This is a short string";
  array[1] = "This is a complete sentence!";
  array[2] = "This is the longest string" + " and all elements are in the array";
  int total = array[0].length();
  total += array[1].length();
  total += array[2].length();
  System.out.println("字符串的平均长度为: " + total/3); }
}
```

运行结果为:

字符串的平均长度为:36

7.4 JDK 帮助系统

为了能够用 Java 语言编写程序,必须熟悉系统提供的各种类的常量、构造方法、方法、继承关系,特别是方法的返回类型及格式。然而,这些内容相当多,用户不可能全部记下来,也没有必要记住,只要记住最常见的几个就够了。当编程时需要用到某一个方法,查询一下

JDK 文档就可以了。任何一个 Java 程序员都必须掌握 JDK 帮助文档的使用方法。

7.4.1 JDK 帮助文档介绍

JDK 帮助文件提供了三种使用方法：第一种是在线查询，通过 Oracle 官网的 API Specification(API 规范)页面查询，只支持英文。第二种是下载网页格式的帮助文档，其启动文件是 index.html。第三种是下载 chm 格式的帮助文档，其英文版文件名如 jdk_api 1.8.chm，1.8 是版本号，而中文版 CHM 的文件名，如 JDK_API_1_6_zh_CN.CHM，表示 JDK 的版本是 1.6，此版本汉化较彻底，建议使用本帮助文档。三种方式各有特点，都可以在网站上免费下载得到或者直接使用。chm 格式的中文版 JDK 文档具有更加强大的查询功能，适合于初学者使用，其主界面如图 7-2 所示。

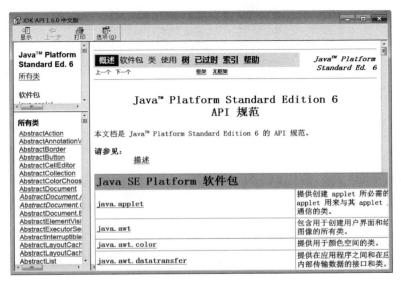

图 7-2　JDK 帮助文档的主界面

左边上部分是 JDK 全部软件包列表，下部分是所有类列表，右边是主窗口，其导航栏包括：概述，软件包(当前软件包说明)，类(当前类的功能使用说明)，使用(当前对象的使用说明)，树(分层结构)，已过时(表示低版本 JDK 中的对象，在目前版本中已经过时了，包括已过时的类、接口、异常、注释类型、字段、方法、构造方法、注释类型元素)，索引(按字母表顺序排列所有的包、类、接口、方法、字段，便于用户快速查找已知名称而不清楚格式和功能的对象)，帮助(使用手册)。

使用 JDK 文档可以从左边入手进行选择，在右边显示详细内容，也可以直接在右边通过导航栏进行。在常用工具栏中，通过"选项"下拉菜单中的"显示标签"可以将界面改变为图 7-3 所示。

"目录"选项卡中的主要内容包括软件包列表和快捷通道。快捷通道是方便用户按类型快速查找指定内容的功能用法，内容如下所示。

- overview-frame：全部软件包列表。
- constant-values：常量字段值列表(按软件包顺序排列)。

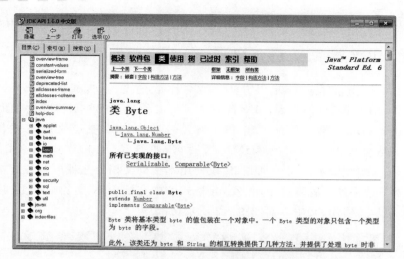

图 7-3 含有选项卡的 JDK 帮助文档运行界面

- serialized-form：序列化表格。
- overview-tree：所有软件包的分层结构。
- deprecated-list：已过时的 API(应用程序接口)。
- allclasses-frame：全部类列表，按字母表顺序排列，在新窗口中打开链接。
- allclasses-noframe：全部类列表，按字母表顺序排列。
- index：索引，功能同导航栏"索引"。
- overview-summary：概述，从软件包入手，同导航栏中的"概述"。
- help-doc：帮助文件。

"索引"选项卡中的内容包括按字母表排列的全部类名，系统具有逐渐提示功能，即用户输入类名的前几个字母，系统自动找到与之匹配的类，双击类名即可弹出对话框，显示主题内容列表，如图 7-4 所示。

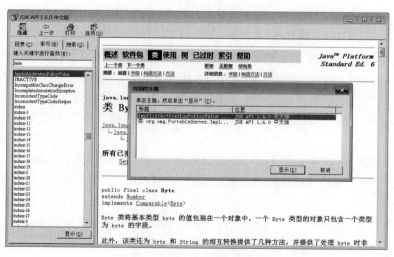

图 7-4 显示主题内容列表

"搜索"选项卡用于查询与用户输入内容相关的主题,能快速找到所需类或接口。

7.4.2 JDK 帮助文档应用举例

例 7-6 利用 JDK 帮助文档,查找类 String 的方法和有关内容。

在左边"索引"选项卡处,输入要查找的关键字 String,并按回车键,系统会显示与 String 有关的类、方法、包,双击列表中第一个,即 String,显示主题列表,单击 Integer(Java Platform SE 6)这一行,即可打开类 String 的使用说明,如图 7-5 所示。

图 7-5 输入 String 关键字后的查询结果

由此可见:

(1) 类 String 的继承关系,如图 7-6 所示。

(2) 实现的接口,如图 7-7 所示。

图 7-6 String 的继承关系   图 7-7 实现的接口

(3) 类 String 的定义,如图 7-8 所示。

其中 Since:JDK1.0 表示自从 JDK 1.0 版开始有这个类,可以参见 Object.toString()、StringBuffer、StringBuilder、Charset、序列化表格(Serialized Form)等类或方法。

(4) 所有常量,如图 7-9 所示。

常量即字段,单击 CASE_INSENSITIVE_ORDER,可以看到此字段的定义,如图 7-10 所示。

```
public final class String
extends Object
implements Serializable, Comparable<String>, CharSequence
```

String 类代表字符串。Java 程序中的所有字符串字面值（如 "abc"）都作为此类的实例实现。

字符串是常量；它们的值在创建之后不能更改。字符串缓冲区支持可变的字符串。因为 String 对象是不可变的，所以可以共享。例如：

```
String str = "abc";
```

等效于：

```
char data[] = {'a', 'b', 'c'};
String str = new String(data);
```

下面给出了一些如何使用字符串的更多示例：

```
System.out.println("abc");
String cde = "cde";
```

String 类包括的方法可用于检查序列的单个字符、比较字符串、搜索字符串、提取子字符串、创建字符串副本并将所有字符全部转换为大写或小写。大小写映射基于 Character 类指定的 Unicode 标准版。

Java 语言提供对字符串串联符号（"+"）以及将其他对象转换为字符串的特殊支持。字符串串联是通过 StringBuilder（或 StringBuffer）类及其 append 方法实现的。字符串转换是通过 toString 方法实现的，该方法由 Object 类定义，并可被 Java 中的所有类继承。有关字符串串联和转换的更多信息，请参阅 Gosling、Joy 和 Steele 合著的 *The Java Language Specification*。

除非另行说明，否则将 null 参数传递给此类中的构造方法或方法将抛出 NullPointerException。

String 表示一个 UTF-16 格式的字符串，其中的*增补字符*由*代理项对*表示（有关详细信息，请参阅 Character 类中的 Unicode 字符表示形式）。索引值是指 char 代码单元，因此增补字符在 String 中占用两个位置。

String 类提供处理 Unicode 代码点（即字符）和 Unicode 代码单元（即 char 值）的方法。

从以下版本开始：
　　JDK 1.0
另请参见：
　　Object.toString(), StringBuffer, StringBuilder, Charset, 序列化表格

图 7-8　类 String 的定义

字段摘要

static Comparator<String>	**CASE_INSENSITIVE_ORDER** 　　一个对 String 对象进行排序的 Comparator，作用与 compareToIgnoreCase 相同。

图 7-9　常量

CASE_INSENSITIVE_ORDER

public static final Comparator<String> **CASE_INSENSITIVE_ORDER**

　　一个对 String 对象进行排序的 Comparator，作用与 compareToIgnoreCase 相同。此比较器是可序列化的。

　　注意，Comparator 不考虑语言环境，因此可能导致在某些语言环境中的排序效果不理想。java.text 包提供 *Collator* 完成与语言环境有关的排序。

从以下版本开始：
　　1.2
另请参见：
　　Collator.compare(String, String)

图 7-10　字段的定义

（5）所有构造方法，如图 7-11 所示。

```
构造方法摘要
String()
    初始化一个新创建的 String 对象，使其表示一个空字符序列。
String(byte[] bytes)
    通过使用平台的默认字符集解码指定的 byte 数组，构造一个新的 String。
String(byte[] bytes, Charset charset)
    通过使用指定的 charset 解码指定的 byte 数组，构造一个新的 String。
String(byte[] ascii, int hibyte)
    已过时。 该方法无法将字节正确地转换为字符。从 JDK 1.1 开始，完成该
    转换的首选方法是使用带有 Charset、字符集名称，或使用平台默认字符集的 String 构
    造方法。
String(byte[] bytes, int offset, int length)
    通过使用平台的默认字符集解码指定的 byte 子数组，构造一个新的
    String。
String(byte[] bytes, int offset, int length, Charset charset)
    通过使用指定的 charset 解码指定的 byte 子数组，构造一个新的
    String。
String(byte[] ascii, int hibyte, int offset, int count)
    已过时。 该方法无法将字节正确地转换为字符。从 JDK 1.1 开始，完成该
    转换的首选方法是使用带有 Charset、字符集名称，或使用平台默认字符集的 String 构
    造方法。
```

图 7-11　构造方法

（6）所有方法的简要说明，如图 7-12 所示。

```
方法摘要
 char  charAt(int index)
         返回指定索引处的 char 值。
  int  codePointAt(int index)
         返回指定索引处的字符（Unicode 代码点）。
  int  codePointBefore(int index)
         返回指定索引之前的字符（Unicode 代码点）。
  int  codePointCount(int beginIndex, int endIndex)
         返回此 String 的指定文本范围中的 Unicode 代码点数。
  int  compareTo(String anotherString)
         按字典顺序比较两个字符串。
  int  compareToIgnoreCase(String str)
         按字典顺序比较两个字符串，不考虑大小写。
String  concat(String str)
         将指定字符串连接到此字符串的结尾。
boolean contains(CharSequence s)
         当且仅当此字符串包含指定的 char 值序列时，返回 true。
```

图 7-12　方法摘要

可以看到方法的返回类型和方法的格式及形式参数列表。

（7）在方法摘要的后面，将有常量、类定义、构造方法、方法的详细解释。

说明：在 chm 文档中，不仅可以查询类，还可以查询方法、包、常量等多种内容，给用户使用带来极大的方便。

课堂练习：利用 JDK 帮助文档，查询 Array 和 Arrays 这两个类属于哪个包、有哪些常量和方法，并比较一下，两者有什么不同。

技能训练 5　使用程序包

一、目的

（1）掌握程序包 package 的基本概念；
（2）理解包的作用；

（3）掌握包的创建与引用方法；
（4）培养良好的编码习惯和编程风格。

二、内容

1. 任务描述

（1）创建一个包 com.hncpu.entity，将 Ch05Train_2 项目中的好友类 Friend 和 Ch06Train 项目中创建的用户类 User 添加到包 com.hncpu.entity 中；

（2）创建一个包 com.hncpu.test，在该包中创建一个测试类 TestUserFriend。对用户类 User 和好友类 Friend 进行测试。

2. 实训步骤

（1）打开 Eclipse 开发工具，新建一个 Java Project，项目名称为 Ch07Train，项目的其他设置采用默认设置。

（2）在项目 Ch07Train 中添加一个包 package，包名为 com.hncpu.entity。

（3）将 Ch05Train_2 项目中 Friend.java 文件复制到项目 Ch07Train 的 com.hncpu.entity 包中，打开 Friend.java 文件，发现 Eclipse 自动在 Friend.java 文件的顶部增加一行代码：

```java
package com.hncpu.entity;
```

主要代码如下：

```java
package com.hncpu.entity;
/*
 * 用户好友信息
 */
public class Friend {
    private String id;            //用户账号
    private String friendName;    //好友昵称
    private String friendId;      //好友账号
    public Friend() {
        id = "2020001";
        friendId = "2020002";}
    public Friend(String id, String friendId) {
        super();
        this.id = id;
        this.friendId = friendId;}
    public Friend(String id, String friendName, String friendId) {
        super();
        this.id = id;
        this.friendId = friendId;
        this.friendName = friendName;}
    //获得用户账号
    public String getId() {
        return id;}
    //设置用户账号
```

```java
    public void setId(String id) {
        this.id = id;}
//获得好友昵称
    public String getFriendName() {
        return friendName;}
//设置好友昵称
    public void setFriendName(String friendName) {
        this.friendName = friendName;}
//获得好友账号
    public String getFriendId() {
        return friendId;}
//设置好友账号
    public void setFriendId(String friendId) {
        this.friendId = friendId;}
    @Override
    public String toString() {
        return "Friend [id = " + id + ", friendName = " + friendName + ", friendId = " + friendId + "]";}
}
```

(4) 将 Ch06Train 项目中 User.java 文件复制到项目 Ch07Train 的 com.hncpu.entity 包中。打开 User.java 文件，同样，在文件顶部也自动增加了一行代码，主要代码如下：

```java
package com.hncpu.entity;            //创建包
/**
 * 用户信息类
 */
public class User {
    private String id;               //账号
    private String password;         //密码
    private String petName;          //昵称
//无参构造方法
    public User() {
}
/*
 * 带三个参数的构造方法
 * @param id         账号
 * @param password   密码
 * @param petName    昵称
 */
    public User(String id, String password, String petName) {
        this.id = id;
        this.password = password;
        this.petName = petName;
}
//获得用户账号
    public String getId() {
        return id; }
//设置用户账号
    public void setId(String id) {
        this.id = id;}
```

```java
        //获得用户密码
        public String getPassword() {
            return password; }
        //设置用户密码
        public void setPassword(String password) {
            this.password = password;}
        //获得用户昵称
        public String getPetName() {
            return petName;}
        //设置用户昵称
        public void setPetName(String petName) {
            this.petName = petName;}

        @Override
        /**
         * 重写Object类的toString方法
         * 返回用户的基本信息
         */
        public String toString() {
            return "User [id=" + id + ", password=" + password + ", petName=" + petName +
    "]";}
    }
```

(5) 创建一个包 com.hncpu.test，并在该包中添加一个名称为 TestUserFriend 的测试类，打开新创建的测试类 TestUserFriend.java，实现以下功能：
① 创建一个用户类 User 的对象 user("2020001","001","刘备")；
② 创建一个好友类 Friend 的对象 friend("2020001","关羽","2020002")；
③ 在控制台输出新创建的两个对象的内容。

```java
package com.hncpu.test;
import com.hncpu.entity.Friend;
import com.hncpu.entity.User;
public class TestUserFriend {
    public static void main(String[] args) {
        //TODO Auto-generated method stub
        User user = new User("2020001", "001", "刘备");
        System.out.println(user.toString());
        Friend friend = new Friend("2020001", "关羽", "2020002");
        System.out.println(friend);}
}
```

(6) 单击 Run 菜单下的 Run 菜单项运行 TestUserFriend 类，程序运行结果如图 7-T-1 所示。

```
User [id=2020001, password=001, petName=刘备]
Friend [id=2020001, friendName=关羽, friendId=2020002]
```

图 7-T-1　运行结果

3．思考题

在前面程序的基础上，思考如下的问题：

（1）包 package 有什么作用？

（2）同一个包中的两个类互相访问，类的修饰符可以采用 public、protected、private、默认中的哪几个？不同包中的两个类互相访问呢？

三、独立实践

1．输入一个 1～9 之间的整数 n，输出结果 sum，其中 sum 与 n 的关系是：sum＝n＋nn＋nnn＋…＋nn…n，最后为 n 个 n。例如 n＝3 时，sum＝3＋33＋333＝369。

2．输入年、月、日，判断输入的这一天是这一年的第几天。例如，2021 年 3 月 11 日是这一年的第 70 天。

3．创建一个包 com.hncpu.soft，在该包下创建一个学生类，该类有三个成员属性：学号、姓名、年龄，多个成员方法：不带参数的构造方法、带三个参数的构造方法、三个属性的 get 和 set 方法，创建一个包 com.hncpu.test，在该包下创建一个类 StudentTest，在该类中创建一个学生数组，该数组中有 5 个学生对象，给 5 个学生对象指定属性值。

（1）按学号从小到大的顺序输出所有学生；

（2）统计年龄大于 18 岁的学生人数。

本章习题

1．简答题

（1）什么是包？包中包括什么内容？

（2）如果有一个包 pag1，它的子包是 pag2，如果需要将这两个包都引入程序，至少需要使用几条 import 语句？

（3）接口与类有什么不同？与抽象方法存在什么样的关系？

（4）Java 提供了哪些系统类库？各起什么作用？

（5）Java 的基类是什么？它提供了哪些主要方法？

（6）字符串类有哪两种？各有什么特点？

（7）JDK 帮助系统有哪几种？分别说明它们的使用特点。

（8）设置 cha＝"JavaApplication"，下面结果是什么？

cha.length()，cha.concat("Applet") ，cha.substring(3,8)
cha.replace('a','A')

2．编程题

（1）定义一个日期类，包括年、月、日三个属性和一个方法，用于判断是不是闰年。然后实例化两个对象，今天和明天，并分别给它们赋值。

(2) 设定一个含有大小写字母的字符串,先将所有大写字母输出,再将所有小写字母输出。
(3) 设定6个字符串,打印出以"a"字母开头的字符串。
(4) 编写一个含有抽象方法和一个抽象类的程序。
(5) 从网上下载JDK文档,熟悉程序包的组成,了解常见包的属性及方法。

项目实战 2 实现"仿 QQ 聊天软件"的类及包

一、目的

（1）掌握面向对象的基本概念；
（2）掌握面向对象的分析和设计方法；
（3）掌握包和类的设计；
（4）培养良好的编码习惯和编程风格。

二、内容

（一）服务器程序

1. 任务描述

服务器程序用于验证用户登录信息，创建线程与用户通信，将用户登录信息通知给好友，处理用户退出请求等。主要的类和包定义如表 P2-1 所示。

表 P2-1 服务器程序的结构

包 名	包含的类名
com.hncpu.entity	User 类：用户类 Friend 类：好友类 Message 类：消息类 MsgType 类：消息类型类

2. 实训步骤

（1）打开 Eclipse 开发工具，新建一个 Java Project，项目名称为 MyQQChatServer1。
（2）在新建的 MyQQChatServer1 项目中创建上表中的包 com.hncpu.entity。
（3）在 com.hncpu.entity 包下添加 4 个类：用户类 User、好友类 Friend、消息类 Message 和消息类型类 MsgType。
（4）打开消息类型类 MsgType.java 文件，编写如下代码。

```java
package com.hncpu.entity;
/**
 * 定义客户端与服务器通信过程中涉及的所有消息类型
 */
public enum MsgType {
    LOGIN_SUCCEED,                          //登录成功
```

```
        LOGIN_FAILED,                      //登录失败
        ALREADY_LOGIN,                     //已登录
        QUIT_LOGIN,                        //退出登录
        GET_ONLINE_FRIENDS,                //获取在线好友列表
        RET_ONLINE_FRIENDS,                //返回在线好友
        NOT_ONLINE,                        //不在线
        SERVER_CLOSE,                      //服务器关闭
        COMMON_MESSAGE                     //普通信息
}
```

(5) 打开消息类 Message.java 文件,编写代码如下。

```
package com.hncpu.entity;
/**
 *  服务器与客户端间数据以对象数据流发送
 */
public class Message {
    private MsgType type;                  //消息类型
    private String content;                //消息内容
    private String senderId;               //发送者
    private String senderName;             //发送者
    private String getterId;               //接收者
    private String sendTime;               //发送时间
    public Message() {
    }
    public MsgType getType() {
        return type; }
    public void setType(MsgType type) {
        this.type = type; }
    public String getContent() {
        return content; }
    public void setContent(String content) {
        this.content = content; }
    public String getSenderId() {
        return senderId; }
    public void setSenderId(String senderId) {
        this.senderId = senderId;}
    public String getSenderName() {
        return senderName; }
    public void setSenderName(String senderName) {
        this.senderName = senderName; }
    public String getGetterId() {
        return getterId; }
    public void setGetterId(String getterId) {
        this.getterId = getterId; }
    public String getSendTime() {
        return sendTime; }
    public void setSendTime(String sendTime) {
        this.sendTime = sendTime; }
    @Override
    public String toString() {
```

```
            return type + " -- " + sendTime + ":" + senderId + "对" + getterId + "说:" +
content; }
}
```

（6）用户类 User、好友类 Friend 代码与技能训练 5 中的一致。

（二）客户端程序

1．任务描述

客户端程序主要用于用户登录、与好友聊天、查看聊天记录等，主要的类和包定义如表 P2-2 所示。

表 P2-2　客户端程序的结构

包　　名	包含的类名
com. hncpu. entity	User 类：用户类 Message 类：消息类 MsgType 类：消息类型类

2．实训步骤

（1）打开 Eclipse 开发工具，新建一个 Java Project，项目名称为 MyQQChatClient1。

（2）在新建的 MyQQChatClient1 项目中创建上表中的包 com. hncpu. entity。

（3）在 com. hncpu. entity 包下添加三个类：用户类 User、消息类 Message 和消息类型类 MsgType。

（4）客户端程序中用户类 User、消息类 Message 和消息类型类 MsgType 的源代码分别与服务器程序中的 User 类、Message 类和 MsgType 类相同。

第三篇

面向对象编程高级

通过 Java 类与对象的编程,可以创建简单的面向对象程序。通过使用面向对象高级特性:继承、接口、抽象类、多态、异常处理等,可以实现全面的面向对象程序。继承实现了软件的重用,接口、抽象类、多态提升程序的可维护性、可扩展性,使程序增加新功能变得容易,异常处理提高程序容错性。

通过本篇的学习,读者能够:
- 用继承实现软件的重用;
- 用接口和抽象类定义程序结构;
- 用多态提升软件的可扩充性;
- 用异常处理提高程序的容错性。

本篇通过实现"仿 QQ 聊天软件"高级特性,让读者掌握继承、接口、抽象类、多态、异常处理相关知识,以及在实际中提高程序的重用性、可维护性、可扩展性、容错性的方法。

第 8 章 实现继承

主要知识点

继承的概念；
继承的实现；
用 this 和 super 关键字实现继承；
抽象类的实现。

学习目标

掌握继承和抽象类的定义和实现方法。

继承是面向对象语言的重要机制。借助继承，可以扩展原有的代码，应用到其他程序中，而不必重新编写这些代码。在 Java 语言中，继承是通过扩展原有的类，声明新类来实现的。扩展声明的新类称为子类，原有的类称为超类(父类)。继承机制规定，子类可以拥有超类的所有属性和方法，也可以扩展定义自己特有的属性，增加新方法和重新定义超类的方法。

8.1 定义继承

8.1.1 继承的概念

继承一般是指晚辈从父辈那里继承财产，也可以说是子女拥有父母所给予他们的东西。在面向对象程序设计中，继承的含义与此类似，所不同的是，这里继承的实体是类而非人。也就是说继承是子类拥有父类的成员。接下来，再通过一个具体的实例来说明继承的应用。

动物园有许多动物，这些动物具有相同的属性和行为，这时可以编写一个动物类 Animal(该类中包括所有动物均具有的属性和行为)，即父类。但是不同类的动物又具有它自己特有的属性和行为，例如，鸟类具有飞的行为，可以编写一个鸟类 Bird，由于鸟类也属于动物类，所以它也具有动物类所共有的属性和行为，在编写鸟类时，就可以使 Bird 类继承于父类 Animal。这样不但可以节省程序的开发时间，而且也提高了代码的可重用性。

通过继承可以实现代码的复用，被继承的类称为父类或超类(superclass)，由继承得到的类称为子类(subclass)。一个父类可以拥有多个子类，但一个类只能有一个直接父类，因为 Java 语言中不支持多重继承。

Java 有一个 java.lang.Object 的特殊类，所有类都是直接或间接继承该类得到的。

特别提示：继承机制是高质量、快速开发大型软件的重要途径，前期建立的类可以被后面的类所直接调用,后面的类还可以进一步完善和扩展。社会发展同样也适用这种机制,中华民族具有五千年悠久的历史和灿烂的文化,留下了许多文化遗产,优秀传统文化需要我们来继承、保护和弘扬,对于过时的、有害的东西,要加以剔除,取其精华,去其糟粕,才能健康发展。

8.1.2 继承的声明

类的继承是通过 extends 关键字来实现的,在定义类时若使用 extends 关键字指出新定义类的父类,就是在两个类之间建立了继承关系。新定义的类称为子类,它可以从父类那里继承所有非 private 的成员作为自己的成员。

子类的创建的语法格式为:

```
class subclass-name extends superclass-name {
    //类体
}
```

8.2 子类对父类的访问

子类可以继承父类的属性和方法,如果父类与子类中有一个同名的属性方法,产生实例后,如何知道对象的方法到底是父类的还是子类的?在 Java 中有两个非常特殊的变量:this 和 super,这两个变量在使用前都是不需要声明的。this 变量使用在一个成员函数的内部,指向当前对象,当前对象指的是调用当前正在执行方法的那个对象。super 变量直接指向父类的构造函数,用来引用父类的变量和方法。

8.2.1 调用父类中特定的构造方法

在没有明确地指定构造方法时,子类会先调用父类中没有参数的构造方法,以便进行初始化的操作。在子类的构造方法中可以通过 super()来调用父类特定的构造方法。

例 8-1 以 Person 作为父类,创建学生子类 Student,并在子类调用父类的构造方法。

```java
class Person{
    private String name;
    private int age;
    public Person(){                              //定义 Person 类的无参构造方法
        System.out.println("调用了 Person 类的无参构造方法");
    }
    public Person(String name,int age){           //定义 Person 类的有参构造方法
        System.out.println("调用了 Person 类的有参构造方法");
        this.name = name;
        this.age = age;
    }
    public void show(){
        System.out.println("姓名:" + name + " 年龄:" + age);
    }
}
```

```java
class Student extends Person{                    //定义继承自 Person 类的子类 Student
    private String department;
    public Student (){                            //定义 Student 类的无参构造方法
     System.out.println("调用了学生类的无参构造方法 Student ()");
    }
    public Student (String name,int age,String dep){ //定义 Student 类的有参构造方法
        super(name,age);                          //调用父类的有参构造方法
        department = dep;
        System.out.println("我是" + department + "学生");
        System.out.println("调用了学生类的有参构造方法 Student(String name,int age,String dep)");
    }
}
public class Test{
    public static void main(String[] args){
        Student stu1 = new Student();             //创建对象并调用无参构造方法
        Student stu2 = new Student("李小四",23,"信息系"); //创建对象并调用有参构造方法
        stu1.show();
        stu2.show();}
}
```

说明：
- 在子类中访问父类的构造方法，其格式为 super(参数列表)。
- super()可以重载，也就是说，super()会根据参数的个数与类型，执行父类相应的构造方法。
- 调用父类构造方法的 super()语句必须写在子类构造方法的第一行。
- super()与 this()的功能相似，但 super()是从子类的构造方法调用父类的构造方法，而 this()则是在同一个类内调用其他的构造方法。
- super()与 this()均必须放在构造方法内的第一行，也就是这个原因，super()与 this()无法同时存在于同一个构造方法内。
- 与 this 关键字一样，super 指的也是对象，所以 super 同样不能在 static 环境中使用，包括静态方法和静态初始化器（static 语句块）。

8.2.2 在子类中访问父类的成员

如果子类的成员是直接从父类继承过来的，可以通过以下形式访问：
(1) 访问当前对象的数据成员：this. 数据成员。
(2) 访问当前对象的成员方法：this. 成员方法(参数)。

当子类对从父类继承过来的成员变量重新加以定义，称为属性的隐藏。当子类对从父类继承过来的成员方法重新加以定义，称为方法的重写（覆盖）。通过隐藏父类的成员变量和重写父类的方法，可以把父类的状态和行为改变为自身的状态和行为。这时子类的数据成员或成员方法名与父类的数据成员或成员方法名相同，当要调用父类的同名方法或使用父类的同名数据成员时，则可使用关键字 super 来指明父类的数据成员和方法。
(1) 访问直接父类隐藏的数据成员：super. 数据成员。
(2) 调用直接父类中被覆盖的成员方法：super. 成员方法(参数)。

例 8-2 以 Person 作为父类，创建学生子类 Student，并在子类中调用父类成员。

```java
class person {
    protected String name;                  //用 protected(保护成员)修饰符修饰
    protected int age;
    public Person(){                        //定义 Person 类空的无参构造方法
    }
    public Person(String name,int age){     //定义 Person 类的有参构造方法
        this.name = name;
        this.age = age;
    }
    protected void show(){
        System.out.println("姓名:" + name + " 年龄:" + age);
    }
}
class Student extends Person{               //定义子类 Student,其父类为 Person
    private String department;
    int age = 20;   //新添加了一个与父类的成员变量 age 同名的成员变量
    public Student(String xm,String dep){   //定义 Student 类的有参构造方法
        name = xm;                          //在子类里直接访问父类的 protected 成员 name
        department = dep;
        super.age = 25;                     //利用 super 关键字将父类的成员变量 age 赋值为 25
        System.out.println("子类 Student 中的成员变量 age = " + age);
        show();                             //在子类中直接访问父类的方法 show()
        System.out.println("系别:" + department);
    }
}
public class Test{
    public static void main(String[] args){
        Student stu = new Student3("李小四","信息系");
    }
}
```

8.3 定义抽象类

8.3.1 什么叫抽象类

在面向对象的概念中，我们知道所有的对象都是通过类来描述的，但是反过来却不是这样。并不是所有的类都是用来描述对象的，如果一个类中没有包含足够的信息来描述一个具体的对象，这样的类就是抽象类。抽象类往往用来表征我们在对问题领域进行分析、设计时得出的抽象概念，是对一系列看上去不同，但是本质上相同的具体概念的抽象。比如：如果我们进行一个图形编辑软件的开发，就会发现问题领域存在着圆、三角形这样一些具体概念，它们是不同的，但是它们又都属于形状这一概念，形状这个概念在问题领域是不存在的，它就是一个抽象概念。正是因为抽象的概念在问题领域没有对应的具体概念，所以用以表征抽象概念的抽象类是不能够实例化的。

在面向对象领域，抽象类主要用来进行类型隐藏。可以构造出一个固定的一组行为的

抽象描述,但是这组行为却能够有任意个可能的具体实现方式,这个抽象描述就是抽象类,而这一组任意个可能的具体实现则表现为所有可能的派生类。

8.3.2 抽象类的声明

抽象类是以修饰符 abstract 修饰的类,定义抽象类的语法格式为:

```
abstract class 类名{
    声明成员变量;
    返回值的数据类型 方法名(参数表)              //一般方法
    {
        …
    }
     abstract 返回值的数据类型 方法名(参数表);     //抽象方法
}
```

说明:
- 在子类中访问父类的构造方法,其格式为 super(参数列表)。
- 由于抽象类是需要被继承的,所以 abstract 类不能用 final 来修饰。也就是说,一个类不能既是最终类,又是抽象类,即关键字 abstract 与 final 不能合用。
- abstract 不能与 private、static、final 或 native 并列修饰同一方法。
- 抽象类的子类必须实现父类中的所有方法,或者将自己也声明为抽象的。
- 抽象类中不一定包含抽象方法,但包含抽象方法的类一定要声明为抽象类。
- 抽象类可以有构造方法,且构造方法可以被子类的构造方法所调用,但构造方法不能被声明为抽象的。
- 一个类被定义为抽象类,则该类就不能用 new 运算符创建具体实例对象,而必须通过覆盖的方式来实现抽象类中的方法。

例 8-3 定义一个形状抽象类 Shape,以该形状抽象类为父类派生出圆形子类 Circle 和矩形子类 Rectangle。

```
abstract class Shape{                       //定义形状抽象类 Shape
    protected String name;
    public Shape(String xm) {               //抽象类中一般方法,本方法是构造方法
        name = xm;
        System.out.print("名称:" + name);}
    abstract public double getArea();       //声明抽象方法,没有方法体
    abstract public double getLength();     //声明抽象方法
}
class Circle extends Shape{                 //定义继承自 Shape 的圆形子类 Circle
    private double pi = 3.14;
    private double radius;
    public Circle(String shapeName,double r){
        super(shapeName);
        radius = r;}
    public double getArea(){                //实现抽象类中的 getArea()方法
        return pi * radius * radius;}
    public double getLength(){              //实现抽象类中的 getLength()方法
```

```
            return 2 * pi * radius;}
    }
    class Rectangle extends Shape{           //定义继承自 Shape 的圆形子类 Rectangle
        private double width;
        private double height;
        public Rectangle(String shapeName,double width,double height){
            super(shapeName);
            this.width = width; this.height = height;}
        public double getArea(){
            return width * height;}
        public double getLangth(){
            return 2 * (width + height);}
        public double getLength() {
            return 0;}
    }
    public class Test{
        public static void main(String[] args){
            Shape rect = new Rectangle ("长方形",6.5,10.3);
            System.out.print(";面积 = " + rect.getArea());
            System.out.println(";周长 = " + rect.getLength());
            Shape circle = new Circle("圆",10.2);
            System.out.print(";面积 = " + circle.getArea());
            System.out.println(";周长 = " + circle.getLength());}
    }
```

技能训练 6　实现继承

一、目的

(1) 掌握面向对象的基本概念；
(2) 掌握定义类与创建对象实例的方法；
(3) 掌握类属性与方法的定义和使用；
(4) 掌握类的继承关系与实现。

二、内容

1. 任务描述

在实际工作中,普通工作人员工资由基本工资和绩效构成,基本工资每月发放,绩效浮动,年底发放,个人年度评价为 A 等级,则绩效为每月基本工资×0.3×12,个人年度评价为 B 等级,则绩效为每月基本工资×0.2×12,个人年度评价为 C 等级,则绩效为每月基本工资×0.1×12；管理人员是一类特殊人员,工资包括基本工资、绩效、津贴,基本工资和绩效的计算方法与普通工作人员相同,管理岗位不同,津贴也不同,如总经理每月津贴为 4000 元,部门经理每月津贴为 2000 元。根据需求创建一个普通工作人员类 Employee(包括两个属性：基本工资 basicSalary、绩效 performance，属性对应的 get、set 方法，求年薪的方法 totalSalary）和一个管理人员类 Manager（包括三个属性：基本工资 basicSalary、绩效 performance、津贴 allowance，求年薪的方法 totalSalary），并测试这两个类的功能。

2．实训步骤

（1）打开 Eclipse 开发工具，新建一个 Java Project，项目名称为 Ch08Train，项目的其他设置采用默认设置。

（2）在 Ch08Train 项目中创建包 com.hncpu.entity，在该包下创建普通工作人员类 Employee。

（3）打开 Employee.java 文件，编写如下代码：

```java
package com.hncpu.entity;
public class Employee {
    private double basicSalary;            //基本工资
    private String performance;            //津贴
    public Employee() {
    }
    public Employee(double basicSalary, String performance) {
        this.basicSalary = basicSalary;
        this.performance = performance;}
    public double getBasicSalary() {
        return basicSalary;
    }
    public void setBasicSalary(double basicSalary) {
        this.basicSalary = basicSalary;}
    public String getPerformance() {
        return performance;}
    public void setPerformance(String performance) {
        this.performance = performance;}
    //求年薪的方法
    public double totalSalary(){
        double salary = 0;
        if(performance.equals("A"))
            salary = basicSalary * 12 + basicSalary * 0.3 * 12;
        else if(performance.equals("B"))
            salary = basicSalary * 12 + basicSalary * 0.2 * 12;
        else if(performance.equals("C"))
            salary = basicSalary * 12 + basicSalary * 0.1 * 12;
        return salary;}
}
```

（4）在包 com.hncpu.entity 下创建一个管理人员类 Manager，该类为 Employee 类的子类，在 Manager 类中使用 Employee 类中的构造方法初始化基本工资属性 basicSalary 和绩效属性 performance，并在计算年薪的方法 totalSalary 中访问父类的 totalSalary 方法，代码如下：

```java
package com.hncpu.entity;
public class Manager extends Employee{
```

```java
    private double allowance;
    public Manager() {
        super();}
    public Manager(double basicSalary, String performance, double allowance) {
        super(basicSalary, performance);
        this.allowance = allowance;}
    public double getAllowance() {
        return allowance;}
    public void setAllowance(double allowance) {
        this.allowance = allowance;}
    //求管理人员年薪的方法
    @Override
    public double totalSalary(){
        double salary = super.totalSalary();      //普通工作人员的年薪
        salary += allowance * 12;                 //管理人员年薪 = 普通人员年薪 + 津贴
        return salary;}
}
```

(5) 在 Ch08Train 项目中创建一个包 com.hncpu.test，在该包中创建一个测试类 SalaryTest，在该类中测试普通工作人员和管理人员的薪水。代码如下：

```java
package com.hncpu.test;
import com.hncpu.entity.Employee;
import com.hncpu.entity.Manager;
public class SalaryTest {
    public static void main(String[] args) {
        //调用两个参数的构造方法初始化普通工作人员对象
        Employee employee = new Employee(3000, "B");
        //调用三个参数的构造方法初始化管理人员对象
        Manager manager = new Manager(8000, "A", 2000);
        System.out.println("普通工作人员的年薪为:" + employee.totalSalary());
        System.out.println("管理人员的年薪为:" + manager.totalSalary());
    }
}
```

普通工作人员的年薪为：43200.0
管理人员的年薪为：148800.0

图 8-T-1 运行结果

(6) 在 SalaryTest.java 窗口，单击 Run 菜单下的 Run 菜单项运行 SalaryTest 类。程序运行结果如图 8-T-1 所示。

3. 任务拓展

在管理人员类中添加一个奖励属性 reward，当部门考核为优秀时，奖励 reward 为 10000 元；部门考核为良好时，奖励 reward 为 5000 元；部门考核为合格时，奖励 reward 为 0 元；部门考核为不合格时，奖励 reward 为 −5000 元；添加相应的 get 和 set 方法，修改构造方法以及 totalSalary 方法。

4. 思考题

在前面程序的基础上，思考如下的问题：

（1）如果将 Employee 类、Manager 类放在不同的包中，程序还能正常运行吗？如果不能,通过修改 Employee 属性、方法的访问修饰符是否可行?

(2) 在继承关系中,子类可以访问父类中的哪些属性和方法?

三、独立实践

创建一个包 com.hncpu.animal,在该包中定义一个动物类 Animal,动物类 Animal 具有重量属性 weight,有一个构造器,用来初始化属性 weight,以及用于存取这个属性的两个方法:getWeight 和 setWeight;在包 com.hncpu.animal 中定义一个动物类 Animal 的子类 Dog,在子类上新增一个属性 breed(狗的品种),添加 breed 属性相对应的 get、set 方法,并添加一个用于描述狗叫的方法:Bark;创建一个包 com.hncpu.test,在包 com.hncpu.test 中定义一个类 DogTest,DogTest 中的代码用于测试 Dog 类。请根据这些测试代码,编写实现 Dog 类。测试类 DogTest 的代码如下:

```
package com.hncpu.test;
import com.hncpu.animal.Dog;                    //导入类
public class DogTest {
    public static void main(String[] args) {
        Dog dog1 = new Dog(20, "哈士奇");        //创建狗类对象,重量20,品种哈士奇
        Dog dog2 = new Dog(5, "泰迪犬");         //创建狗类对象,重量5,品种泰迪犬
        System.out.println(dog1);                //输出狗类的对象
        System.out.println(dog2);}               //输出狗类的对象
}
```

Animal 类的定义如下:

```
package com.hncpu.animal;
public class Animal {
    private double weight;
    public Animal() {
        super();}
    public Animal(double weight) {
        super();
        this.weight = weight;}
    public double getWeight() {
        return weight;}
    public void setWeight(double weight) {
        this.weight = weight;}
}
```

本章习题

1. 简答题

(1) 类的继承是通过哪个关键字实现的?

(2) Java 能实现多继承关系吗?如何解决这个问题?

(3) 如果父类和子类同时提供了同名方法,在类实例化后,调用的是哪个类的方法?采

用什么办法避免混淆？

（4）什么是抽象类？抽象类和普通类有什么不同？

2. 操作题

（1）定义一个银行卡的类 BankCard 作为父类，成员属性和成员方法根据实际情况自行确定，然后分别定义 Master 类和 Visa 类作为 BankCard 的子类，实现它们之间的继承关系。

（2）定义一个抽象类表示学习方法的抽象类 StudyMethod，其中包括三个抽象方法，分别是学习英语 English、学习语文 Chinese 和学习计算机 Computer，写出此抽象方法的代码。

第9章 实现接口

主要知识点

接口的定义；

接口的声明；

接口的实现；

接口的使用。

学习目标

掌握接口的声明、实现和使用方法，能在实际开发中运用接口定义软件的功能结构。

接口是一种特殊的类，允许包含变量、常量等一个类所包含的基本内容，可以包含方法。但是，接口中的方法只能有声明，不允许设定代码，也就意味着不能把程序入口放到接口里。可以理解为，接口是专门被继承的，接口的意义就是被继承，不能被实例化。

9.1 定义接口

9.1.1 什么叫接口

在软件工程中，由一份"契约"规定不同小组开发的软件之间如何相互调用是非常常见的。每个小组都可以在不知道其他小组代码的前提下独立开发自己的代码。Java 中的 interface 就是这样的一份"契约"，它规定了一组执行规范。

主板上的 PCI 插槽就是现实中的接口，你可把声卡、显卡、网卡都插在 PCI 插槽上，而不用担心哪个插槽是专门插哪个的，原因是做主板的厂家和做各种卡的厂家都遵守了统一的规定。现在一个软件公司要编写一个里程表软件，要求能计算每一种交通工具每小时的运行速度，但针对不同的交通工具，计算的方法不同。程序员可以制定一份软件"契约"，要求该软件实现计算运行速度的功能，但对不同的交通工具，其实现的方式不同。这就需要程序员掌握 Java 接口开发的规范，对照软件行业相关标准，每一条语句都要经过周密思考。

9.1.2 声明接口

要使用接口，首先要声明它，通过关键字 interface 定义接口，其语法格式是：

```
[修饰符] interface 接口名 [extends 父接口名列表]{
  [public][static][final] 数据类型 属性名 = 常量值;
  [public][abstract] 返回类型 方法名(参数列表);
}
```

说明：
- 一个接口可以有一个以上的父接口。
- 用public修饰的接口可以被所有的类和接口使用；没有用public修饰的接口只能被同一个包中其他类和接口利用。
- 接口中的所有属性都是public static final，不管是否显式定义。
- 接口中所有方法都是public abstract，不管是否显式定义。

例9-1 在里程表功能软件中，已知每种交通工具每小时的运行速度分别是3个整数a、b、c的表达式，定义的接口如下：

```
Interface OdometerInterface {
    //定义软件实现的功能"契约"
    double getSpeed(double a, double b, double c);    //计算运算速度的抽象方法
    String getName();                                  //获取交通工具的名称
}
```

9.2 接口的实现

9.2.1 实现一个接口

实现接口的方法是：由某个类为接口中的抽象方法书写语句并定义方法体。
语法格式：

[修饰符] class 类名 implements 接口名

说明：
- 如果实现某接口的类不是抽象类，则该类需要为接口中的所有抽象方法定义方法体，如果实现某接口的类是抽象类，可以不实现该接口所有的方法，但抽象类的非抽象子类必须定义所有没有定义的抽象方法。
- 一个类在实现某接口的抽象方法时，必须使用完全相同的方法头。

例9-2 在里程表功能软件中，已知汽车Car的速度运算公式为：a * b/c，飞机Plane的速度运算公式为：a+b+c。

```
class Plane implements OdometerInterface {
    public double getSpeed(double a, double b, double c) {
        return (a+b+c); }
    public String getName(){
        return "Plane"; }
}
class Car implements OdometerInterface {
    public double getSpeed(double a, double b, double c) {
        return (a*b/c); }
    public String getName(){
        return "Car"; }
}
```

9.2.2 实现多个接口

一个类可以实现多个接口,表示该类实现了多个"契约"规定的功能。

语法格式:

[修饰符] class 类名 implements 接口名1,接口名2,…

如汽车除了安装里程表外,还实现了播放音乐的"契约",那该汽车既可以显示运行速度,又可以播放音乐。

9.2.3 应用接口

在定义一个新的接口时,其实也是在定义一个新的引用类型。在能使用数据类型名称的地方,都可以使用接口名称。如果定义了一个类型为接口的引用变量,该变量能指向的对象所在的类必须实现了该接口。

例 9-3 计算给定参数的汽车和飞机的速度。

```
public class ComputeSpeed {
  public static void main(Stringargs[]) {
    double v
    OdometerInterface d = new Car();
    v = d.getSpeed(3,5,6);
    System.out.println(d.getName() + "的平均速度: " + v + " km/h");
    d = new Plane();
    v = d. getSpeed(10,30,40);
    System.out.println(d.getName() + "的平均速度: " + v + " km/h");
    }
}
```

可以看出,计算汽车和飞机运行速度的接口方法是相同的,变的只是参数。假如增加第3种交通工具火车(Train),只需要编写新的交通工具实现接口即可,调用的方法不变。

技能训练 7　实现接口

一、目的

(1) 掌握面向对象的基本概念;
(2) 掌握定义类与创建对象实例的方法;
(3) 掌握类属性与方法的定义和使用;
(4) 掌握类的继承关系和实现;
(5) 掌握接口的定义和使用;
(6) 培养良好的编码习惯和编程风格。

二、内容

1. 任务描述

在现实生活中,任何一种平面图形 Shape 都有面积和周长,而每一种图形计算面积和周长的方法又各不相同,如圆形 Circle 通过圆的半径计算面积和周长,三角形 Triangle 通过三条边的长计算面积和周长,矩形 Rectangle 通过长和宽计算面积和周长,本次技能训练的任务是把 Shape 封装成接口,在接口中提供计算面积和周长的抽象方法,然后由圆类 Circle、三角形类 Triangle、矩形类 Rectangle 来实现 Shape 接口。

2. 实训步骤

(1) 打开 Eclipse 开发工具,新建一个 Java Project,项目名称为 Ch9Train,项目的其他设置采用默认设置。

(2) 在项目 Ch9Train 中创建一个包 com.hncpu.entity,在包 com.hncpu.entity 中创建一个接口 Shape,接口 Shape 中包含两个抽象方法 getArea 和 getPerimeter,代码如下:

```java
package com.hncpu.entity;
public interface Shape {
    double getArea();
    double getPerimeter();
}
```

(3) 在包 com.hncpu.entity 下创建一个圆形类 Circle,添加半径属性 raduis、常量 PI,为属性 radius 添加 get、set 方法,实现接口 Shape 中的求周长和面积的方法,代码如下:

```java
package com.hncpu.entity;
/*
 * 圆形类
 */
public class Circle implements Shape{
    private double radius;              //圆的半径
    private final double PI = 3.14;     //圆周率
    public Circle() {
    }
    public Circle(double radius) {
        super();
        this.radius = radius;}
    public double getRadius() {
        return radius;}
    public void setRadius(double radius) {
        this.radius = radius;}
    //求圆的面积的方法
    @Override
    public double getArea() {
        return PI * radius * radius;}
    //求圆的周长的方法
    @Override
    public double getPerimeter() {
```

```
        return 2 * PI * radius;}
}
```

(4) 在包 com.hncpu.entity 下创建一个三角形类 Triangle,添加三条边属性 a、b、c,为属性添加 get、set 方法,实现接口 Shape 中求周长和面积的方法,代码如下:

```
package com.hncpu.entity;
public class Triangle implements Shape{
    private double a;            //三角形第一条边的长
    private double b;            //三角形第二条边的长
    private double c;            //三角形第三条边的长
    public Triangle() {
        super();}
    public Triangle(double a, double b, double c) {
        super();
        this.a = a;
        this.b = b;
        this.c = c;}
    public double getA() {
        return a;}
    public void setA(double a) {
        this.a = a;}
    public double getB() {
        return b;}
    public void setB(double b) {
        this.b = b;}
    public double getC() {
        return c;}
    public void setC(double c) {
        this.c = c;}
    //求三角形面积的方法
    @Override
    public double getArea() {
        double p = (a + b + c) / 2;
        return Math.sqrt(p * (p-a) * (p-b) * (p-c));}
    //求三角形周长的方法
    @Override
    public double getPerimeter() {
        return a + b + c;}
}
```

(5) 在包 com.hncpu.entity 下创建一个矩形类 Rectangle,添加属性长 length 和宽 width,为属性添加 get、set 方法,实现接口 Shape 中求周长和面积的方法,代码如下:

```
package com.hncpu.entity;
/*
 * 矩形类
 */
public class Rectangle implements Shape{
    private double length;           //矩形的长
    private double width;            //矩形的宽
    public Rectangle() {
        super();}
    public Rectangle(double length, double width) {
```

```java
        super();
        this.length = length;
        this.width = width;}
    public double getLength() {
        return length;}
    public void setLength(double length) {
        this.length = length;}
    public double getWidth() {
        return width;}
    public void setWidth(double width) {
        this.width = width;}
    //求矩形面积
    @Override
    public double getArea() {
        //TODO Auto-generated method stub
        return width * length;}
    //求矩形周长
    @Override
    public double getPerimeter() {
        //TODO Auto-generated method stub
        return 2 * (width + length);}
}
```

(6) 创建一个包 com.hncpu.test,在包 com.hncpu.test 下创建一个测试类 ShapeTest,在该类中分别创建圆形类 Circle、三角形类 Triangle、矩形类 Rectangle 的对象,并输出三个对象的周长和面积,代码如下:

```java
package com.hncpu.test;
import com.hncpu.entity.Circle;
import com.hncpu.entity.Rectangle;
import com.hncpu.entity.Triangle;
public class ShapeTest {
    public static void main(String[] args) {
        Circle circle = new Circle(8);                    //创建一个圆形类的对象,半径为 8
        Triangle triangle = new Triangle(3, 4, 5);        //创建一个三角形类的对象,三条边的长分
                                                          //别为 3,4,5
        Rectangle rectangle = new Rectangle(8, 6);        //创建一个矩形类的对象,长为 8,宽为 6
        System.out.println("圆的面积为:" + circle.getArea() + ",周长为:" + circle.getPerimeter());
        System.out.println("三角形的面积为:" + triangle.getArea() + ",周长为:" + triangle.getPerimeter());
        System.out.println("矩形的面积为:" + rectangle.getArea() + ",周长为:" + rectangle.getPerimeter());}
}
```

(7) 在 ShapeTest.java 窗口,单击 Run 菜单下的 Run 菜单项运行 ShapeTest 类。程序运行结果如图 9-T-1 所示。

```
圆的面积为:200.96,周长为:50.24
三角形的面积为:6.0,周长为:12.0
矩形的面积为:48.0,周长为:28.0
```

图 9-T-1 运行结果

3. 任务拓展

在接口 Shape 中添加一个方法 printShape,在圆形类、三

角形类和矩形类中实现 printShape 方法，在圆形类的 printShape 方法中输出"我是一个圆，我的半径是 radius"；在三角形类的 printShape 方法中输出"我是一个三角形，我三条边的长分别是 a，b，c"；在矩形类的 printShape 方法中输出"我是一个矩形，我的长和宽分别是 length，width"。

4．思考题

在什么情况下应使用接口，使用接口有什么好处？

三、独立实践

（1）定义一个接口 VehicleInterface（交通工具），接口中有如下方法：start、accelerate、stop。

```
/*
 * 交通工具接口
 */
public interface VehicleInterface{
    public void start();
    public void accelerate();
    public void stop();}
```

（2）定义接口 VehicleInterface 的三个实现类 Car（汽车，启动时：挂 D 挡，松刹车；加速时：踩油门；停止时：踩刹车，停稳后，挂 P 挡，拉手刹）、Truck（卡车，启动时：挂一挡，松离合，轻踩油门；加速时：踩油门；停止时：踩刹车，踩离合，依次减挡，停车后，挂空挡，拉手刹）、Bike（自行车，启动时：脚轻轻地踏脚踏板；加速时：双脚用力踏脚踏板；停止时：左手抓紧刹车把手）。

（3）创建一个测试类 InterfaceTest，测试接口 VehicleInterface 三个实现类的功能。

本章习题

1．简答题

（1）什么是接口？接口与类有什么不同？
（2）接口的修饰符包括哪些？
（3）接口与抽象类有什么不同？
（4）如何实现多个接口？

2．操作题

（1）定义一个银行卡的接口 BankCard，成员属性根据实际情况自行确定，在类中定义两个方法 save 和 withdraw，分别表示存款和取款。

（2）根据上一题设计的接口，分别实现从银行取款 1000 和存款 5000 对应的抽象方法，要求输出账户余额和存（取）款的数量。

第10章 实现多态

主要知识点
多态的定义；
实现多态的条件。
学习目标
理解多态的含义，掌握多态的使用方法。

多态（Polymorphism）按字面的意思就是"多种状态"。在面向对象语言中，接口中定义的抽象方法的多种不同实现方式即为多态。本章将学习多态的含义和实现多态的方法，通过"仿QQ聊天软件"项目掌握多态的运用。

10.1 创建多态的条件

10.1.1 什么叫多态

多态的字面意思是多种状态，指不同的子类在继承父类后分别都重写覆盖了父类的方法，即父类的同一个方法，在继承的子类中表现出不同的形式，具体哪一种形式需要在程序运行期间决定。因为在程序运行时才能确定具体的类，这样，不用修改源程序代码，就可以让引用变量绑定到各种不同的类实现上，从而导致该引用所调用的具体方法随之改变，即不修改程序代码就可以改变程序运行时所绑定的具体代码，让程序可以选择多个运行状态，这就是多态性。

多态性增强了软件的灵活性和扩展性。一款优秀的软件，一定是既方便操作，又方便维护，需要程序员充分考虑使用者诉求，体现为"用户为中心"的设计理念。程序员要养成善于学习，勤于思考的习惯，这样才能不断提高分析问题和解决问题的能力。

10.1.2 多态的条件

在代码中实现多态必须遵循的必要条件：
- 存在子类继承父类关系（包括接口的实现）；
- 子类覆盖父类中的方法。

实现多态，需要有子类对父类方法的覆盖（重写）。

例 10-1 动物类 Animal（该类中所有动物均具发声行为），即父类，子类狗（Dog）、猫（Cat）、猪（Pig）都对这个方法进行了覆盖（重写）。

```
public abstract class Animal{
 public abstract void say();}
public class Dog extends Animal{
 public void say("汪汪汪");}
public class Cat extends Animal{
 public void say("喵喵喵");}
public class Pig extends Animal{
 public void say("哼哼哼");}
```

说明：

- 覆盖方法的参数列表必须完全与被覆盖方法的相同，否则不能称为覆盖而是重载。
- 覆盖方法的访问修饰符一定要大于被覆盖方法的访问修饰符，其范围由大到小依次是：public＞protected＞default＞private。
- 覆盖方法的返回值必须和被覆盖方法的返回一致。
- 覆盖方法所抛出的异常必须和被重写方法所抛出的异常一致，或者是其子类。
- 被覆盖方法不能为 private，否则在其子类中只是新定义了一个方法，并没有重写。
- 静态方法不能被覆盖为非静态的方法（会编译出错）。

10.2 实现多态的两种方法

10.2.1 子类向父类转型实现多态

要理解多态性，首先要知道什么是"向上转型"。前面定义了一个子类 Cat，它继承了 Animal 类，那么后者就是前者的父类。可以通过"Cat c = new Cat();"实例化一个 Cat 的对象，这个不难理解。但当这样定义时：

```
Animal a = new Cat();
```

它表示定义了一个 Animal 类型的引用，指向新建的 Cat 类型的对象。由于 Cat 是继承自它的父类 Animal，所以 Animal 类型的引用是可以指向 Cat 类型的对象的。那么这样做有什么意义呢？因为子类是对父类的一个改进和扩充，所以一般子类在功能上较父类更强大，属性较父类更独特，定义一个父类类型的引用指向一个子类的对象，这样既可以使用子类强大的功能，又可以抽取父类的共性。父类类型的引用可以调用父类中定义的所有属性和方法，而对于子类中定义而父类中没有的方法，它是无可奈何的；同时，父类中的一个方法只有在父类中定义而子类中没有重写的情况下，才可以被父类的引用调用；对于父类中定义的方法，如果子类中重写了该方法，那么父类的引用将会调用子类中的这个方法，即动态连接。

例 10-2 用例 10-1 创建的动物类 Animal 与狗(Dog)、猫(Cat)、猪(Pig)类实现多态。

```
public class People{
  public void listen(Animal animal){
    Animal.say();};
}
public class TestPeople {
```

```
        public static void main(String[] args) {
        People people = new People();
        people.listen(new Dog());
        people.listen(new Cat());
    }
}
```

10.2.2　实现类接口

通过实现类继承的接口,从而实现多态,也是解决多态问题的常用方法。

例 10-3　把主板上的 PCI 插槽定义为接口,声卡、显卡、网卡定义为 PCI 插槽接口的实现类,在主类中应用多态。

```
        interface PCI {
           public void open();
            public void close(); }
        class MainBoard{
            public void run(){
                System.out.println("mainboard run"); }
            public void usePCI(PCI p) {
             if(p!= null) {
               p.open();
               p.close(); }
         }
        }
class NetCard implements PCI{
            public void open() {
            System.out.println("netcard open"); }
            public void close(){
            System.out.println("netcard close"); }
        }
        class DuoTaiDemo{
            public static void main(String[] args) {
            MainBoard mb = new MainBoard();
            mb.run();
            mb.usePCI(null);
            mb.usePCI(new NetCard());
        }
```

技能训练 8　实现多态

一、目的

(1) 掌握面向对象的基本概念；
(2) 掌握定义类与创建对象实例的方法；
(3) 掌握类属性与方法的定义和使用；
(4) 掌握类的继承关系和实现；

（5）掌握接口的定义和使用；
（6）掌握多态的使用。

二、内容

1. 任务描述

在技能训练 7 中，创建了图形接口 Shape、圆形类 Circle、三角形类 Triangle 和矩形类 Rectangle，Circle、Triangle 和 Rectangle 都是一种图形 Shape，都可以使用图形 Shape 来计算它们的面积和周长。

2. 实训步骤

（1）打开 Eclipse 开发工具，新建一个 Java Project，项目名称为 Ch10Train，项目的其他设置采用默认设置。

（2）在 Ch10Train 项目中创建一个包 com.hncpu.entity，将技能训练 7 中的接口 Shape、圆形类 Circle、三角形类 Triangle 和矩形类 Rectangle 复制到 Ch10Train 项目的 com.hncpu.entity 包中。

（3）在 Ch10Train 项目中创建一个包 com.hncpu.test，在包 com.hncpu.test 中创建一个测试类 ShapeTest，在该类中创建一个 Shape 类型的数组 shapeArray，数组 shapeArray 有三个元素，分别用 Circle 类、Triangle 类和 Rectangle 类的对象初始化数组 shapeArray 的三个元素，最后通过循环输出数组 shapeArray 三个元素（三个 Shape 对象）的面积和周长，代码如下：

```java
package com.hncpu.test;
import com.hncpu.entity.Circle;
import com.hncpu.entity.Rectangle;
import com.hncpu.entity.Shape;
import com.hncpu.entity.Triangle;
public class ShapeTest {
    public static void main(String[] args) {
        Shape[] shapeArray = new Shape[3];
        shapeArray[0] = new Circle(8);            //使用圆对象初始化 Shape 数组的元素
        shapeArray[1] = new Triangle(3, 4, 5);    //使用三角形对象初始化 Shape 数组元素
        shapeArray[2] = new Rectangle(8, 6);      //使用矩形对象初始化 Shape 数组元素
        for(int i = 0; i < shapeArray.length; i++){
            //输出图形 i 的面积和周长
            System.out.println("图形" + i + "的面积为" + shapeArray[i].getArea() + ",周长为" + shapeArray[i].getPerimeter());
        }
    }
}
```

程序运行结果如图 10-T-1 所示。

图形0的面积为200.96，周长为50.24
图形1的面积为6.0，周长为12.0
图形2的面积为48.0，周长为28.0

图 10-T-1　运行结果

3. 任务拓展

自己创建一个正方形类 Square 类，实现 Shape 接口，然后

在 ShapeTest 类中用 Square 类的对象初始化 Shape 对象,并输出 Shape 对象的面积和周长,仔细体会多态的应用。

4. 思考题

父类对象能不能当成子类对象使用?如果能,需要满足什么条件?

三、独立实践

在技能训练 7 的基础上,用 VehicleInterface 对象访问实现类中的 start、accelerate、stop 方法:

```java
public class InterfaceTest{
    public static void main(String[] args){
        VehicleInterface[] vehicle = new VehicleInterface[3];
        vehicle[0] = new Car();
        vehicle[1] = new Truck();
        vehicle[2] = new Bike();
        for(int i = 0; i < vehicle.length; i++){
            vehicle[i].start();
            vehicle[i].accelerate();
            vehicle[i].stop();
        }
    }
}
```

本章习题

1. 简答题

(1) 什么是多态?类的多态是怎么实现的?
(2) 创建多态需要哪些条件?
(3) 类是怎么向接口转型实现多态的?

2. 操作题

(1) 定义交通工具的抽象类 Vehicle 为父类,包括方法 run,然后定义三个子类 Car(汽车)、Ship(船)和 Plane(飞机),分别实现 Vehicle 的 run 方法。
(2) 参考例 10-2,应用 Vehicle 类与 Car(汽车)、Ship(船)和 Plane(飞机)类实现多态。
(3) 运行例 10-3,分析在主类中应用多态的过程。

第 11 章 处理异常

主要知识点

异常产生的原因；
标准异常类；
Java 的异常处理机制；
异常的创建；
异常的抛出；
异常语句编程。

学习目标

熟悉异常产生的原因和标准异常类的用法，能够运用异常处理机制编写 Java 程序，提高安全性。

用户在编写程序时不可能不出现错误，严谨地处理这些错误是保证程序效率和质量的关键。Java 程序的错误分为异常（Exception）和致命性错误（Error）两类。本章主要介绍异常产生的原因和异常处理的基本方法。

11.1 异常的分类

一旦出现异常，系统将会立即中止程序的运行，并将控制权返回给操作系统，而此前分配的所有资源将继续保持原有状态，导致资源浪费。下面看一个例题。

例 11-1 异常的产生。

```
public class ExceptionDemo{
  public static void main(String args[]){
    int i = 0;
    String country[ ] = {"China","Japan","American"};
    while(i < 4){ System.out.println(country[i]);i++; }
  }
}
```

编译正常通过，运行结果如图 11-1 所示。

可以看到，系统出现异常的原因是程序第 5 行数组下标值越界，异常类型是 Java.lang. ArrayIndexOutOfBoundsException，代码是 3。

```
<terminated> ExceptionDemo [Java Application] C:\Program Files\Java\jre1.8.0_25\bi
China
Japan
American
Exception in thread "main" java.lang.ArrayIndexOutOfBoundsException: 3
        at ExceptionDemo.main(ExceptionDemo.java:5)
```

图 11-1　程序运行时出现异常

11.1.1　异常的产生

程序员编写程序时，难免会出现一些问题，导致运行时出现一些非正常的现象，如死循环、非正常退出等，称为运行错误。根据错误性质可将运行错误分为以下两类。

异常：如运算时除数为 0，打开一个不存在的文件等，这类现象称为异常（Exception）。在源程序中加入异常处理代码，当程序运行中出现异常时，由异常处理代码调整程序运行方向，使程序仍可继续运行直至正常结束。

致命性错误（Error）：如程序进入死循环，递归无法结束等，简称为错误，错误只能在编译阶段解决，运行时程序本身无法解决。

1．异常产生的原因

有以下三种情况。

（1）JVM 检测到非正常的执行状态，这些状态可能是由以下情况引起的。
- 表达式违反了 Java 语言的语义，如除数为 0。
- 装入或链接程序时出错。
- 超出了资源限制，如内存不足，这种异常是程序员无法预知的。

（2）程序代码中的 throws 语句被执行（11.3.2 节介绍）。

（3）因为代码段不同步而产生，可能的原因是：
- Thread（线程）的 stop 方法被调用。
- JVM 内部发生错误。

2．异常的层次结构

Java 程序的异常按类的层次结构组织，所有异常类的父类是 Throwable，它是 Object 类的直接子类，又分为 Exception 和 Error 两个直接子类，而 RuntimeException 类是 Exception 类的子类，如图 11-2 所示。

Error 类是用来显示与系统本身有关的错误，其对象由 Java 虚拟机生成并抛出；而 Exception 类是用于用户程序可能捕获的异常，也是用来创建用户异常类型子类的类，其对象由应用程序处理或抛出。

11.1.2　Java 定义的标准异常类

Java 定义的标准异常类由系统包 java.lang、java.util、java.io、java.net 等来声明，这些标准异常类分为两种：RuntimeException 和 Exception，前者是运行时异常，属于不可检测的异常类，后者是可检测的异常类。

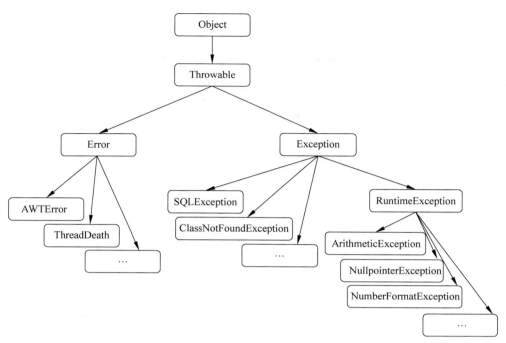

图 11-2 异常的层次结构

Java 定义的标准异常类如表 11-1 所示。

表 11-1 常用异常列表

序号	异常	说明	所在包
1 *	ArithmeticException	算术异常,如被 0 除	java.lang
2 *	ArrayStoreException	数组存储异常,如类型不符	java.lang
3 *	ArrayIndexOutOfBoundsException	数组下标越界异常	java.lang
4	IllegalArgumentException	非法参数异常	java.lang
5 *	NullPointerException	空指针异常	java.lang
6 *	SecurityException	安全性异常	java.lang
7	ClassNotFoundException	类的非法访问异常	java.lang
8	AWTException	AWT 异常	java.lang
9	IOException	输入输出异常	java.io
10	FileNotFoundException	文件不存在异常	java.io
11	EOFException	文件结束异常	java.io
12	IllegalAccessException	非法存储异常	java.lang
13	NoSuchMethodException	不存在此方法异常	java.lang
14	InterruptedException	线程中断异常	java.lang
15 *	ClassCastException	对象引用异常	java.lang
16	EmptyStackException	空堆栈异常	java.util
17	NoSuchElementException	无此元素异常	java.util
18	CloneNotSupportedException	克隆不支持异常	java.io
19	InstantiationException	实例化异常	java.lang

续表

序号	异常	说明	所在包
20	InterruptedIOException	中止输入输出异常	java.io
21	ConnectException	连接异常	java.net

说明：表中带 * 的异常是不可检测异常

11.2 异常处理机制

程序运行时如果发生异常，即自动中止运行并输出提示信息，异常处理就是对所发生的异常进行处理，从而避免出现死机或者重启机器的现象。其重要性在于程序要能够发现异常，还要能够捕获异常。Java语言提供的异常处理机制有助于找出异常类型并恢复它们。Java程序的异常处理有两种方法：

(1) 通过try-catch语句块处理异常，把可能发生异常的语句放在try语句块中，catch捕获异常并处理。

(2) 把异常抛给上一层调用它的方法中，由该方法进行异常处理或继续抛给上一层。

11.2.1 异常处理的语句结构

Java语言提供的异常处理机制是：通过try-catch-finally语句块进行异常的监视、捕获、处理，也可以通过throws语句段抛出异常。含有异常处理的程序的一般结构是：

```
try{ … }                    //这里是被监视的代码段，一旦发生异常，则由catch代码处理
catch(异常类型 e){ … }       //待处理的第一种异常
catch(异常类型 e){ … }       //待处理的第二种异常
…
finallly{ … }               //最终处理的代码段
```

1. try 代码段

try 语句用大括号{}指定了一段代码，该段代码可能会抛出一个或多个异常，同时也指定了它后面的 catch 语句所捕获的异常的范围，有可能出现异常的代码应该放在这里。另外，Java规定了有些语句必须放在 try 代码段中才能正常运行。

2. catch 语句

捕获异常的代码段，catch语句的参数类似于方法的声明，包括一个异常类型和一个异常对象。异常类型必须为Throwable类的子类，它指明了catch语句所处理的异常类型，异常对象则由运行时系统在try所指定的代码块中生成并被捕获。大括号中包含对象的处理，可以调用对象的方法。

catch 语句可以有多个，分别处理不同类的异常。Java 运行时系统从上到下分别对每个 catch 语句处理的异常类型进行检测，直到找到类型相匹配的 catch 语句为止。类型匹配指 catch 所处理的异常类型与生成的异常对象的类型完全一致或者是它的父类，因此，catch

语句的排列顺序应该是从特殊到一般，如果程序员并不清楚异常类型，可以直接用 Exception，肯定不会错。

还可以用一个 catch 语句处理多个异常类型，这时它的异常类型参数应该是这多个异常类型的父类，要根据具体的情况来选择 catch 语句的异常处理类型。

3. finally 语句

通过 finally 语句可以指定一段代码，无论 try 所指定的程序块中抛出或不抛出异常，也无论 catch 语句的异常类型是否与所抛出的异常的类型一致，finally 所指定的代码都要被执行，它提供了统一的出口。

通常在 finally 语句中放置可以进行资源清理的语句，如关闭打开的文件等。

例 11-2 异常处理举例。

```java
public class TryCatchFinallyDemo{
  static void setN( int n){
    System.out.println("n 的值是" + n);
    try{
      if(n == 0){System.out.println("没有捕获异常");return;}
      else if(n == 1){int i = 0;int j = 4/i;}
      else if(n == 2){int iArray[] = new int[4];iArray[10] = 3;}
    }catch(ArithmeticException e)
        {System.out.println("捕获的信息是 " + e);}
     catch(ArrayIndexOutOfBoundsException e)
        {System.out.println("捕获的信息是 " + e.getMessage());}
     catch(Exception e)
        {System.out.println("本句没有执行");}
     finally{System.out.println("这是 finally 语句块");}
  }
  public static void main( String args[] ){
    setN(0);
    setN(1);
    setN(2);}
}
```

运行结果如图 11-3 所示。

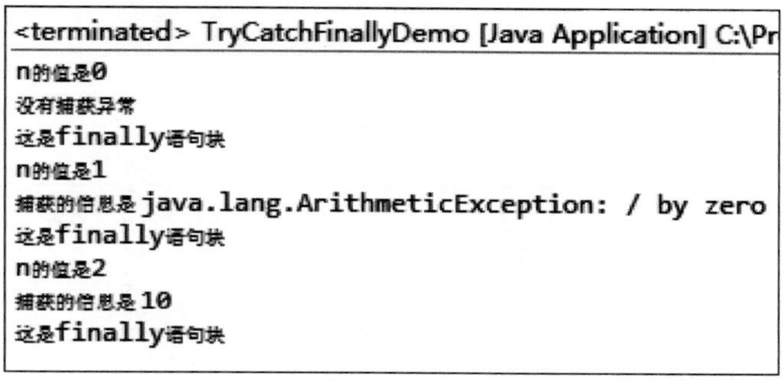

```
<terminated> TryCatchFinallyDemo [Java Application] C:\Pr
n 的值是 0
没有捕获异常
这是 finally 语句块
n 的值是 1
捕获的信息是 java.lang.ArithmeticException: / by zero
这是 finally 语句块
n 的值是 2
捕获的信息是 10
这是 finally 语句块
```

图 11-3 捕获异常情况

11.2.2 Throwable 类的常用方法

系统的异常类定义了很多异常,如果程序运行时出现了系统定义的异常,系统会自动抛出。此时,若应用程序中有 try-catch 语句,则这些异常由系统捕捉并交给应用程序处理;若应用程序中没有 try-catch 语句,则这些异常由系统捕捉和处理。

对于系统定义的有些应用程序可以处理的异常,一般情况下并不希望由系统来捕捉和处理,也不希望这种异常造成破坏性的影响,因为这两种情况都有可能在运行的应用程序中产生不良后果。这种情况下,设计应用程序的一般方法是:在 try 模块中,应用程序自己判断是否有异常出现,如果有异常出现,则创建异常对象并用 throw 语句抛出该异常对象;在 catch 模块中,用户可以设计自己希望的异常处理方法。

Throwable 是 java.lang 包中一个专门用来处理异常的类。它有两个子类,即 Error 和 Exception,分别用来处理两组异常。所有异常都是 Throwable 类的子类,Throwable 类的方法均可以被其子类调用,用于显示异常类型、原因等信息。

- getCause():如果异常为空、不存在或者不明,则返回原因。
- getLocalizedMessage():返回本地化信息。
- getMessage():返回异常的原因。
- getStackTrace():返回堆栈跟踪情况。
- printStackTrace():打印堆栈的标准错误流。
- printStackTrace(PrintStream s):打印堆栈的标准打印流。
- toString():返回简单描述。

例 11-3 Throwable 类常用方法应用举例,输出被 0 除的异常信息。

```
public class ExceptionMethodDemo{
  public static void main(String args[]){
    System.out.println("异常方法使用");
    try{int i = 1;i = i/0;}
    catch(Exception e){
      System.out.println("getCause()是:" + e.getCause());
      System.out.println("getLocalizedMessage()是:" + e.getLocalizedMessage());
      System.out.println("getMessage()是:" + e.getMessage());
      System.out.println("getStackTrace()是:" + e.getStackTrace());
      System.out.println("toString()是:" + e.toString());}
  }
}
```

运行结果如图 11-4 所示。

```
异常方法使用
getCause()是: null
getLocalizedMessage()是: / by zero
getMessage()是: / by zero
getStackTrace()是: [Ljava.lang.StackTraceElement;@15db9742
toString()是: java.lang.ArithmeticException: / by zero
```

图 11-4 异常方法的返回结果

如果运行时出现了没有声明的异常,程序本身无法捕获这种异常,系统采用的方法是:依次向上递交,由上一级进行处理,如果上一级处理不了,则再向上一级,直到最后交给操作系统为止。

11.2.3 异常类的创建

用户也可以创建自己的异常类,这种异常类一定是 Exception 或 Throwable 的子类,因此可以用建立类的语句来创建异常,但需要继承某一个异常类,如:

class 异常名 extends Exception{ … }

用户一旦定义了自己的异常类,在程序中就可以像标准的异常类一样使用。自定义异常类时要注意以下三点。

(1) 类 java.lang.Throwable 是所有异常类的基类,它包括两个子类:Exception 和 Error。Exception 类用于描述程序能够捕获的异常,如 ClassNotFoundException。Error 类用于指示合理的应用程序不应该试图捕获的严重问题,如虚拟机错误 VirtualMachineError。

(2) 自定义异常类可以继承 Throwable 或者 Exception 类,而不要继承 Error 类。自定义异常类之间也可以有继承关系。

(3) 需要为自定义异常类设计构造方法,以方便构造自定义异常对象。

例 11-4 用户自定义异常类,检查参数的内容是否为英文字母。

```java
import java.util.regex.Matcher;
import java.util.regex.Pattern;
class MyException extends Exception{         //定义自己的异常类
  private String content;
  MyException(String content){               //异常类的构造方法
    this.content = content;}
  public String getContent(){
      return content;}
    public void setContent(String content){
      this.content = content;}
}
public class ExceptionExample{
  public void check(String str){
    String pattern = "^[A-Za-z]+$";      //设计模式字符串
    Pattern pa = Pattern.compile(pattern); //编辑模式
    Matcher matcher = pa.matcher(str);     //匹配模式
    if(!matcher.matches()){                //比较,若不相等
        throw new MyException("字符串包含字母以外的字符");}
  }
}
```

11.3 异常的抛出

所谓抛出异常指的是程序运行时如果出现异常,则执行相应的程序代码段,而不必让整

个程序中止。因此在捕获一个异常前,需要有一段 Java 代码生成一个异常对象并把它抛出。抛出异常的代码可以是 Java 程序,也可以是 JDK 中的某个类,还可以是 Java 运行时(Runtime)系统,它们都是通过 throw 子句或者 throws 子句来实现抛出的。

11.3.1 throw 语句

throw 语句的格式为:

```
throw ThrowableObject;
```

其中 ThrowableObject 必须为 Throwable 类或其子类的对象。例如可以用语句

```
throw new ArithmeticExcption();
```

来抛出一个算术异常。还可以定义自己的异常类,并用 throw 语句来抛出。

例 11-5 异常的定义和抛出举例。

```
class MyException extends Exception{        //创建自己的异常
    private int detail;
    MyException(int a){                      //创建方法
        detail = a;}
    public String toString(){                //创建方法
        return "MyException " + detail; }    //确定返回值
}
public class ExceptionDemo1{
    static void compute(int a) throws MyException{
        System.out.println("调用compute(" + a + ")");
        if(a > 10)
            throw new MyException(a);        //抛出异常
        System.out.println("这是正常退出");}
    public static void main(String args[]){
        try{
            compute(1);
            compute(20);
        }catch(MyException e){               //捕获异常
            System.out.println("此处捕获了" + e);}
    }
}
```

运行结果如图 11-5 所示。

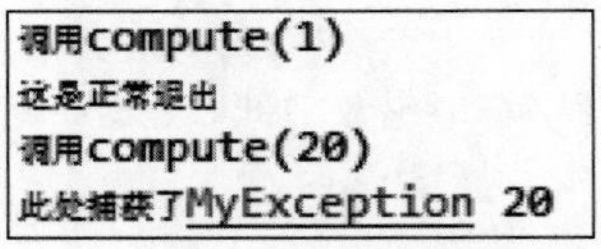

```
调用compute(1)
这是正常退出
调用compute(20)
此处捕获了MyException 20
```

图 11-5 自定义异常和抛出异常

11.3.2 throws 语句

throws 语句用来表明一个方法可能抛出的所有异常。对于大多数 Exception 子类和自

定义异常类来说，Java 编译器会强迫程序员在方法的声明语句中表明抛出的异常类型。如果要明确抛出一个 RuntimeException 或者自定义异常类，就必须在方法的声明语句中用 throws 子句表示它的类型，以便通知调用这个方法的其他方法准备捕获此异常。

throws 语句必须位于左大括号"{"之前，格式是：

返回值类型　方法名(参数) throws{ … }

例 11-6　throws 语句的用法。

```
public class ThrowsDemo{
static void method() throws IllegalAccessException{
  System.out.println("在 method 方法抛出了一个异常");
  throw new IllegalAccessException();}

public static void main(String args[]){
try{
  method();}
catch(IllegalAccessException e){
  System.out.println("在 method 方法捕获了异常:" + e);}
  }
}
```

运行结果如图 11-6 所示。

```
在method方法抛出了一个异常
在method方法捕获了异常: java.lang.IllegalAccessException
```

图 11-6　Throws 的使用

技能训练 9　处理异常

一、目的

（1）掌握异常的概念及异常处理的机制；
（2）掌握 try-catch-finally 异常处理语句的使用；
（3）熟悉用户自定义异常类及处理用户自定义异常类的方法；
（4）培养良好的编码习惯和编程风格。

二、内容

1. 任务描述

编写一个程序，捕获数组越界异常和除 0 异常，掌握异常处理语句 try-catch-finally 的处理机制。

2. 实训步骤

（1）打开 Eclipse 开发工具，新建一个 Java Project，项目名称为 Ch11Train。

(2) 在项目下添加一个包 com.hncpu.exception。

(3) 在包 com.hncpu.exception 下添加一个处理异常的类 ExceptionTest。代码如下:

```
package com.hncpu.exception;
import java.util.Scanner;
public class ExceptionTest {
    public static void main(String[] args) {
        //定义一个包含 6 个元素的整型数组,数组元素作为被除数
        int[] array = {55, 44, -2, 33, 22, 11};
        Scanner scanner = new Scanner(System.in);
        //提示用户输入一个整数
        System.out.print("请输入一个整数:");
        //从键盘输入一个整型数,作为除数
        String string = scanner.next();
        int num = Integer.parseInt(string);
        try {
            //循环读取数组中 6 个元素,从元素 1 到元素 6
            for(int i = 1; i <= 6; i++){
                int j = array[i] / num; }
        } catch (ArrayIndexOutOfBoundsException e1) {
            System.out.println("数组越界异常!");}
         atch (ArithmeticException e2) {
            System.out.println("除 0 异常!");}
         finally {
            System.out.println("执行 finally 语句");}
    }
}
```

(4) 编译并运行该程序,根据提示,从键盘输入数字 8,访问了数组元素 array[6],该元素不存在,出现数组越界异常,程序的运行结果如图 11-T-1 所示。

(5) 编译并运行该程序,根据提示,从键盘输入数字 0,出现了除 0 异常,程序的运行结果如图 11-T-2 所示。

```
请输入一个整数: 8
数组越界异常!
执行finally语句
```

图 11-T-1 异常运行结果(1)

```
请输入一个整数: 0
除0异常!
执行finally语句
```

图 11-T-2 异常运行结果(2)

(6) 试一试:将循环语句 for(int i=1; i<=6; i++)改成 for(int i=0; i<=5; i++)或 for(int i=0; i<=array.length; i++),且输入的整数不是零,会不会出现异常,分析其原因。

3. 任务拓展

在上述任务中,若用户输入的不是整数,则会出现 NumberFormatException 异常,如何处理?

```
package com.hncpu.exception;
```

```java
import java.util.Scanner;
public class ExceptionTest {
    public static void main(String[] args) {
        //定义一个包含6个元素的整型数组,数组元素作为被除数
        int[] array = {55, 44, -2, 33, 22, 11};
        Scanner scanner = new Scanner(System.in);
        int num = 0;
        try {
            System.out.print("请输入一个整数:");
            //从键盘输入一个整型数,作为除数
            String string = scanner.next();
            num = Integer.parseInt(string);
        }catch (NumberFormatException e) {
            System.out.println("字符串转换为数字异常");
            System.exit(0);}
        try {
            //循环读取数组中6个元素,从元素1到元素6
            for(int i=1; i<=6; i++){
                int j = array[i] / num;
            }
        } catch (ArrayIndexOutOfBoundsException e1) {
            System.out.println("数组越界异常!");}
        catch (ArithmeticException e2) {
            System.out.println("除0异常!");}
        finally {
            System.out.println("执行finally语句");}
    }
}
```

三、独立实践

在上述任务拓展的基础上,增加出错处理。若用户输入的不是整数,则要求用户重新输入,直到用户输入整数为止,确保程序能正常执行。

本章习题

1. 简答题

(1) 什么是异常？异常产生的原因有哪些？
(2) 为什么Java的异常处理技术优于传统程序的异常处理技术？
(3) 在Java代码中可用来处理异常的方式有哪些？
(4) 如果产生了一个异常,但没有找到适当的异常处理程序,则会发生什么情况？
(5) 说明throw与throws有什么不同。
(6) 在设计catch块处理不同的异常时,一般应注意哪些问题？

2. 编程题

(1) 编写一个程序,将作为命令行参数输入的值转换为数字,如果输入的值无法转换为

数字,则程序应显示相应的错误消息,要求通过异常处理方法解决。

(2) 编写一个程序,将来自用户的两个数字接收为命令行参数。将第一个数字除以第二个数字并显示结果。代码应当处理引发的异常,即在输入的参数数量不是两个或用户输入 0 作为参数时引发异常。

(3) 编写一个程序,说明在一个 catch 处理程序中引发一个异常时会发生什么情况。

(4) 编写一个可演示用户自定义异常用法的程序,该程序接收用户输入的学生人数,当输入一个负数时,认为是非法的,用户自定义异常用来捕获此错误。

项目实战 3　实现"仿 QQ 聊天软件"高级特性

一、目的

（1）掌握面向对象的基本概念；
（2）掌握面向对象的分析和设计方法；
（3）掌握继承、多态的分析设计；
（4）掌握自定义异常类与异常处理流程；
（5）培养良好的编程习惯和编程风格。

二、内容

（一）任务描述

在前面的项目实战和技能训练中，已经实现了服务器端的用户类 User、好友类 Friend、消息类 Message 和消息类型类 MsgType，实现了客户端的用户类 User、消息类 Message 和消息类型类 MsgType。在实际操作中，客户端需要将登录用户信息发送给服务器端进行验证，服务器需要将用户登录成功、登录失败、好友登录等消息发送给客户端，上述操作都是以对象的形式进行，为了能在程序中直接读写对象，需要将对象做序列化处理。

特别提示：仿 QQ 登录界面里，用户输入的账号和密码信息需要发送到服务器上进行验证，如果有错，系统会自动清空错误密码，提示用户重新输入。虽然上述功能看起来很简单，却凝聚着程序员"服务为中心"的思想。我们在实际工作中，要设身处地站在服务对象的角度思考问题，才能设计出客户满意的产品。

（二）实训步骤

1. 服务器程序

（1）将项目实战 2 中的项目 MyQQChatServer1 复制成 MyQQChatServer2。
（2）打开 com.hncpu.entity 包下的用户类 User.java，将 User 类序列化（实现 Serializable 接口），User 类的代码如下：

```
package com.hncpu.entity;
import java.io.Serializable;
/**
 * 用户类
 */
public class User implements Serializable {
```

```
        //类体中的代码与原有代码一致
    }
```

(3) 打开 com.hncpu.entity 包下的消息类 Message.java，将 Message 类序列化（实现 Serializable 接口），Message 类的代码如下：

```
package com.hncpu.entity;
import java.io.Serializable;
//服务器与客户端间数据以对象数据流发送
public class Message implements Serializable{
    //类体中的代码与原有代码一致
}
```

2. 客户端程序

（1）将项目实战 2 中的项目 MyQQChatClient1 复制为 MyQQChatClient2。

（2）客户端程序中用户类 User、消息类 Message 的源代码与服务器程序 MyQQChatServer2 中的 User、Message 类相同。

第四篇

图形用户界面

到目前为止,本书中所有用到的程序都是基于控制台的。但在实际应用中,我们使用的应用程序都是采用图形用户界面(Graphical User Interface,GUI)。基于 GUI 的应用程序具有良好的人机交互性、美观性和实用性。用户通过菜单、按钮等标准界面元素和鼠标操作,向计算机系统发出命令,启动操作,并将系统运行的结果以图形的方式显示给用户。

通过本篇的学习,能够:
- 设计 AWT 图形用户界面组件;
- 设计 Swing 图形用户界面组件;
- 对图形用户界面组件进行布局管理。

本篇通过实现"仿 QQ 聊天软件"图形界面,让读者掌握图形用户界面及对组件进行布局管理的相关知识在实际中的运用。

第12章 AWT和Swing支持的GUI编程

主要知识点

图形用户界面的主要特征；
AWT 组件的一般功能；
Frame 类和 Panel 类的用法；
窗口布局管理；
AWT 和 Swing 主要组件。

学习目标

掌握图形用户界面(GUI)的组件构成,主要容器的功能及组件布局管理方法,能够运用 AWT 和 Swing 的基本组件设计图形用户界面。

抽象窗口工具包(Abstract Window Toolkit,AWT)是 Java 的第一个 GUI 框架,AWT 是 JDK 1.0 与 JDK 1.1 版本下提供的 GUI 开发工具包,包含 60 多个组件类、接口及其方法,可用于创建基于窗口或 Applet 的 GUI 应用。目前使用广泛的 GUI 框架是 Swing,它提供了更加丰富和灵活的 GUI 框架,是构建于 AWT 之上的框架,是功能更加完善的 GUI 组件类库,它包含了 250 多个更为丰富多样的组件类与接口,支持复杂 GUI 系统的开发。

12.1 使用 AWT 框架创建 GUI 图形用户界面

AWT 包含了一组 Java 组件类和接口,允许创建图形用户界面(GUI)。java.awt 类库提供了设计 GUI 所需要的类和接口,GUI 通过键盘或鼠标响应用户的操作。

12.1.1 AWT 组件的层次结构

Java 将 GUI 组件类分类分层,集中到 java.awt 包中。通过"import java.awt.*;"语句导入该包中所有类与接口。图 12-1 反映了 AWT 框架中基本组件类之间的继承关系。

从图 12-1 看出,处于最顶层的类是 Object,说明它是所有组件类的父类(基类),由它派生出了若干子类。所有与 AWT 编程相关的类都放在 java.awt 包以及它的子包中,AWT 编程框架中有两个重要基类 Component(普通组件类)和 MenuComponent(菜单组件类)。Component 类代表一个能以图形化方式显示出来且可以与用户交互的对象,它是构成图形用户界面的基础,所有其他组件都是这个类派生出来的,但 Component 类却是一个抽象类,不能直接使用,要通过其子类才能实例化。例如 Button 代表一个按钮组件,TextField 代表

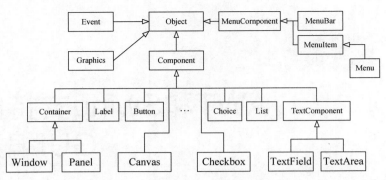

图 12-1　java.awt 包中的类及其继承关系

一个文本框组件等。而 MenuComponent 菜单组件类则代表图形界面的菜单系统,包括 MenuBar(菜单条)、MenuItem(菜单项)等子类。

12.1.2　AWT GUI 组件的类型

java.awt 包除了 Component 普通组件和 MenuComponent 菜单组件之外,AWT 图形用户界面编程中还有两个重要概念:Container 和 LayoutManager,其中 Container 是一种特殊的 Component,它代表一种容器类,可以容纳普通的 Component 对象;而 LayoutManager 则是容器控件内其他组件的布局管理器。

由此可见,GUI 组件按照功能可分为容器组件与基本组件。容器组件是用来容纳与组织其他界面成分和元素的单元;基本组件是图形用户界面的基本单位,其自身不能再包含其他界面元素;基本组件充当着人机交互媒介,可以接收来自用户鼠标或键盘的输入,能够以文本、图形等方式向用户输出信息。

java.awt 框架包内的组件类包含以下几种。

(1) Component(普通组件)类:是一个抽象类,包括了大多数 GUI 窗口元素,包含了容器子类 Container 与众多的基本 GUI 组件子类(如 Label 类、TextComponent 类、Button 类、List 类等)。

(2) MenuComponent(菜单组件)类:是 AWT 菜单体系类的基类,为抽象类。

(3) Event(事件)类:是 Java 中提供事件处理机制的重要类。

(4) Graphics(图形图像)类:提供了与绘图及图形显示相关的一个类。

12.1.3　AWT 容器组件

AWT GUI 图形用户界面编程中,容器是一种用来容纳其他组件的特殊组件,容器可以包含一组组件。为了显示组件,组件必须包含在容器中。因此,所有的 AWT GUI 都必须至少包含一个容器;而且容器也可以包含其他容器。

1. 容器组件的功能与特征

组件不能直接在程序运行界面中显示,必须放置在容器(Container)组件内才能呈现出来。Container 继承自 Component 类,因而容器自身首先也是一种组件,具有其他组件的共同特性；容器是一种特殊的组件，其特殊性在于容器的功能是用来容纳一般的组件对象与容器组件对象的，即容器除提供给其他组件作为安置场所外，其自身还可相互嵌套。

容器作为特殊的组件，具有以下特征：

- 容器有一定的空间范围与尺寸，容器一般是矩形的，有些组件可以显示出边界外框。
- 容器有一定的位置坐标，该位置既可以用显示器的绝对位置表达，也可以用相对于其他容器边界的相对位置表达。
- 容器一般可以设定自己的背景颜色，还可对背景色设置透明度，并可将一幅图案加载到容器上作为特定背景。
- 加载到容器内的 GUI 界面元素随着容器的打开与显示而同步显示；当容器隐藏或关闭时，这些界面元素也跟随着被隐藏或关闭。
- 容器组件可以相互嵌套，即可将一个或多个容器对象放置到其他容器对象中，从而构建更为丰富的界面层次结构。
- Window、Frame 及 Dialog 是唯一有资格作为顶级容器窗口的三类组件。所谓顶级容器，就是能够直接加载到桌面，由桌面管理系统来管理，而不需要放置在任何其他容器对象内，并且能够作为其他容器的容器组件。

2．容器组件的分类

Container 类直接派生出 Window 类、Panel 类、ScrollPane 类等几种容器子类。

（1）顶层窗口组件 Window 类。

Window 类作为顶层窗口类，不依赖于其他容器而独立存在。Window 类直接派生两个子类：Frame 类与 Dialog 类；也就是说，Window 类是 Frame 类和 Dialog 类的基类。

由 Window 类生成的 Window 对象称为窗口。Window 对象不具有边框与菜单栏，在创建 Window 对象时，必须指明它的属主（owner）对象；能用作窗口属主的组件只能为顶级容器 Window、Frame 及 Dialog。用户编程时很少直接使用 Window 类对象作为程序的界面窗口，通常会使用该类的 Frame 子类生成应用窗口。

Window 类提供了若干重要方法，如表 12-1 所示。这些方法可以被自身对象调用或被 Frame 或 Dialog 子类所继承。系统为它指定的默认布局管理器为 BorderLayout。

表 12-1 Window 类的主要方法

方 法 原 型	方法的功能描述
Window(Window owner)	构造方法，用于创建起始状态为不可见窗口。参数为 Window 对象，作为该窗口的父类拥有者；参数为 null 表示该窗口无拥有者
Window(Frame owner)	构造方法，用于创建起始状态为不可见窗口。参数为 Frame 对象，作为该窗口的父类拥有者；参数为 null 表示该窗口无拥有者
void setIconImage(Image icon)	为窗口设置一个标题栏图标
void setVisible(Boolean b)	根据参数 b 的值决定是显示窗口还是隐藏窗口
Boolean isShowing()	判断当前窗口是否处于可见状态并根据判断结果返回布尔常量（true 表示窗口可见，false 表示窗口不可见）
void setSize(int width,int height)	设置当前窗口尺寸（width 为窗口的宽度，height 为窗口高度）

(2) 框架容器组件 Frame 类。

框架组件 Frame 是 AWT 应用程序最常使用的基本容器窗口之一，Frame 对象可以带有边框、标题栏、菜单栏与窗口缩放功能按钮(包括窗口最大化、最小化及关闭三个按钮)。Frame 类提供了大量的方法来完成框架对象的生成与设置。

创建框架对象是构建 GUI 程序的开端，框架作为容器，一旦成功建立，就可以按需要将各类组件安置到框架中，框架中的组件对象提供了供外界访问的方法接口，通过调用这些方法，可以改变相关对象的某些属性，实现用户的操作目标。

Frame 类的主要方法如表 12-2 所示。

表 12-2 Frame 类的主要方法

方 法 原 型	方法的功能描述
Frame()	无参构造方法，创建没有标题的框架对象
Frame(String title)	有参构造方法，创建以参数为标题的框架对象
String getTitle()	获取并返回当前框架的标题
void setTitle(String title)	设置当前框架的标题
Demension getSize()	获取并返回当前框架尺寸大小
int getWidth()	获取并返回当前框架的宽度值(以像素为单位)
int getHeight()	获取并返回当前框架的高度值(以像素为单位)
Point getLocation(int x,int y)	获取并返回当前左上角的屏幕坐标
void setBackground(Color c)	设置当前框架窗口的背景颜色
Color getBackground()	获取并返回当前框架窗口的背景颜色
void setLayout(Boolean flag)	改变默认布局管理器(Border Layout 为默认布局管理器)

创建 Frame 框架对象的步骤如下。

① 导入 AWT 开发工具包的所有类，一般使用语句"import java.awt. * ;"来完成。

② 定义用户类，如果必要，可以用 extends 关键字指定用户类的父类为 Frame 类。

③ 使用框架类的构造方法生成框架实例对象，或者用继承自父类的构造方法生成用户类的对象。

④ 通过对象调用相应方法来设置框架对象的标题及图标。

⑤ 通过对象调用相应方法来设置框架对象的尺寸大小、屏幕位置、前景色、背景色、布局管理等特性。

⑥ 通过对象调用相应方法或设置属性，改变框架对象默认的不可见状态，使它能够在桌面上显示出来。

⑦ 启动事件处理机制，为框架对象设置关闭应用程序的功能。

例 12-1 创建一个标题为"登录"、背景为蓝色、300×500 像素的框架窗口。

方法一：Frame 对象作为用户类的数据成员

```
package myJavaPro;
import java.awt. * ;                        //导入 java.awt 包
public class UserRegisterGUI {
    public static void main(String[] args) {
        Frame myFrame = new Frame();
        myFrame.setTitle("注册");
```

```
        myFrame.setSize(300,200);
        myFrame.setBackground(Color.blue);
        myFrame.setVisible(true); }
}
```

方法二:通过用户类继承 Frame 类来实现

```
package myJavaPro;
import java.awt.*;                            //导入 java.awt 包
public class UserRegisterGUI extends Frame {
    public static void main(String[] args) {
        UserRegisterGUI myFrame = new UserRegisterGUI();
        myFrame.setTitle("注册");
        myFrame.setSize(300,500);
        myFrame.setBackground(Color.blue);
        myFrame.setVisible(true); }
}
```

(3) 对话框容器组件 Dialog 类。

- Dialog 对话框的作用

Window 类另一个重要的子类 Dialog,常用来显示一个弹出式的信息窗口;该窗口具有标题与边框,一般没有菜单条与工具栏,窗口位置能够移动,但不支持尺寸的缩放。

Dialog 作为容器组件,能够为其他 GUI 组件提供安置空间;它的默认布局管理器为 BorderLayout;将组件添加到 Dialog 对象,要使用 add()方法。

Frame 组件能够独立作为应用程序的顶级窗口,为应用程序提供主界面;而 Dialog 组件需要在其他主窗口存在的基础上,弹出一个临时窗口,充当人机交互操作的辅助窗口,用来显示附加信息,或接收用户输入的信息。

- Dialog 对话框类的类型

Dialog 窗口具有非模态(modeless)与模态(modal)两种类型。

非模态对话框:指这种状态下,它不阻塞其他窗口的活动,它和其他窗口可以交替进行各自的操作。

模态对话框:指这种状态下,它以互斥的策略独占系统资源,限制其他窗口的活动;在自身显示时,禁止用户操作其他窗口。

- Dialog 对话框类的主要方法

Dialog 对话框类的主要方法见表 12-3。

表 12-3 Dialog 对话框类的主要方法

方 法 原 型	方法的功能描述
Dialog(TopContainer owner)	构造方法,创建一个由参数 owner 指定其属主属性的初始状态为无标题且不可见的非模态对话框对象
Dialog(TopContainer owner,String title)	构造方法,创建一个由参数指定其属主属性和标题属性的初始状态不可见的非模态对话框对象
Dialog(TopContainer owner, String title, Boolean modal)	构造方法,创建由参数指定属主、标题、模态模式三类属性的对话框对象

续表

方法原型	方法的功能描述
boolean isModal()	获取并返回当前对话框对象是否为模态模式,返回 true 则表明对象为模态模式,返回 false 为非模态模式
void setModal(Boolean modal)	指定当前对话框对象是否为模态模式
Dialog.ModalityType getModalityType()	获取并返回当前对话框对象的模态模式

例 12-2 创建一个模态对话框。

```
package myJavaPro;
import java.awt.*;                          //导入 java.awt 包
public class UserRegisterGUI extends Frame {
    public static void main(String[] args) {
        UserRegisterGUI myFrame = new UserRegisterGUI();
        myFrame.setBounds(100,100,300,200);
        Dialog dlgModal = new Dialog(myFrame,"Message",true);
        dlgModal.setBounds(125,150,250,100);
        dlgModal.add(new Label("这是一个模态对话框"));
        myFrame.setVisible(true);
        dlgModal.setVisible(true); }
}
```

图 12-2 模态对话框

运行结果如图 12-2 所示。

(4) 面板容器组件 Panel 类。

Panel 类主要用来为基本的 GUI 组件提供容器空间,并为这些容器提供一个分类、分组的手段。Panel 类无法独立担当应用程序界面的顶端窗口,它必须放置在 Window、Frame 和 Dialog 这三种可以作为顶级窗口的容器组件内才能被显示出来。

Panel 对象确定了一个矩形区域,该区域能够容纳其他的 GUI 组件(甚至也包括自身的类对象),并以特定的背景与边框,显示到顶级窗口对象中。

Panel 类具有一个重要的 Applet 子类,该类主要支持 Web 浏览器窗口应用程序的构建。系统为 Panel 对象指定的默认布局管理器为 FlowLayout。值得说明一点,在 JDK 9 发布后,基于 Web 应用程序的开发不再推荐使用 applet。也就是说 JDK 9 废弃了整个 applet API,建议使用 Java Web Start 在 Internet 上部署应用程序。

向 Panel 对象中加入各类 GUI 组件要使用 add()方法。

生成 Panel 对象要采用以下两种构造方法之一。

- Panel():无参构造方法,创建一个采用 FlowLayout 指定布局管理器的面板对象;
- Panel(Layout Manager layout):创建一个采用参数指定布局管理器的面板对象。

例 12-3 创建一个黄色面板和一个青色面板,将它们并排添加到标题为 Panel Usage Demo、大小为 270×200 像素的框架窗口内。

```
package myJavaPro;
import java.awt.*;                          //导入 java.awt 包
public class UserRegisterGUI extends Frame{
    public static void main(String[] args){
```

```
        UserRegisterGUI myFrame = new UserRegisterGUI();
        myFrame.setTitle("Panel 组件");
        myFrame.setSize(270,200);
        myFrame.setLayout(null);
        Panel yellowPanel = new Panel();
        yellowPanel.setBounds(20,50,100,120);
        yellowPanel.setBackground(Color.yellow);
        Panel cyanPanel = new Panel();
        cyanPanel.setBounds(150,50,100,120);
        cyanPanel.setBackground(Color.cyan);
        myFrame.add(yellowPanel);
        myFrame.add(cyanPanel);
        myFrame.setVisible(true); }
}
```

运行结果如图 12-3 所示。

(5) 滚动窗格 ScrollPane 类。

ScrollPane 类称为滚动窗格类，用来提供具有滚动窗口特征的容器；与 Panel 类类似，它也不能单独使用，必须将自身添加到顶层容器中。ScrollPane 类中无布局管理器，且每个 ScrollPane 对象只能直接容纳一个组件；如果要安置多个组件时，需要通过间接的方法实现，即先把这些组件放置到一个 Panel 对象中，然后把这个 Panel 对象作为一个组件，放置到 ScrollPane 提供的容器中。具体实例将在后面的章节中介绍，这里不再赘述。

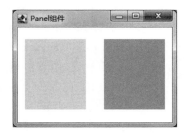

图 12-3　Panel 面板组件窗口

12.1.4　AWT 基本组件

Java 语言提供了设计图形用户界面所需要的基本组件，这些组件全部包含在 java.awt 包中，同时也提供了 Swing 高级组件，这些组件全部包含在 javax.swing 包中，是 Java 基础类库的一个组成部分。利用以上组件可以设计出功能强大的 GUI 软件。组件是构成 GUI 的基本要素，通过对不同事件的响应来完成人机交互或者组件之间的交互，组件一般作为一个对象放置在容器中，容器就是容纳和排列组件的对象，如 Applet、Panel、Frame 等，容器利用 add 方法将组件加入进来。

1. 基本组件概述

(1) 基本组件的作用。

基本组件具有一定的形状、位置与尺寸大小，有自己的属性与方法，用 new 调用所属类的构造方法来创建自身对象；基本组件无法独立存在于应用程序中，它们必须放置在容器组件中，并随着容器窗口一起显示。

(2) 基本组件的通用方法。

- setLocation(int x,int y)：设置组件在容器中的位置。
- setSize()：设置组件大小。

- setBounds(x,y,width,height)：设置组件在容器中的位置与大小。
- setForeground()：设置组件前景色。
- setBackground()：设置组件背景色。
- setLayout(null)：关闭容器的布局管理器。

2. 标签组件 Label

(1) Label 组件的作用。

Label 是最简单的 AWT 组件，一般用于提示信息的显示，用来显示单行文本字符串信息，文本是静态的，可以在程序中通过调用 setText()方法来改变显示的文本。

(2) Label 组件的常用方法。

构造方法有以下三种重载形式。

- public Label()：无参构造方法创建一个空白内容的标签。
- public Label(String content)：创建一个以 content 参数为初始显示内容的标签。
- public Label(String content, int alignment)：创建以 content 为内容的标签，alignment 为整型常量，控制文本的对齐方式。alignment 一般取值：左对齐常量 Label.LEFT，右对齐常量 Label.RIGHT，居中对齐常量 Label.CENTER。（说明：Label 组件的默认对齐方式为左对齐。）

(3) Label 组件的其他常用方法。

Label 组件类的常用方法见表 12-4。

表 12-4 Label 组件类的常用方法

方 法 原 型	方法的功能描述
String getText()	获取并返回标签的文本字符串
void setText(String text)	设置标签的文本内容
int getAlignment()	获取并返回标签文本内容的对齐方式
void setAlignment(int align)	设置标签文本内容的对齐方式
Demension getSize()	获取并返回标签尺寸
void setSize(int width,int height)	设置标签尺寸
Point getLocation()	获取并返回标签位置坐标
void setLocation(int x,int y)	设置标签位置坐标
void setBounds(int x,int y,int width,int height)	设置标签位置及尺寸
void setForeground(Color c)	设置标签的前景颜色（即标签文本的颜色）
void setBackground(Color c)	设置标签的背景颜色

例 12-4 创建大小相同、背景色不同、显示内容与文本的对齐方式各不相同的三个标签，并将它们左端对齐，竖向排列在一个 300×500 像素大小的窗口内。

```
package myJavaPro;
import java.awt.*;                       //导入 java.awt 包
public class UserRegisterGUI extends Frame {

    public static void main(String[] args) {
        UserRegisterGUI myFrame = new UserRegisterGUI();
```

```
            myFrame.setLayout(null);            //取消 Frame 内的原有布局

            Label myLabel1 = new Label();
            myLabel1.setText("The first Label");
            myLabel1.setBounds(50,50,200,30);
            myLabel1.setBackground(Color.CYAN);
            Label myLabel2 = new Label();
            myLabel2.setText("The Second Label");
            myLabel2.setBounds(50,100,200,30);
            myLabel2.setBackground(Color.RED);

            Label myLabel3 = new Label();
            myLabel3.setText("The Three Label");
            myLabel3.setBounds(50,150,200,30);
            myLabel3.setBackground(Color.YELLOW);

            myFrame.add(myLabel1);
            myFrame.add(myLabel2);
            myFrame.add(myLabel3);

            myFrame.setSize(300,200);
            myFrame.setVisible(true);
        }
    }
```

运行结果如图 12-4 所示。

3．按钮组件 Button

用户单击按钮时，AWT 事件处理系统将向按钮发送一个 ActionEvent 事件对象，如果应用程序需要对此作出响应，就必须为按钮注册事件监听器 ActionListener 并实现 actionPerformed 方法。

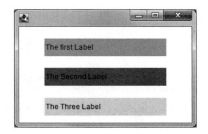

图 12-4　标签组件 Label 的应用

（1）构造方法。

```
public Button();                        //建立一个无标签的按钮
public Button(String label);            //建立有标签的按钮
```

（2）常用方法。

```
public String getLabel();               //返回按钮标签
public void setLabel(String label);     //设置按钮标签
```

例 12-5　创建四个大小相同的 60×30 像素的按钮，依照其标题的意义分别安置到上、下、左、右四个方位，使它们呈十字形，并对称地排放到 280×270 像素的窗口中心。

```java
package myJavaPro;
import java.awt.*;                      //导入 java.awt 包
public class UserRegisterGUI extends Frame {

    public static void main(String[] args) {
```

```
        UserRegisterGUI myFrame = new UserRegisterGUI();
        myFrame.setLayout(null);            //关闭窗口对象的布局管理器
        //生成带有标题的上、下、左、右四个按钮对象并设置其位置与尺寸
        Button btn4Up = new Button("UP");
        btn4Up.setBounds(110,60,60,30);
        Button btn4Down = new Button("DOWN");
        btn4Down.setBounds(110,180,60,30);
        Button btn4Left = new Button("LEFT");
        btn4Left.setBounds(50,120,60,30);
        Button btn4Right = new Button("RIGHT");
        btn4Right.setBounds(170,120,60,30);
        //将四个按钮对象添加到窗口容器中
        myFrame.add(btn4Up);
        myFrame.add(btn4Down);
        myFrame.add(btn4Left);
        myFrame.add(btn4Right);
        myFrame.setSize(280,270);
        myFrame.setVisible(true);}
}
```

图 12-5　按钮组件 Button 的应用

运行结果如图 12-5 所示。

4. 文本组件 TextComponent

文本组件 TextComponent 提供了对文本字符串输入、显示、选择与编辑的功能，并能够实现对文本事件的监听。Java 中用于文本处理的基本组件有两种：文本域组件（单行文本框）TextField 和文件区组件（多行文本区域）TextArea，它们都是 TextComponent 的子类。

这两个子类继承的常用方法如表 12-5 所示。

表 12-5　TextComponent 类的常用方法

方 法 原 型	方法的功能描述
String getText()	获取并返回文本组件的文本字符串
void setText(String text)	设置文本组件的文本内容
Color getBackground()	获取并返回文本组件的文本背景颜色
void setBackground(Color)	设置文本组件的前景颜色
String getSelectedText()	获取并返回文本组件被选中的文本内容
void select(int seleStart,int seleEnd)	选中参数指定的起始位置与终止位置之间的文本组件的内容字符串
void selectAll()	全部选中文本组件的文本字符串
void setEditable(Boolean flag)	设置是否允许用户编辑文本组件的内容
boolean isEditable()	通过返回的逻辑值表明文本组件的内容是否允许编辑

（1）文本域组件 TextField。

TextField 对象为单行文本框，只显示一行文字，用户可以在该区域中进行输入、修改等

操作,并允许通过键盘或鼠标进行内容的选定、复制、剪切和粘贴等编辑操作。

TextField 组件的常用方法如表 12-6 所示。

表 12-6 TextField 组件的常用方法

方 法 原 型	方法的功能描述
TextField(int colWidth)	构造方法,创建一个显示宽度为参数值且内容为空串的文本域对象
TextField(String text, int colWidth)	构造方法,创建一个指定内容与指定宽度的文本域对象
int getColumns()	获取并返回文本域的列宽值
void setColumns(int colWidth)	设置文本域的列宽为指定的参数值
char getEchoChar()	获取并返回文本域的屏幕回显字符
void setEchoChar(char c)	设置文本域的屏幕回显字符,当文本域作为密码输入框时,常将回显字符设置为星号;当 echoChar=0 时,字符将原样显示

例 12-6 实现如图 12-6 所示的身份验证界面。其中窗口大小为 300×200 像素,标签尺寸为 70×20 像素,文本域尺寸为 100×20 像素,按钮尺寸为 100×30 像素。

图 12-6 使用 TextField 组件实现简单的用户登录界面

实现功能的参考代码如下:

```
package myJavaPro;
import java.awt.*;                              //导入 java.awt 包
public class UserRegisterGUI extends Frame {
    public static void main(String[] args) {
        UserRegisterGUI myFrame = new UserRegisterGUI();
        myFrame.setLayout(null);
        myFrame.setTitle("登录");
        Label lblName = new Label("UserName:");
        lblName.setBounds(60,50,70,20);
        TextField txtName = new TextField();
        txtName.setBounds(135,50,100,20);
        //用户口令栏目对应的标签与文本域组件设置
        Label lblPass = new Label("Password:");
        lblPass.setBounds(60,90,70,20);
        TextField txtPass = new TextField();
        txtPass.setEchoChar('*');                //设置输入密码的文本域的回显字符
        txtPass.setBounds(135,90,100,20);
        //设置命令按钮
        Button btnVerify = new Button("ID Validate");
        btnVerify.setBounds(100,140,100,35);
        //将各类组件添加到窗口容器内
```

```
            myFrame.add(lblName);
            myFrame.add(txtName);
            myFrame.add(lblPass);
            myFrame.add(txtPass);
            myFrame.add(btnVerify);
            //设置窗口的位置并将它显示出来
            myFrame.setLocation(200,100);
            myFrame.setSize(300,200);                //设置窗口对象尺寸
            myFrame.setVisible(true);}
    }
```

(2) 文件区组件 TextArea。

文件区组件 TextArea 提供了一个具有多行、多列文本输入区，水平、垂直滚动条的文本工具；它除了具有 TextField 组件的功能之外，还提供了这些功能：在文本尾部追加内容的方法 append()；在文本任意位置插入内容的方法 insert()；替换某些字符串的方法 replaceRange()。文件区组件 TextArea 的常用方法如表 12-7 所示。

表 12-7 文件区组件 TextArea 的常用方法

方 法 原 型	方法的功能描述
TextArea()	无参构造方法，创建一个内容为空并同时具有水平与垂直滚动条的文本区对象
TextArea(String text)	构造方法，创建由参数指定显示内容并带滚动条的文本区对象，参数为 null 时文本区对象内容为空串
TextArea(int rows,int columns)	构造方法，创建指定显示字符行数与列数且内容为空串的带滚动条的文本区对象
TextArea(String text,int rows,int columns)	构造方法，创建一个指定内容，指定行、列数的带滚动条的文本区对象
TextArea(String text,int rows,int columns,int scrollbars)	构造方法，创建一个指定内容，指定行、列数，指定滚动条类型的文本区对象
void append(String text)	将参数指定的字符串追加到文本区对象的当前内容之后
void insert(String text,int pos)	将参数指定的字符串插入到文本区对象内容的指定位置处
void replaceRange(String text,int startPos,int endPos)	用参数指定的字符串来替换文本区对象内容的子串；子串范围由起始位置 startPos 和结束位置 endPos 的值定义

例 12-7 如图 12-7 所示，在 300×200 像素的窗口中心位置安置一个大小为 260×140 像素的文本域组件，组件的初始化内容为泰戈尔的一首诗，并选取中间的三行诗句。

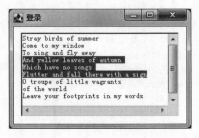

图 12-7 多行文本域 TextArea 组件的应用

实现功能的参考代码如下:

```java
package myJavaPro;
import java.awt.*;                              //导入 java.awt 包
public class UserRegisterGUI extends Frame{
    public static void main(String[] args){
        UserRegisterGUI myFrame = new UserRegisterGUI();
        myFrame.setLayout(null);
        myFrame.setTitle("登录");
        myFrame.setBounds(100,100,300,200);
        TextArea txtPoem = new TextArea("Stray birds of summer\n");
        txtPoem.append("Come to my window\nTo sing and fly away\n");
        txtPoem.append("And yellow leaves of autumn\nWhich have no songs\n");
        txtPoem.append("Flutter and fall there with a sign\nO troupe of little vagrants\n");
        txtPoem.append("of the world\nLeave your footprints in my words\n");
        //setting the properties of TextArea object
        txtPoem.setForeground(Color.RED);
        txtPoem.setBounds(20,40,260,140);
        txtPoem.select(61,143);
        myFrame.add(txtPoem);
        myFrame.setVisible(true);
    }
}
```

5. 使用 Checkbox 组件实现复选和单选功能

在早期的 java.awt 包中,Checkbox 组件既可以实现复选框功能,也可以实现单选按钮的功能。

(1) 使用 Checkbox 组件实现复选框。

当需要 Checkbox 组件实现复选框功能时,复选框是一种带有关联文本标签的图形化组件,该组件通过一个可勾选的方框,提供了一种在两种状态之间相互转换的开/关操作。当该组件被选中时,其状态值为 true,否则为 false。

复选框组件 Checkbox 的常用方法如表 12-8 所示。

表 12-8 复选框组件 Checkbox 的常用方法

方法原型	方法的功能描述
Checkbox()	无参数构造方法,创建一个空白标签且初始化状态为 Off 的复选框对象
Checkbox(String text)	构造方法,创建由参数指定标签且初始化状态为 Off 的复选框对象,参数为 null 时标签为空字符串
Checkbox(String text,boolean state)	构造方法,创建由参数指定标签内容及初始化状态的复选框对象,参数为 null 时标签为空字符串
String getLabel()	获取并返回复选框对象的标签内容
void setLabel(String text)	将参数指定的字符串设置为复选框对象的标签内容
boolean getState()	根据复选框对象是否处于选中状态返回一个逻辑值
void setState(boolean state)	按逻辑参数值设置复选框对象的状态,参数为 true 时对象将处于选中状态

(2) 使用 Checkbox 组件实现单选按钮。

Checkbox 只能提供"二选一"的机制,要想实现"多选一",可以选择单选按钮组。当需要 Checkbox 组件实现单选按钮的功能时,单选按钮组是一组 Checkbox 的集合,用 CheckboxGroup 类的对象表示。AWT 包中并未定义相应的 RadioButton 类,单选按钮是由 Checkbox 类在 CheckboxGroup 组件的控制下,创建出来的一种特殊的选择工具。

- 单选按钮组件的常用方法

单选按钮的选择是互斥的,即当用户选中了组中的一个按钮后,其他按钮将自动处于未选中状态。CheckboxGroup 提供了将多个复选框分组为一个互斥集合的方法,常用方法如表 12-9 所示。

表 12-9 单选按钮组件 CheckboxGroup 的常用方法

方法原型	方法的功能描述
CheckboxGroup()	无参构造方法,创建一个复选框对象
Checkbox getSelectedCheckbox()	获取并返回复选框组中当前处于选中状态的 Checkbox 对象,如果没有 Checkbox 被选中,方法返回 null
void setSelectedCheckbox(Checkbox box)	将参数指定的 Checkbox 对象设置为选中状态

- 生成一组单选按钮的步骤

① 生成一个 CheckboxGroup 对象,假定对象命名为 radioBtnGrp。

② 使用 Checkbox 类的构造方法 Checkbox() 生成若干个复选框对象。

③ 对每个复选框对象,通过 Checkbox 类的 setCheckboxGroup(radioBtnGrp) 方法,指定它们共同的 CheckboxGroup 对象,从而将它们转换为一组单选按钮。

例 12-8 如图 12-8 所示,在原有用户登录界面基础上使用 Checkbox 组件添加复选框和单选按钮的功能。

图 12-8 使用 Checkbox 组件实现复选和单选功能的应用

实现功能的参考代码如下:

```
package myJavaPro;
import java.awt.*;                    //导入 java.awt 包
```

```java
public class UserRegisterGUI extends Frame {
    public static void main(String[] args) {
        UserRegisterGUI myFrame = new UserRegisterGUI();
        myFrame.setLayout(null);
        myFrame.setTitle("登录");

        Label lblName = new Label("登录名称:");
        lblName.setBounds(60,50,70,20);
        TextField txtName = new TextField();
        txtName.setBounds(135,50,100,20);
        //用户口令栏目对应的标签与文本域组件设置
        Label lblPass = new Label("登录密码:");
        lblPass.setBounds(60,90,70,20);
        TextField txtPass = new TextField();
        txtPass.setEchoChar('*');               //设置输入密码的文本域的回显字符
        txtPass.setBounds(135,90,100,20);

        Label lblFruit = new Label("我喜欢的水果:");
        lblFruit.setBounds(60,130,90,20);
        //添加复选框组件
        Checkbox chkApple = new Checkbox("苹果");
        chkApple.setBounds(60, 170, 60, 20);
        Checkbox chkOrange = new Checkbox("橘子");
        chkOrange.setBounds(130, 170, 60, 20);
        Checkbox chkPotato = new Checkbox("土豆");
        chkPotato.setBounds(200, 170, 60, 20);
        //添加单选按钮组
        Label lblSex = new Label("性别:");
        lblSex.setBounds(60,210,50,20);
        CheckboxGroup sexGroup = new CheckboxGroup();
        Checkbox chkSexMale = new Checkbox("男");
        Checkbox chkSexFemale = new Checkbox("女");
        chkSexMale.setCheckboxGroup(sexGroup);
        chkSexFemale.setCheckboxGroup(sexGroup);
        chkSexMale.setBounds(130, 210, 60, 20);
        chkSexFemale.setBounds(200, 210, 60, 20);
        //设置命令按钮
        Button btnVerify = new Button("登录");
        btnVerify.setBounds(160,240,100,35);
        //将各类组件添加到窗口容器内
        myFrame.add(lblName);         myFrame.add(txtName);
        myFrame.add(lblPass);         myFrame.add(txtPass);
        myFrame.add(lblFruit);        myFrame.add(chkApple);
        myFrame.add(chkOrange);       myFrame.add(chkPotato);
        myFrame.add(lblSex);          myFrame.add(chkSexMale);
        myFrame.add(chkSexFemale);       myFrame.add(btnVerify);
        //设置窗口的位置并将它显示出来
        myFrame.setLocation(200,100);
        myFrame.setSize(300,300); myFrame.setVisible(true);}
}
```

6. 选择框组件 Choice

下拉列表也是"多选一"的输入界面。与单选按钮组利用单选按钮把所有选项列出的方法不同，下拉列表的所有选项被折叠收藏起来，只显示最前面的或被用户选中的一个。如果希望看到其他选项，只需单击下拉列表右边的下三角按钮即可下拉出一个罗列了所有选项的长方形区域。

选择框组件 Choice 的常用方法如表 12-10 所示。

表 12-10　选择框组件 Choice 的常用方法

方　法　原　型	方法的功能描述
Choice()	无参构造方法，创建一个初始列表为空的选择框对象，可用 add() 或 addItem() 方法选择项目
void add(String item)	为选择框对象添加一个项目
void insert(String item, int index)	将参数 item 指定的项目插入列表的指定位置 index 处
void remove(String item)	从选择框对象的列表中删除与参数值相匹配的首个项目
void remove(int position)	从选择框对象的列表中删除指定位置处的项目
void removeAll()	清空选择框对象的列表
void select(String text)	将列表中与参数相匹配的首个 String 项目设置为选中状态
void select(int index)	将列表中与参数相匹配的首个 int 项目设置为选中状态
String getSelectedItem()	获取并返回列表中当前处于选中状态的项目值（字符串）
int getSelectedIndex()	获取并返回选择框列表中当前处于选中状态的项目索引值

例 12-9　如图 12-9 所示，在 250×200 像素的窗口中建立一个列有世界文学名著书目的选择框，用户可以从中选择个人最喜爱的一本著作。

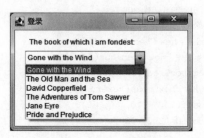

图 12-9　Choice 控件的应用

实现功能的参考代码如下：

```
package myJavaPro;
import java.awt.*;                              //导入 java.awt 包
public class UserRegisterGUI extends Frame {
    public static void main(String[] args) {
        UserRegisterGUI myFrame = new UserRegisterGUI();
        myFrame.setLayout(null);
        myFrame.setTitle("登录");
        Label lblDepiction = new Label("The book of which I am fondest:");
        lblDepiction.setBounds(30,40,200,20);
        //使用 Choice 控件并添加书名
```

```
        Choice chcBook = new Choice();
        chcBook.setLocation(25,65);
        chcBook.add("Gone with the Wind");
        chcBook.add("The Old Man and the Sea");
        chcBook.add("David Copperfield");
        chcBook.add("The Adventures of Tom Sawyer");
        chcBook.add("Jane Eyre");
        chcBook.add("Pride and Prejudice");
        myFrame.add(lblDepiction);
        myFrame.add(chcBook);
        myFrame.setSize(300,200);              //设置窗口对象尺寸
        myFrame.setVisible(true);}
    }
```

7. 列表框组件 List

List 一次可以选中多个选项，List 外观是一个带有滚动条的单一项目列表，而没有对应的 Choice 文本域，因此 List 组件只提供列表选择功能，不支持用户直接输入新项目的功能。

列表框组件 List 的方法如表 12-11 所示。

表 12-11　列表框组件 List 的常用方法

方 法 原 型	方法的功能描述
List()	无参构造方法，创建一个只支持单行选择的滚动列表框对象
List(int rows)	创建指定可见选项行数的列表框对象，默认情况下不支持多行选择
List(int rows,boolean multipleMode)	为列表框对象指定可见选项行数并定制项目选择方式的构造方法
void add(String item,int index)	在参数 index 指定的索引位置插入参数 item 指定的项目
void replaceItem（String newValue,int index)	将列表中参数 index 指定的索引位置的项目值替换为参数 newValue 的值
int getItemCount()	获取并返回列表中的项目数
String getItem(int index)	获取并返回列表中参数 index 指定的索引位置处的那个项目
String[] getItems()	获取并返回由列表中所有项目名称组成的字符串数组

例 12-10　如图 12-10 所示，在当前窗口中放置一个显示内容为中国四大文学名著的列选框，用户可以从列表中选中一个或多个选项。这四部著作是汉语文学史中的经典著作，其故事、场景、人物深深地影响了中国人的思想观念、价值取向，有着很高的文学水平和艺术成就，其细致的刻画和所蕴含的深刻思想都为历代读者所称道，是当代大学生必读的作品。

图 12-10　列表框组件 List 的应用

实现功能的参考代码如下：

```
package myJavaPro;
import java.awt.*;                          //导入 java.awt 包
public class UserRegisterGUI extends Frame{
```

```java
    public static void main(String[] args){
        UserRegisterGUI myFrame = new UserRegisterGUI();
        myFrame.setLayout(null);
        Label lblDepiction = new Label("中国古典四大文学名著:");
        lblDepiction.setBounds(30,30,150,30);
        //创建 List 类的实例对象并增加中国古典四大名著的表项
        List lstWork = new List(4,true);
        lstWork.add("«三国演义»");lstWork.add("«西游记»");
        lstWork.add("«水浒传»");lstWork.add("«红楼梦»");
        lstWork.setForeground(Color.RED);
        lstWork.setBackground(Color.CYAN);
        lstWork.setBounds(55,60,80,70);
        myFrame.add(lblDepiction);
        myFrame.add(lstWork);
        myFrame.setSize(200,150); myFrame.setVisible(true);}
}
```

12.2 使用 Swing 框架创建 GUI 图形用户界面

Java 1.0 中首次推出了 AWT,其设计目标是构建一个通用的 GUI,希望借助于 AWT 能使 Java 编写的程序运行在所有的平台之上。但实际上,AWT 编写的程序在不同的平台上显示出不同的效果。1998 年 Sun 推出了 Java 1.2 版,设计了新用户界面库 Swing 包,即 javax.swing 包。虽然 Swing 定义了优于 AWT 的 GUI 框架,但是 Swing 并没有取代 AWT,因为 Swing 建立在 AWT 提供的基础上,AWT 依然是 Java 的重要组成部分。

12.2.1 Swing 包的优势

作为第二代 GUI 开发工具集,相对于 AWT 而言,Swing 具有以下优点:
- Swing 组件完全由纯 Java 语言实现,没有本地代码,不依赖于具体平台的支持,功能更强大,具有更好的平台无关性。

Swing 组件都是轻量级的,组件完全用 Java 编程。这种独立于本地平台的 Swing 组件被称为轻量级(Light Weight)组件。而 AWT 组件通过依赖于具体平台的本地对等组件类来实现,这些组件在它们自己的本地不透明窗口中绘制,由本地平台负责显示,因此不同的操作系统下显示出来的外观可能会有所不同,这种缺乏平台独立性,依赖于本地平台的 AWT 组件称为重量级(Heavy Weight)组件。
- Swing 程序中可以指定 GUI 组件的 Look and Feel,真正做到与平台无关。
- Swing 组件提供了许多 AWT 组件无法实现的功能,如 Swing 组件可以显示图像与图标,支持边框、标题及 tooltips 等。
- Swing 除具有与 AWT 原有组件类似的组件外,还增加了一个丰富的高层组件集合,集合中集成了诸如表格(JTable)、树(JTree)等组件。

12.2.2 Swing 包的体系结构

Swing 的体系结构中采用了 MVC 设计模式,将 M 和 V 的实现代码分离,使同一个程序可以采用不同的表现形式。MVC 将应用程序分为三个功能既相互独立、又相互关联的对象。

模型(Model)功能是维护数据的逻辑表达,并提供访问数据的方法。视图(View)是模型数据的可视化表达,用于图形化表达模型中数据的全集或子集的可视数据集,向用户提供数据的可视化版本。控制器(Controller)用于处理外界的输入与事件,描述模型如何响应事件。

在模型发生变动时,模型会通知所有依赖于该模型的视图,视图通过控制器响应事件的机制来更新自身,以反映模型的变动,MVC 体系结构如图 12-11 所示。

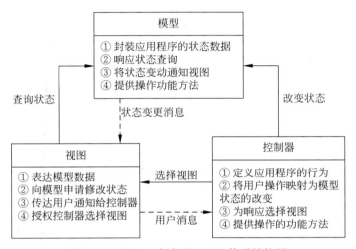

图 12-11 Swing 框架的 MVC 体系结构图

12.2.3 Swing 组件的层次结构

Swing GUI 组件类有一个共同的基类 JComponent,JComponent 由 AWT 的容器类 Container 扩展而来。Swing 组件类分为图形用户界面组件(GUI 组件类)和非图形用户界面组件(非 GUI 组件类)两种类型,通过 javax.swing 包导入,图 12-12 反映了 Swing 框架中基本组件类之间的继承关系。

1. GUI 类组件

GUI 类是可视的,对应于 Swing 的 GUI 组件,它们由 JComponent 继承而来,因此称为 J 类,这些类的类名首字母一律为 J。Swing 包中许多 GUI 类与 AWT 的组件类是等价的,在命名形式上仅差一个字母 J;即 Swing 组件类的名称是在 AWT 类名前加一个大写字母 J。Swing 的 GUI 组件类位于包 javax.swing 中,开发应用程序时,首先要导入该包,然后才能使用 Swing 的组件。

2. 非 GUI 类组件

非 GUI 类为 GUI 类提供服务,并执行一些相关的功能;它们只起支持作用,而不产生任何可视化的输出。非 GUI 类的典型例子是 Swing 的事件处理类,这些类位于 javax.

swing.event 包中。

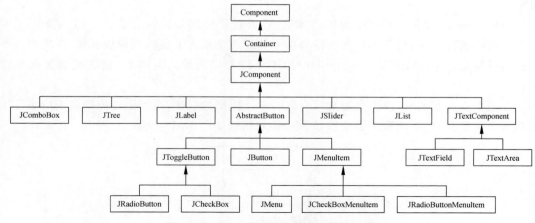

图 12-12 Swing 包中的类及其继承关系

12.2.4　Swing 包中的基本组件

Swing 组件名称与 AWT 组件名称基本相同，但在 AWT 组件名称的前面加上字母 J 作为标志，如在 AWT 中按钮是 Button，而在 Swing 中的名称是 JButton。Swing 提供了 40 多个组件，其组件名均以 J 开头。

1. 标签组件（JLabel 类）

标签组件是一种最简单的组件，它提供了在应用程序界面中显示不可修改文本的方法；在使用 JLabel 对应的构造方法构造标签对象后，利用 JPanel 类的 add()方法添加到面板上即可。

JLabel 类的构造方法有以下 6 个。

- JLabel()：创建一个没有图像和文字的空 JLabel 对象。
- JLabel(Icon image)：使用指定的图像创建一个 JLabel 对象。
- JLabel(Icon image,int horizontalAlignment)：使用指定的图像和水平对齐方式创建一个 JLabel 对象。
- JLabel(String text)：使用指定的文本串创建一个 JLabel 对象。
- JLabel(String text,Icon image,int horizontalAlignment)：使用指定的文本串、图像和水平对齐方式创建一个 JLabel 对象。
- JLabel(String text,int horizontalAlignment)：使用指定的文本串和水平对齐方式创建一个 JLabel 对象。

JLabel 类的常用方法如下。

- getText()方法：获取标签框内显示的文本。
- setText(String text)方法：设置标签框内显示的文本。
- setIcon(Icon image)方法：设置标签框内显示的图像图标。
- setToolTipText(String text)方法：设置当鼠标停留在标签框上时显示的提示信息。

- setDisplayedMnemonic(char achar)方法：指定一个字符作为快捷键。

例 12-11 下面的代码创建 JLabel 静态文本标签。

```
package myJavaPro;
import javax.swing.*;                    //导入 java.swing 包
public class UserRegisterGUI extends JFrame {
    JPanel panel;   JLabel lblUserName,lblPassword;
    public UserRegisterGUI(){
        super("注册");    panel = new JPanel();
        lblUserName = new JLabel("名称");   lblPassword = new JLabel("密码");
        panel.add(lblUserName);    panel.add(lblPassword);
        this.getContentPane().add(panel);
        this.setDefaultCloseOperation(JFrame.EXIT_ON_CLOSE);
        this.setSize(300, 500); this.setVisible(true);}
    public static void main(String[] args) {
        new UserRegisterGUI();}
}
```

2. 按钮组件（JButton 类）

按钮是用于触发特定动作的组件，用户可以根据需要创建纯文本的或带图标的按钮。按钮对象创建完成后，通过使用 JPanel 对象的 add()方法添加到面板上，然后启用事件监听来响应用户的操作功能。

JButton 类的构造方法有以下 4 个。

- JButton()：创建一个没有文字与图标内容的 JButton 对象。
- JButton(String text)：创建一个具有指定标签的 JButton 对象。
- JButton(Icon icon)：创建一个具有指定图标内容的 JButton 对象。
- JButton(Icon icon,String text)：创建一个具有指定标签和图标的 JButton 对象。

JButton 类的常用方法如下。

- getText()方法：获取按钮的标签。
- setText(String text)方法：设置按钮的标签文字。
- setIcon(Icon icon)方法：设置按钮的图像图标。
- setToolTipText(String text)方法：设置当鼠标停留在按钮上时显示的提示信息。
- setMnemonic(char ch)方法：设置按钮的快捷键字符。
- setEnable(Boolean flag)方法：设置按钮的有效性。

例 12-12 下面的代码在界面上创建一个"注册"按钮。

```
package myJavaPro;
import javax.swing.*;   //导入 java.swing 包
public class UserRegisterGUI extends JFrame{
    JPanel panel;
    JLabel lblUserName,lblPassword;
    JButton btnRegister;
    public UserRegisterGUI(){
        super("注册"); panel = new JPanel();
        lblUserName = new JLabel("名称");
```

```
            lblPassword = new JLabel("密码");
            btnRegister = new JButton("注册");
            panel.add(lblUserName);panel.add(lblPassword);panel.add(btnRegister);
            this.getContentPane().add(panel);
            this.setDefaultCloseOperation(JFrame.EXIT_ON_CLOSE);
            this.setSize(300, 500);this.setVisible(true);}
      public static void main(String[] args){
            new UserRegisterGUI();}
}
```

3．文本框组件类

(1) 单行文本框(JTextField 类)。

JTextField 类用来构造一个单行文本框，接收用户键盘输入的信息，同时可以显示指定文本并允许用户编辑文本。当在文本框内输入完成后，按下回车键时产生 ActionEvent 事件，可以通过 ActionListener 接口中的 actionPerformed()方法进行事件处理。

JTextField 类的构造方法有以下 5 个。
- JTextField()：创建一个没有默认值且列数为 0 的文本编辑框。
- JTextField(Document doc,String text,int columns)：用给定文字的模式、默认值和列数创建一个文本编辑框。
- JTextField(int columns)：用指定的列数创建一个文本编辑框。
- JTextField(String text)：用给定的文字串创建一个文本编辑框。
- JTextField(String text,int columns)：用给定的默认值和列数创建一个文本编辑框。

JTextField 类的常用方法如下。
- getText()方法：获取文本框中的文本字符。
- setText(String text)方法：设置文本框中的文本字符。
- selectAll()方法：选定文本框中的所有文本。
- select(int selectionStart,int selectionEnd)方法：选定指定开始位置到结束位置间的文本字符。
- setEditable(boolean b)方法：设置文本框是否可以编辑。
- setHorizontalAlignment(int alignment)方法：设置文本框中文本的水平对齐方式。

例 12-13 下面的代码用于创建 JTextField 文本框，并将文本框添加到面板。

```
package myJavaPro;
import javax.swing.*;    //导入 java.swing 包
public class UserRegisterGUI extends JFrame{
      JPanel panel;
      JLabel lblTitle,lblUserName,lblPassword;
      JButton btnRegister;
      JTextField tfUserName;
      public UserRegisterGUI(){
            super("注册");
            panel = new JPanel();
```

```
        lblTitle = new JLabel("用户注册");
        lblUserName = new JLabel("名称");
        lblPassword = new JLabel("密码");
        btnRegister = new JButton("注册");
        tfUserName = new JTextField(10);
        panel.add(lblTitle);panel.add(lblUserName);
        panel.add(tfUserName);panel.add(lblPassword);
        panel.add(btnRegister);
        this.getContentPane().add(panel);
        this.setDefaultCloseOperation(JFrame.EXIT_ON_CLOSE);
        this.setSize(300, 500);this.setVisible(true);}
    public static void main(String[] args) {
        new UserRegisterGUI();}
}
```

（2）密码（口令）框 JPasswordField 类。

密码框 JPasswordField 类是 JTextField 类的子类，表示可编辑的单行文本的密码文本组件，允许编辑一个单行文本，但不显示原始字符，以"*"等其他字符来隐藏用户的输入信息，达到保密效果，一般用来输入密码等敏感信息。

JPasswordField 类的构造方法，常用的有以下三个。

- JPasswordField(int columns)：通过指定列数构造一个新的空密码框对象。
- JPasswordField(String text)：通过指定初始化文本构造一个新的空密码框对象。
- JPasswordField(String text,int columns)：通过指定初始化文本和列数构造一个新的空文本框对象。

JPasswordField 类的常用方法如下。

- setEchoChar(char c)方法：设置用来替代实际字符的回显字符。
- getEchoChar()方法：获取用来替代实际字符的回显字符。
- getPassword()方法：获取密码文本框中的字符内容。

例 12-14 使用 JPassword 组件在界面上添加一个密码框，运行结果如图 12-13 所示。

图 12-13　密码框 JPasswordField 组件的应用

实现功能的参考代码如下：

```
package myJavaPro;
import javax.swing.*;                       //导入 java.swing 包
public class UserRegisterGUI extends JFrame {
    JPanel panel;
    JLabel lblTitle,lblUserName,lblPassword;
    JButton btnRegister;
    JTextField tfUserName;
    JPasswordField pfPassword;
```

```java
    public UserRegisterGUI(){
        super("注册");
        panel = new JPanel();
        lblUserName = new JLabel("名称");lblPassword = new JLabel("密码");
        btnRegister = new JButton("注册");tfUserName = new JTextField(10);
        pfPassword = new JPasswordField(10);
        panel.add(lblUserName);panel.add(tfUserName);
        panel.add(lblPassword);panel.add(pfPassword);
        panel.add(btnRegister);
        this.getContentPane().add(panel);
        this.setDefaultCloseOperation(JFrame.EXIT_ON_CLOSE);
        this.setSize(300, 500);this.setVisible(true);}

    public static void main(String[] args){
        new UserRegisterGUI();}
}
```

Swing包提供了多行文本区（JTextArea类）、单选按钮JRadioButton等基本组件，还有列表框组件JList、工具栏JToolBar、菜单栏JMenuBar、菜单JMenu、菜单项JMenuItem、检查框菜单项JCheckBoxMenuItem等高级组件，其用法与swt组件相似，请查阅JDK帮助文档。

12.3 布局管理器

在GUI程序中，组件的位置是由容器的默认布局管理器布置的，当组件很多时，窗口会显得非常凌乱。用户可以通过窗口的缩放进行手工调整，但效果不会很好，最好的方法是运行布局管理器实现自动管理。

Java中设置布局的类也叫布局管理器（LayoutManager），布局管理器是一种类，它们都是从Object类扩展过来的，布局管理器是执行布局管理的特殊对象，它确定容器中的组件是如何组织和管理的。

Java提供了5种布局管理器，对应的类定义在java.awt包中：

- FlowLayout（流布局管理器）
- GridLayout（网格布局管理器）
- BorderLayout（边界布局管理器）
- CardLayout（卡片布局管理器）
- GridBagLayout（网格袋布局管理器）

为了创建容器的布局管理器，可调用setLayout(LayoutManager, layout)方法，而该方法以布局类的实例为参数，所以应先创建相应的布局类的实例，然后为容器指出放置组件要用的布局。一般格式如下所示：

```java
FlowLayout flowlayoutObj = new FlowLayout();
JPanel panelObj = new JPanel(flowlayoutObj);
```

12.3.1 FlowLayout 流布局管理器

FlowLayout 也称为流式布局管理器，流布局管理器以控件加入到容器的次序，按行一个接一个地放置控件，当该布局管理器的控件到达此 JFrame 框架的右边界时，它自动开始在下一行放置控件。特别要说明一点，JPanel 的默认布局管理器为 FlowLayout。

在默认状态下，FlowLayout 管理器使控件对准每一行的中心，其构造函数如下。

- FlowLayout()：创建一个流布局管理器，位置以中心对齐并在组件之间留 5 像素的水平和垂直间隔。
- FlowLayout(int align)：创建一个流布局管理器，位置按所指定的方式对齐并在组件之间留 5 像素的水平和垂直间隔。
- FlowLayout(int align,int hgap,int vgap)：创建一个流布局管理器，位置按所指定的方式对齐并在组件之间按所指定的像素值水平和垂直间隔。

例 12-15 流布局管理器 FlowLayout 组件的使用，运行效果如图 12-14 所示。

图 12-14 流布局管理器的应用

实现功能的参考代码如下：

```
package myJavaPro;
import java.awt.*;
import javax.swing.*;                          //导入 java.swing 包
public class UserRegisterGUI extends JFrame{
    JPanel panel;JLabel lblTitle,lblUserName,lblPassword;
    JButton btnRegister;JTextField tfUserName;
    JPasswordField pfPassword;FlowLayout fl;
    public UserRegisterGUI(){
        super("注册");panel = new JPanel();
        lblUserName = new JLabel("名称");lblPassword = new JLabel("密码");
        tfUserName = new JTextField(10);
        pfPassword = new JPasswordField(10);
        fl = new FlowLayout();                  //实例化流布局管理类对象
        panel.setLayout(fl);                    //将流布局应用到面板上
        btnRegister = new JButton("注册");
        panel.add(lblUserName);panel.add(tfUserName);
        panel.add(lblPassword);panel.add(pfPassword);
        panel.add(btnRegister);
        this.getContentPane().add(panel);
        this.setDefaultCloseOperation(JFrame.EXIT_ON_CLOSE);
        this.setSize(300, 500);this.setVisible(true);}
    public static void main(String[] args) {
        new UserRegisterGUI();}
}
```

12.3.2 GridLayout 网格布局管理器

流布局管理器是 JPanel 默认的布局管理器,也是最简单的布局管理器,但不能控制以创建复杂的框架。网格布局是流布局管理器的扩展,网格布局把面板划分为矩形格子,然后网格布局把创建的组件放入每一个格子,从左到右,从上自下放置。

网格布局与流布局不同的是它按指定的列数自动换行。网格布局管理器和流布局管理器的另一个区别是其组件占满容器所分配的整个区域,当窗口大小改变时,组件大小也随着改变。在默认状态下,GridLayout 管理器使控件对准每一矩形的中心。

GridLayout 的构造符函数有以下三个。

- GridLayout():创建一个默认为 1 行的网格布局管理器,行布局中所有组件大小相同。
- GridLayout(int rows,int cols):创建一个带指定行数和列数的网格布局,组件大小相同。
- GridLayout(int rows,int cols,int hgap,int vgap):创建一个带指定行数、列数、水平与垂直间距的网格布局,组件大小相同。

例 12-16 使用 GridLayout 布局管理器设计出如图 12-15 所示的用户界面。

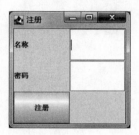

图 12-15 使用 GridLayout 创建一个 3 行 2 列布局的用户界面

实现功能的参考代码如下:

```
package myJavaPro;
import java.awt.*;
import javax.swing.*;                    //导入 java.swing 包
public class UserRegisterGUI extends JFrame {
    JPanel panel;
    JLabel lblTitle,lblUserName,lblPassword;
    JButton btnRegister;
    JTextField tfUserName;
    JPasswordField pfPassword;
    GridLayout gl;
    public UserRegisterGUI(){
        super("注册");
        panel = new JPanel();
        lblUserName = new JLabel("名称");
        lblPassword = new JLabel("密码");
        tfUserName = new JTextField(10);
        pfPassword = new JPasswordField(10);
```

```
            gl = new GridLayout(3,2);          //创建一个3行2列的网格布局管理器
            panel.setLayout(gl);
            btnRegister = new JButton("注册");
            panel.add(lblUserName);panel.add(tfUserName);
            panel.add(lblPassword);panel.add(pfPassword);
            panel.add(btnRegister);
            this.getContentPane().add(panel);
            this.setDefaultCloseOperation(JFrame.EXIT_ON_CLOSE);
            this.setSize(200, 200);
            this.setVisible(true);}
        public static void main(String[] args) {
            new UserRegisterGUI();}
}
```

可以看出,网格每列的宽度都是一样的,等于容器的宽度除以网格的列数,网格每行的高度也是相同的,等于容器的高度除以网格的行数。组件被放入的次序决定了它所在的位置,每行网格从左到右依次填充,一行用完后转入下一行。与边界布局管理器相同,当容器大小改变时,容器中的组件大小会自动改变,但组件相对位置固定,不会变化。

12.3.3 BorderLayout 边界布局管理器

BorderLayout 将容器分为东、南、西、北、中 5 个区域,按照上北下南左西右东的格局分布,各用一个方位单词表示,注意第一个字母大写。

东:East、南:South、西:West、北:North、中:Center

放置组件时,必须从这 5 种方向中选择其一以靠近窗口的边界,BorderLayout 最多放置 5 个组件,当少于 5 个时,没有放置组件的区域被相邻区域占用,Frame 和 Dialog 的默认布局管理器就是 BorderLayout。

BorderLayout 的构造符有以下两个。

- BorderLayout():创建一个边界布局管理器。
- BorderLayout(int hgap,int vgap):以指定组件之间的水平与垂直间隔,创建一个边界布局管理器。

例 12-17 使用 BorderLayout 布局管理器编程,生成如图 12-16 所示窗口。

实现功能的参考代码如下:

```
package myJavaApp;
import java.awt.*;
import javax.swing.*;
public class AppGUI extends JFrame{
    BorderLayout bl; JPanel p;JButton b1,b2,b3,b4,b5;
    public AppGUI(){
        super("BorderLayout 布局管理器");
        bl = new BorderLayout();p = new JPanel();
        p.setLayout(bl);
        b1 = new JButton("b1");b2 = new JButton("b2");
        b3 = new JButton("b3");b4 = new JButton("b4");
```

图 12-16　使用 BorderLayout 布局来管理界面上的组件

```
        b5 = new JButton("b5");
        p.add("North",b1);p.add("South",b2);
        p.add("West",b3);p.add("East",b4);
        p.add("Center",b5);
        getContentPane().add(p);
        setDefaultCloseOperation(JFrame.EXIT_ON_CLOSE);
        setSize(200,300);setVisible(true); }
    public static void main(String[] args) {
        new AppGUI();}
}
```

12.3.4 其他布局管理器

Java 还提供了 GridBagLayout、CardLayout 等组件，GridBagLayout 网格袋布局管理器是 java.awt 包中提供的最灵活、最复杂的布局管理器。它类似于网格布局(GridLayout)，把组件组织成长方形网格，使用这种布局，可灵活地把组件放在长方形网格的任何行和列中，它也允许特定的组件跨多行或多列。

CardLayout 卡片布局管理器是采用卡片式的管理方法，可存储几个不同的布局，每个布局就像是一个卡片组中的一张卡片，在一个给定的时间总会且只有一张卡片在顶层，其他卡片看不到。当需要许多面板切换，而每个面板需要显示为不同布局时，可以使用卡片布局。因为使用相对比较少见，在这里不再赘述，请读者自行学习。

技能训练 10 创建图形界面

一、目的

(1) 掌握 JFrame 容器的使用；
(2) 掌握 JPanel 容器的使用；
(3) 掌握主要布局管理器的用法；
(4) 掌握主要 Swing 组件的用法；
(5) 培养良好的编码习惯和编程风格。

二、内容

(一) 服务器程序

1. 任务描述

(1) 创建服务器程序窗口，并设置窗体的大小、是否可见、默认的关闭操作等属性。
(2) 在服务器程序窗口中添加"启动服务"按钮、"停止服务"按钮、日志记录面板。

2. 实训步骤

(1) 打开 Eclipse 开发工具，新建一个 Java Project，项目名称为 Ch12Train，项目的其他设置采用默认设置。

(2) 在 Ch12Train 项目中创建一个包 com.hncpu.server.view。

(3) 在包 com.hncpu.server.view 下添加一个类 ServerFrame,该类是 JFrame 的子类。代码如下:

```java
package com.hncpu.server.view;
import javax.swing.*;
import java.awt.*;
//服务器启动关闭界面
public class ServerFrame extends JFrame{
    JButton btn_start, btn_close;           //功能按钮
    public static JTextArea textArea_log;   //日志记录面板
    private JLabel label_log;               //日志记录标签
    public static void main(String[] args) {
        new ServerFrame();}
    public ServerFrame(){
        //获取窗口容器
        Container c = this.getContentPane();
        c.setLayout(null);                  //设置布局
        btn_start = new JButton();          //服务器启动按钮
        btn_start.setFont(new Font("微软雅黑",Font.BOLD,14));
        btn_start.setText("启动服务");
        btn_start.setBounds(60, 20, 120, 24);
        c.add(btn_start);
        btn_close = new JButton();          //服务器关闭按钮
        btn_close.setFont(new Font("微软雅黑",Font.BOLD,14));
        btn_close.setText("停止服务");
        btn_close.setBounds(270, 20, 120, 24);
        c.add(btn_close);
        label_log = new JLabel();           //服务器日志信息
        label_log.setFont(new Font("黑体",Font.BOLD,16));
        label_log.setText("服务器日志信息");
        label_log.setBounds(165, 60, 120, 15);
        c.add(label_log);
        textArea_log = new JTextArea();     //日志记录面板
        JScrollPane scrollPane_log = new JScrollPane(textArea_log);
        scrollPane_log.setBounds(10, 90, 422, 450);
        c.add(scrollPane_log);
        //设置服务器程序窗口大小、默认关闭操作、是否可见等
        this.setResizable(false);           //设置页面大小固定
        this.setSize(450, 600);             //设置大小
        //设置默认的关闭操作,直接关闭应用程序
        this.setDefaultCloseOperation(JFrame.EXIT_ON_CLOSE);
        this.setVisible(true);              //页面可见
    }
}
```

(4) 编译运行该程序,运行结果如图 12-T-1。

(二) 客户端程序

1. 任务描述

(1) 创建客户端程序登录窗口,并创建用户名输入框、密码输入框、自动登录复选框、记住密码复选框和登录按钮。

(2) 创建客户端程序主界面窗口,在该窗口中添加搜索输入框、搜索按钮,显示用户头

图 12-T-1 服务器程序界面

像、用户账号昵称标签,修改个性签名文本框等。

(3) 创建聊天窗口,在该窗口中添加聊天内容显示框、聊天内容输入框、消息发送按钮、消息关闭按钮、查询聊天记录按钮等。

2. 实训步骤

(1) 在 Ch12Train 项目中创建一个文件夹 image,在 image 文件夹下创建一个文件夹:login,并将相应的图片素材保存到 login 文件夹中。

(2) 在 Ch12Train 项目中创建一个包 com.hncpu.client.view。

(3) 在包 com.hncpu.client.view 下添加一个类 Login,该类是 JFrame 的子类。代码如下:

```java
package com.hncpu.client.view;
import java.awt.Container;
import java.awt.Font;
import javax.swing.*;
//客户端登录页面
public class Login extends JFrame{
    private JLabel jlb_north;                    //背景图片标签
    private JButton btn_exit,btn_min;            //右上角最小化和关闭按钮
    private JTextField qqNum;                    //账号输入框
    private JPasswordField qqPwd;                //密码输入框
    private JLabel userName;                     //账号输入框前的用户名提示标签
    private JLabel userPwd;                      //密码输入框前的密码提示标签
    private JCheckBox remPwd;                    //"记住密码"复选框
    private JCheckBox autoLog;                   //"自动登录"复选框
    private JButton btn_login;                   //登录按钮
    public Login() {
        Container c = this.getContentPane();     //获取此窗口容器
        c.setLayout(null);                       //设置布局
        jlb_north = new JLabel(new ImageIcon("image/login/login.jpg")); //背景图片标签
        jlb_north.setBounds(0,0,430,126);
        c.add(jlb_north);
        btn_min = new JButton(new ImageIcon("image/login/min.jpg"));
        btn_min.setBounds(370, 0, 30, 30);       //右上角最小化按钮
        c.add(btn_min);
        btn_exit = new JButton(new ImageIcon("image/login/exit.jpg")); //右上角关闭按钮
        btn_exit.setBounds(400, 0, 30, 30);
        c.add(btn_exit);
```

```
        qqNum = new JTextField();                //账号输入框
        qqNum.setBounds(120,155,195,30);
        c.add(qqNum);
        qqPwd = new JPasswordField();            //密码输入框
        qqPwd.setBounds(120,200,195,30);
        c.add(qqPwd);
        //账号输入框前的用户名提示标签
        userName = new JLabel();
        userName.setFont(new Font("微软雅黑",Font.BOLD,12));
        userName.setText("用户名:");
        userName.setBounds(65,151,78,30);
        c.add(userName);
        userPwd = new JLabel();                  //密码输入框前的密码提示标签
        userPwd.setFont(new Font("微软雅黑",Font.BOLD,12));
        userPwd.setText("密 码:");
        userPwd.setBounds(65,197,78,30);
        c.add(userPwd);
        autoLog = new JCheckBox("自动登录");     //"自动登录"复选框
        autoLog.setBounds(123,237,85,15);
        c.add(autoLog);
        remPwd = new JCheckBox("记住密码");      //"记住密码"复选框
        remPwd.setBounds(236,237,85,15);
        c.add(remPwd);
        btn_login = new JButton(new ImageIcon("image/login/loginbutton.jpg")); //登录按钮
        btn_login.setBounds(120,259,195,33);
        c.add(btn_login);
        //用户登录界面
        this.setIconImage(new ImageIcon("image/login/Q.png").getImage());
        this.setSize(430,305);                   //设置窗体大小
        this.setUndecorated(true);               //去掉自带装饰框
        this.setVisible(true);                   //设置窗体可见
    }
    public static void main(String[] args) {
        new Login(); }
}
```

(4) 将程序保存,编译运行该程序,运行结果如图 12-T-2 所示。

图 12-T-2 用户登录界面

3. 任务拓展

编写代码,将 5 个按钮放置在 BorderLayout 布局的 5 个方向,界面如图 12-T-3 所示。

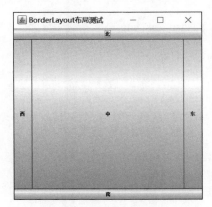

图 12-T-3　边界布局测试

```java
import java.awt.BorderLayout;
import javax.swing.JButton;
import javax.swing.JFrame;
public class BorderLayoutTest extends JFrame{
    JButton eastButton;                          //东边按钮
    JButton southButton;                         //南边按钮
    JButton westButton;                          //西边按钮
    JButton northButton;                         //北边按钮
    JButton centerButton;                        //中间按钮
    public BorderLayoutTest() {
        eastButton = new JButton("东");
        southButton = new JButton("南");
        westButton = new JButton("西");
        northButton = new JButton("北");
        centerButton = new JButton("中");
        //设置 JFrame 控件的标题
        this.setTitle("BorderLayout 布局测试");
        //设置 JFrame 控件的宽和高
        this.setSize(500, 300);
        //设置 JFrame 控件的布局为 BorderLayout
        this.setLayout(new BorderLayout());
        //将东边按钮添加到框架的东边
        this.add(eastButton, BorderLayout.EAST);
        this.add(southButton, BorderLayout.SOUTH);
        this.add(westButton, BorderLayout.WEST);
        this.add(northButton, BorderLayout.NORTH);
        this.add(centerButton, BorderLayout.CENTER);
        //单击关闭时,结束程序
        this.setDefaultCloseOperation(JFrame.EXIT_ON_CLOSE);
        this.setVisible(true);                   //设置 JFrame 控件可见
    }
    public static void main(String[] args) {
```

```
            BorderLayoutTest test = new BorderLayoutTest();}
}
```

4. 思考题

运行上面的程序，思考下列问题：

(1) 如果将"this.add(centerButton,BorderLayout.CENTER);"语句注释掉，程序的运行结果如何？如果将"this.add(southButton,BorderLayout.SOUTH);"语句注释掉，程序的运行结果又如何？

(2) 如何将 5 个按钮的水平、垂直间距设置为 5 像素？

三、独立实践

编写程序，实现如图 12-T-4 所示的计算器界面。

图 12-T-4　计算器界面

本章习题

1. 简答题

(1) 什么是 AWT？什么是 Swing？两者有什么区别？

(2) 布局管理器的作用是什么？Java 提供了哪几种布局管理？分别有什么特点？

(3) 容器有哪些作用？Swing 有哪些容器类控件？分别有什么特点？

(4) 设计一个菜单系统的步骤有哪些？

2. 编程题

(1) 使用 Swing 组件来设计用户界面，使用 JFrame 来构建一个容器窗口，再用 GridLayout 布局管理器对窗口布局进行控制，容器中有 2 行 2 列共 4 个按钮，要求设置按钮的宽度为 100 像素，高度为 60 像素。请编写程序实现其功能。

(2) 制作一个简单的密码验证界面，请考虑布局管理，运行效果如图 12-17 所示。

(3) 编写一个菜单程序，其中包含"文本""格式""图片""动画"菜单，"文本""图片""动画"菜单中分别包含"显示文本""显示图片""播放动画"菜单项；"格式"菜单中包含"字体大小""字体颜色"两个菜单项，"字体大小"菜单项又包含 20、40、60 三个子菜单项，"字体颜色"

图 12-17　简单密码验证界面

菜单项又包含"红色""绿色""蓝色"三个子菜单项。

（4）请使用 BoxLayout、GridLayout 与 GridBagLayout 管理器的相关知识进行综合应用，设计出如图 12-18 所示的界面布局。

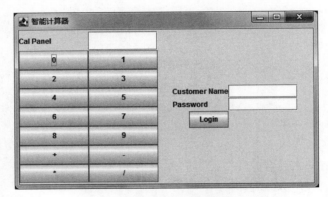

图 12-18　综合布局界面

第13章 Java中的事件处理

主要知识点

JDK 事件处理模型；

事件监听器；

事件适配器。

学习目标

掌握事件交互处理模型，主要的事件监听接口及其方法的功能与运用，主要的事件适配器类及其用法，实现事件监听处理的几种方法。

Java 程序在运行过程中，用户通过界面进行某个操作时，会引发一个相应的事件（Event），事件就是描述用户所执行操作的一个数据对象。事件的来源就是用户的操作，如鼠标和键盘动作，而事件处理是由相应的处理程序完成的，每个 AWT 组件和容器都有自己的处理程序，当用户在组件上操作时，AWT 事件处理系统会生成一个事件对象，并将该对象传给对应的组件或容器，然后由事件处理程序处理。

13.1 交互与事件处理

用户对组件的一个操作，称为一个事件。通常当用户在用户接口上进行某种操作时，如按下键盘上某个键或移动鼠标，均会引发一个事件。事件是用来描述所发生事情的对象，对应用户操作的不同种类有不同类型的事件类与之对应。

13.1.1 事件处理中的基本概念

Java 中，事件表示程序和用户之间的所有交互，如在文本框中输入、在列表框或组合框中选择、单击复选框或单选按钮、单击命令按钮等。事件处理表示程序对事件的响应，对用户的交互或者说对事件的处理是由事件处理程序代码完成的。Java 事件模型由事件、事件源和事件监听器三部分组成，事件的响应通过委托模型来实现。

1．事件

事件就是发生的事情。在 Java 中，用户通过键盘或鼠标与程序进行交互，用户每对 GUI 程序操作一次，即产生一个事件。

2. 事件源

单击按钮,将产生动作事件(ActionEvent);关闭窗体,将产生窗口事件(WindowEvent)。这里的按钮和窗体就是事件源。

3. 事件监听器

事件监听器负责监听事件的发生,并根据事件对象中的信息来决定对事件的响应。当事件发生时,创建适当类型的事件对象,该对象被传送给监听器,监听器必须实现所有事件处理方法的接口。一个事件源可以注册多个监听器,一个监听器也可以由多个事件源共享。监听器可用 addActionListener()方法添加,用 removeActionListener()方法删除。

13.1.2 事件处理模型

事件处理机制是一种事件处理框架,其设计目的是把 GUI 交互动作(单击、菜单选择等)转变为调用相关的事件处理程序进行处理。JDK 1.1 以后 Java 采取了委托代理机制,事件源可以把在其自身所有可能发生的事件分别授权给不同的事件处理者来处理。

委托代理模型的原理是:当事件产生时,该事件被送到产生该事件的组件去处理,而要能够处理这个事件,该组件必须注册(register)与该事件有关的一个或多个被称为监听器(listener)的类,这些类包含了相应的方法,能接收事件并对事件进行处理,处理过程如下。

1. 确定事件源

图形界面的每个可能产生事件的组件称为事件源,不同事件源上发生的事件的种类不同。

2. 注册事件源

如果希望事件源上发生的事件被程序处理,就要把事件源注册给能够处理该事件源上那种类型的事件监听器。监听器是类的实例,实现了一个特殊的接口——监听器接口。

3. 委托处理事件

当事件源上发生监听器可以处理的事件时,事件源把这个事件作为实际参数传递给监听器中负责处理这类事件的方法,该方法根据事件对象中封装的信息确定如何响应这个事件。

在这种模式中,事件的产生者和事件的处理者分离开来了,它们可以是不同的对象。事件的处理者,即那些监听器,是一些实施了监听器接口的类。当事件传到注册的监听器时,该监听器中必须有相应的方法来接收这类事件并进行处理。一个组件如没有注册监听器,则它产生的事件就不会被传递。具体的委托事件处理模型如图 13-1 所示。

图 13-1 委托事件处理模型

13.1.3 事件类型

所有的事件类和接口都放置在 java.awt.event 包中,因此在程序的开头应加上下面一条语句:import java.awt.event.*;AWT 事件包括高级事件与低级事件。

1. 高级事件

- ItemEvent(项目事件):如选中某个项目。
- AdjustmentEvent(调节事件):如移动了滚动条。
- ActionEvent(动作事件):如按钮被按下。
- TextEvent(文字事件):如改变文字对象。

2. 低级事件

- ComponentEvent(组件事件):如组件大小改变,组件位置移动,隐藏和显示等。
- FocusEvent(焦点事件):如组件得到焦点和失去焦点。
- ContainerEvent(容器事件):如组件的增加和删除。
- PaintEvent(绘画事件):如在组件上绘画。
- WindowEvent(窗口事件):如关闭窗口、打开窗口、最小化窗口、还原窗口等。
- KeyEvent(键盘事件):如按下、释放键盘上的键。
- MouseEvent(鼠标事件):如按下、释放、单击、移动、拖动鼠标。

13.2 事件类与接口

事件监听器的基类接口是 EventListener,所有的事件监听器接口都是从 java.util.EventListener 接口派生而来的,所有事件监听器都要实现这个接口。java.util 中有一个 EventObject 类,所有的事件都是其子类。

13.2.1 事件监听器接口

将需要监听的对象封装在自定义的事件状态对象类(EventObject)中,这个类必须继承 java.util.EventObject。事件状态对象作为单参传递给应响应该事件的自定义监听器方法。该自定义监听器需实现自定义监听接口,实现此接口中以事件状态对象为参数的方法。发出某种特定事件的事件源:必须在类中实例化自定义的监听器对象,当监听到 EventObject 时,调用相应方法进行处理。

表 13-1 列举出了事件类型、事件对应的接口以及接口中定义的方法。

表 13-1 事件类型、接口及其对应的方法一览表

事件类型	接口	接口中定义的抽象方法
ItemEvent	ItemListener	itemStateChanged(ItemEvent e)
AdjustmentEvent	AdjustmentListener	adjustmentValueChanged(AdjustmentEvent e)

续表

事 件 类 型	接　　口	接口中定义的抽象方法
ActionEvent	ActionListener	actionPerformed(ActionEvent e)
TextEvent	TextListener	textValueChanged(TextEvent e)
ComponentEvent	ComponentListener	componentHidden(ComponentEvent e)
		componentMoved(ComponentEvent e)
ContainerEvent	ContainerListener	componentAdded(ContainerEvent e)
		componentRemoved(ContainerEvent e)
FocusEvent	FocusListener	focusGained(FocusEvent e)
		focusLost(FocusEvent e)
KeyEvent	KeyListener	keyPressed(KeyEvent e)
		keyReleased(KeyEvent e)
MouseMotionEvent	MouseMotionListener	mouseDragged(MouseEvent e)
		mouseMoved(MouseEvent e)
MouseEvent	MouseListener	mouseClicked(MouseEvent e)
		mouseEntered(MouseEvent e)
		mouseExited(MouseEvent e)
WindowEvent	WindowListener	windowActivated(WindowEvent e)
		windowClosed(WindowEvent e)

13.2.2　事件处理流程

1. 给事件源对象注册监听器

为要触发事件的对象(事件源)定义事件对象。要定义事件监听器类，必须实现 XxxListener 接口。事件监听器是在事件发生时要对事件进行处理的对象。AWT 定义了各种类型的事件，每一种事件有相应的事件监听器接口，在接口中描述了处理相应事件应该实现的基本行为。若事件类名为 XxxEvent，则事件监听器接口的命名为 XxxListener，给部件注册监听者的方法为 addXxxListener(XxxListener a)。例如，只要用户单击按钮，JButton 对象就会创建一个 ActionEvent 对象，然后调用 listener.actionPerformed(event) 传递事件对象。给事件源对象注册监听器的格式如下：

```
public class myListener implements XxxListener {
    ...
}
```

2. 实现监听器接口中的事件处理方法

为事件对象定义事件监听器。这里要重写监听器接口中的抽象方法，完成事件处理器中方法的填写，规定特定的事件发生时执行的动作。

```
public void 事件处理方法名(XxxEvent e) {
    ...//处理某个事件的代码
}
```

3. 发生事件时调用监听器的方法进行事件处理

定义事件源（Source）的类，指定添加监听器的方法。Java 的事件处理机制称为委托事件处理，事件源发生事件时由监听器处理。在监听器中定义事件处理方法，事件源不需要实现任何接口，但其内部有个列表记录该事件源注册了哪些监听器，从而保证发生事件时能去调用监听器的方法。

在一个或多个组件上可以进行监听器类的实例的注册。实现事件调用的格式如下：

组件对象.addXxxListener(myListener 对象);

特别要说明一下，Java 中要处理交互和事件，需要引入 java.awt.event 包；通过 implements MouseListener 实现监听器接口，由于该接口是抽象类，所以必须实现该接口中的所有抽象方法，当然没用上的方法，需要重写方法，方法体为空即可。

13.2.3 事件处理的实现方式

事件处理的实现方式分为自身类作为事件监听器、声明内部类（Inner Class）、声明匿名内部类（Anonymous Inner Class）、编写外部类（Outer Class）4 种事件监听实现方式。自身类通过实现相应的事件监听器接口，使自身成为一个事件监听类。

1. 自身类作为事件监听器

例 13-1 实现 ActionListener 接口完成如图 13-2 所示的简易加法器程序的事件处理。

图 13-2 通过继承接口方式实现的简易加法器

实现功能的参考代码如下：

```
package myJavaApp;
import java.awt.*; import javax.swing.*;
import java.awt.event.*;                                     //导入 java.awt.event 包
public class AppGUI extends JFrame implements ActionListener{ //实现事件监听器接口
    GridBagLayout gbl;    GridBagConstraints gbc;
    JPanel p;    JLabel lb1,lb2,lb3;
    JTextField tf1,tf2,tf3;    JButton b;
    public AppGUI(){
        super("简易加法器");    p = new JPanel();
        lb1 = new JLabel("加数");    lb2 = new JLabel("加数");
        lb3 = new JLabel("和");    tf1 = new JTextField(8);
        tf2 = new JTextField(8);    tf3 = new JTextField(8);
```

```java
        b = new JButton("计算");
        p.add(lb1);      p.add(tf1);
        p.add(lb2);      p.add(tf2);
        p.add(lb3);      p.add(tf3);    p.add(b);
        b.addActionListener(this);             //实现监听功能
        gbl = new GridBagLayout();        gbc = new GridBagConstraints();
        p.setLayout(gbl);
        gbc.gridx = 1;    gbc.gridy = 1;    gbc.anchor = GridBagConstraints.WEST;
        gbl.setConstraints(lb1,gbc);
        gbc.gridx = 2;    gbc.gridy = 1;    gbc.anchor = GridBagConstraints.WEST;
        gbl.setConstraints(tf1,gbc);
        gbc.gridx = 1;    gbc.gridy = 2;    gbc.anchor = GridBagConstraints.WEST;
        gbl.setConstraints(lb2,gbc);
        gbc.gridx = 2;    gbc.gridy = 2;    gbc.anchor = GridBagConstraints.WEST;
        gbl.setConstraints(tf2,gbc);
        gbc.gridx = 1;    gbc.gridy = 3;    gbc.anchor = GridBagConstraints.WEST;
        gbl.setConstraints(lb3,gbc);
        gbc.gridx = 2;    gbc.gridy = 3;    gbc.anchor = GridBagConstraints.WEST;
        gbl.setConstraints(tf3,gbc);
        gbc.gridx = 2;    gbc.gridy = 4;    gbc.anchor = GridBagConstraints.EAST;
        gbl.setConstraints(b,gbc);
        getContentPane().add(p);
        setDefaultCloseOperation(JFrame.EXIT_ON_CLOSE);
        setSize(300,200);     setVisible(true);
    }
    public void actionPerformed(ActionEvent e){ //重写接口中的抽象方法,实现监听功能
        if(b == e.getSource()){
            int a = Integer.parseInt(tf1.getText());
            int b = Integer.parseInt(tf2.getText());
            int c = a + b;
            tf3.setText(String.valueOf(c));}
    }
    public static void main(String s[]){
        new AppGUI();}
}
```

2. 通过声明内部类实现事件监听

有时候,我们需要在主类内部单独声明一个类,该类实现事件监听器接口,通过该类的实例化对象来实施事件监听处理,这种方式称为内部事件类。

例 13-2 修改例 13-1,通过编写内部类的方式完成简易加法器程序的事件处理。

实现功能的参考代码如下:

```java
package myJavaApp;
import java.awt.*; import javax.swing.*;
import java.awt.event.*; //导入 java.awt.event 包
public class AppGUI extends JFrame{
    GridBagLayout gbl;    GridBagConstraints gbc;
    JPanel p;
    JLabel lb1,lb2,lb3;    JTextField tf1,tf2,tf3;    JButton b;
```

```java
public AppGUI(){
    super("简易加法器");              p = new JPanel();
    lb1 = new JLabel("加数");         lb2 = new JLabel("加数");
    lb3 = new JLabel("和");           tf1 = new JTextField(8);
    tf2 = new JTextField(8);          tf3 = new JTextField(8);
    b = new JButton("计算");
    p.add(lb1);      p.add(tf1);
    p.add(lb2);      p.add(tf2);
    p.add(lb3);      p.add(tf3);
    p.add(b);
    //b.addActionListener(this); //实现监听功能
    myActionListener myListener = new myActionListener();
    b.addActionListener(myListener);
    gbl = new GridBagLayout();   gbc = new GridBagConstraints();
    p.setLayout(gbl);
    gbc.gridx = 1;    gbc.gridy = 1;
    gbc.anchor = GridBagConstraints.WEST;
    gbl.setConstraints(lb1,gbc);
    gbc.gridx = 2;    gbc.gridy = 1;
    gbc.anchor = GridBagConstraints.WEST;
    gbl.setConstraints(tf1,gbc);
    gbc.gridx = 1;    gbc.gridy = 2;
    gbc.anchor = GridBagConstraints.WEST;
    gbl.setConstraints(lb2,gbc);
    gbc.gridx = 2;    gbc.gridy = 2;
    gbc.anchor = GridBagConstraints.WEST;
    gbl.setConstraints(tf2,gbc);
    gbc.gridx = 1;    gbc.gridy = 3;
    gbc.anchor = GridBagConstraints.WEST;
    gbl.setConstraints(lb3,gbc);
    gbc.gridx = 2;    gbc.gridy = 3;
    gbc.anchor = GridBagConstraints.WEST;
    gbl.setConstraints(tf3,gbc);
    gbc.gridx = 2;    gbc.gridy = 4;
    gbc.anchor = GridBagConstraints.EAST;
    gbl.setConstraints(b,gbc);
    getContentPane().add(p);
    setDefaultCloseOperation(JFrame.EXIT_ON_CLOSE);
    setSize(300,200);    setVisible(true);
}
//构造一个内部类实现事件监听接口
class myActionListener implements ActionListener{
    public void actionPerformed(ActionEvent e){ //重写接口中的抽象方法
        if(b == e.getSource()){
            int a = Integer.parseInt(tf1.getText());
            int b = Integer.parseInt(tf2.getText());
            int c = a + b;
            tf3.setText(String.valueOf(c));}
```

```
        }
    }
    public static void main(String s[]){
        new AppGUI();}
}
```

3. 通过声明匿名内部类实现事件监听

通过编写内部类来实现事件监听的方式中，如果该内部类仅仅作为单一的事件监听类，没有其他的用途，可以通过声明匿名内部类的方式来实现，使程序更简单明了，提高可读性。

4. 通过编写外部类实现事件监听

通过声明独立的外部类实现事件监听器接口类，该外部类实现事件监听器接口内的抽象方法。

13.3 事件适配器

事件适配器（Adapter）可以认为是一个简化版的监听器，而监听器是对一类事件可能产生的所有动作进行监听。鉴于简化的目的，每个含有多个方法的 AWT 监听器接口都配有一个适配器（XxxAdapter）类，这个类实现了接口中的所有方法，但每个方法没有做任何事情。可以通过继承适配器类来指定对某些事件的响应动作，而不必实现接口中的每个方法。要说明一点，因为 ActionListener 接口中只有一个抽象方法，因此没必要提供适配器类。

13.3.1 引入事件适配器类 Adapter 的必要性

当为创建监听程序而使用接口时，监听程序类（内层类）必须重写在接口中声明的所有抽象方法。某些接口中只有一种抽象方法，而有些接口中有许多抽象方法，即使只需要处理一个事件，也需要重写接口中的所有抽象方法（方法体为空，什么事情也不做），这对编写程序代码显得非常烦琐。为解决这个问题，提供了 Adapter（适配器）类，凡是在接口中有多个抽象方法，该接口都对应着一个 XXXAdapter 类，也就是通常所说的适配器类。当事件处理类继承某个接口所对应的 XXXAdapter 类时，只需要重设接口中需要用到的抽象方法，其他用不到的抽象方法可以省略不重写。

13.3.2 事件监听器接口对应的适配器类

Java 中提供了大部分监听器接口的适配器类，其目的是简化事件监听器类的编写，监听器适配器类是对事件监听器接口的简单实现（方法体为空），这样用户可以把自己的监听器类声明为适配器类的子类，从而可以不管其他方法，只需重写需要的方法。对应于监听器接口 XxxListener 的适配器接口的类名为 XxxAdapter。

不同接口对应于不同的 Adapter 类，特别注意一点，并不是所有的接口都有对应的 Adapter 类，只有那些有两个或两个以上抽象方法的接口才对应有相应的适配器类。表 13-2

列举出了事件接口及其对应的事件适配器类。

表 13-2　事件接口及其对应的事件适配器类

事 件 接 口	接口中的抽象方法	适 配 器 类
ComponentListener	componentHidden(ComponentEvent e) componentMoved(ComponentEvent e)	ComponentAdapter
ContainerListener	componentAdded(ContainerEvent e) componentRemoved(ContainerEvent e)	ContainerAdapter
FocusListener	focusGained(FocusEvent e) focusLost(FocusEvent e)	FocusAdapter
KeyListener	keyPressed(KeyEvent e) keyReleased(KeyEvent e)	KeyAdapter
MouseMotionListener	mouseDragged(MouseEvent e) mouseMoved(MouseEvent e)	MouseMotionAdapter
MouseListener	mouseClicked(MouseEvent e) mouseExited(MouseEvent e)	MouseAdapter
WindowListener	windowActivated(WindowEvent e) windowClosed(WindowEvent e) windowClosing(WindowEvent e)	WindowAdapter

要说明一点，ItemListener、AdjustmentListener、ActionListener、TextListener 4 个事件监听器接口没有设置相应的事件适配器类，因为这类接口内都只定义了一个抽象方法，因此没必要再多此一举额外配备相应的事件适配器类。

13.3.3　使用事件适配器类实现事件监听

JDK 中针对大多数事件监听器接口提供了相应的事件适配器 Adapter 类。在适配器类中，实现了相应监听器接口的所有方法，但不做任何处理，即只是添加了一个空的方法体。因此，使用适配器实现事件监听，简化了程序员的编程负担。

1．通过声明内部类（Inner Class）实现事件处理

内部类是被定义于另一个类中的类，使用内部类的优势在于：首先，一个内部类的对象可访问外部类的成员方法和变量，包括私有的成员；其次，实现事件监听器时，采用内部类、匿名类编程非常容易实现其功能；最后，编写事件驱动程序，内部类很方便。因此内部类所能够应用的地方往往是在 AWT 的事件处理机制中。

例 13-3　修改例 13-1，使用事件适配器 Adapter 类，通过声明内部类的方式完成简易加法器程序的事件处理。实现功能的参考代码如下：

```
package myJavaApp;
import java.awt.*;
import javax.swing.*;
import java.awt.event.*;         //导入 java.awt.event 包
public class AppGUI extends JFrame{
    GridBagLayout gbl;
```

```java
        GridBagConstraints gbc;
        JPanel p; JLabel lb1,lb2,lb3;
        JTextField tf1,tf2,tf3; JButton b;

        public AppGUI(){
            super("简易加法器");
            p = new JPanel();
            lb1 = new JLabel("加数"); lb2 = new JLabel("加数");
            lb3 = new JLabel("和");tf1 = new JTextField(8);
            tf2 = new JTextField(8); tf3 = new JTextField(8);
            b = new JButton("计算");
            p.add(lb1); p.add(tf1); p.add(lb2);
            p.add(tf2);p.add(lb3);p.add(tf3);
            p.add(b);
            myMouseListener listener = new myMouseListener();         //添加事件监听器(内部类)
            b.addMouseListener(listener);
            gbl = new GridBagLayout();
            gbc = new GridBagConstraints();
            p.setLayout(gbl);
            gbc.gridx = 1; gbc.gridy = 1; gbc.anchor = GridBagConstraints.WEST;
            gbl.setConstraints(lb1,gbc);
            gbc.gridx = 2; gbc.gridy = 1; gbc.anchor = GridBagConstraints.WEST;
            gbl.setConstraints(tf1,gbc);
            gbc.gridx = 1; gbc.gridy = 2; gbc.anchor = GridBagConstraints.WEST;
            gbl.setConstraints(lb2,gbc);
            gbc.gridx = 2; gbc.gridy = 2; gbc.anchor = GridBagConstraints.WEST;
            gbl.setConstraints(tf2,gbc);
            gbc.gridx = 1; gbc.gridy = 3; gbc.anchor = GridBagConstraints.WEST;
            gbl.setConstraints(lb3,gbc);
            gbc.gridx = 2; gbc.gridy = 3; gbc.anchor = GridBagConstraints.WEST;
            gbl.setConstraints(tf3,gbc);
            gbc.gridx = 2; gbc.gridy = 4; gbc.anchor = GridBagConstraints.EAST;
            gbl.setConstraints(b,gbc);
            getContentPane().add(p);
            setDefaultCloseOperation(JFrame.EXIT_ON_CLOSE);
            setSize(300,200); setVisible(true);}
    class myMouseListener extends MouseAdapter{
        public void mouseClicked(MouseEvent e){
            if(b == e.getSource()){
                int a = Integer.parseInt(tf1.getText());
                int b = Integer.parseInt(tf2.getText());
                int c = a + b;
                tf3.setText(String.valueOf(c));}
        }
    }
        public static void main(String s[]){
            new AppGUI();}
}
```

使用Adapter类来实施监听程序,需要声明一个内层类(如上例中class myMouseListener extends MouseAdapter),该类必须要继承MouseAdapter类。

另外，在声明好监听类之后，需要用该监听类实例化一个对象，给按钮提供构造函数作为参数。如上面程序中的下面两条语句：

```
myMouseListener listener = new myMouseListener();
b.addMouseListener(listener);
```

2. 通过声明匿名内部类（Anonymous Inner Class）实现事件监听

当一个内部类的类声明只是在创建此类对象时用了一次，而且要产生的新类需继承于一个已有的父类或实现一个接口，才能考虑用匿名类。由于匿名类本身无名，因此它也就不存在构造方法，它需要显式地调用一个无参的父类构造方法，并且重写父类的方法。所谓的匿名就是该类连名字都没有，只是显式地调用一个无参的父类构造方法。

13.3.4　选择适当的事件类型

事件处理编程一般是对图形用户界面而言，如窗口、对话框等，选择一个适当的事件类型（接口或适配器）和产生事件的组件，对事件处理编程尤其重要。

对于某个组件，可以使用的监听器可能不止一个，它们都是从父类继承过来的，采用什么类型的监听器，关键是查看接口（或适配器类）中所实现的方法和功能。例如，单击鼠标是一个鼠标事件（MouseEvent），同时也可以是一个动作事件（ActionEvent）。如果选择MouseEvent事件，需要使用addMouseListener监听器；如果选择ActionEvent事件，则需要使用addActionListener监听器。因此，在一个程序中可以使用动作监听器或鼠标监听器来实现同样的功能。

13.3.5　实现多重监听器

在Java程序中，经常会碰到实现多重监听器的情况。多重监听器的情况体现在三方面：一是针对同一个事件源的组件的同一事件可以注册多个事件监听器；二是针对同一个事件源的组件的多个事件可以注册同一个事件监听器进行处理；三是同一个监听器可以被注册到多个不同的事件源上。

技能训练 11　处理图形界面组件事件

一、目的

（1）掌握 JFrame 与 JPanel 容器的使用；
（2）掌握主要布局管理器的用法；
（3）掌握主要 Swing 组件的用法；
（4）熟悉 JDK 的事件处理机制；
（5）掌握处理各种鼠标与键盘事件的编程方法；
（6）熟悉事件适配器的使用方法；
（7）掌握继承、接口等；

(8) 培养良好的编码习惯和编程风格。

特别提示：设计软件需遵守国家标准和软件行业规范，如国家标准——《计算机软件开发规范》(GB 8566—1988)和《计算机软件产品开发文件编制指南》(GB 8567—1988)把软件开发过程分成可行性研究、需求分析、设计、实现、测试、运行与维护6个阶段，对于软件开发过程、用户界面、图表名称都有规定，程序员设计GUI时，要守标准，懂规范，形成良好的职业素养。

二、内容

(一) 服务器程序

1. 任务描述

在技能训练10的基础上，为服务器程序中的"启动服务"按钮、"停止服务"按钮添加事件处理。

2. 实训步骤

(1) 打开Eclipse开发工具，新建一个Java Project，项目名称为Ch13Train，项目的其他设置采用默认设置。

(2) 在Ch13Train项目中创建一个包com.hncpu.server.view。

(3) 将Ch12Train项目中com.hncpu.server.view包下的ServerFrame类复制到Ch13Train项目com.hncpu.server.view包中，修改类ServerFrame实现ActionListener接口(导入包import java.awt.event.ActionListener，同时还要实现ActionListener接口中的方法)，为"启动服务"按钮添加事件处理代码btn_start.addActionListener(this)，为"停止服务"按钮添加事件处理代码btn_close.addActionListener(this)。

(4) 在com.hncpu.server.view包中添加一个服务器类Server，该类用于启动服务器与客户端通信，目前所学知识还无法实现，因此，在这里无须编写任何代码，在ServerFrame类中添加属性private Server s。

(5) 在ServerFrame类中添加属性private static DateFormat df；并在ServerFrame类的构造方法中初始化属性df，代码如下：

```
df = new SimpleDateFormat("yyyy-MM-dd a hh:mm:ss");
```

上述代码需要导入SimpleDateFormat类：

```
import java.text.SimpleDateFormat.
```

(6) 添加在日志面板显示消息的方法public static void showMsg(String s)。代码如下：

```
/**
 * 用于在日志面板显示信息
 * @param s
 */
public static void showMsg(String s) {
    textArea_log.append(df.format(new Date()) + ": " + s + "\n\n");
    textArea_log.setSelectionStart(textArea_log.getText().length()); //自动滚动到最后
}
```

(7) 在方法 showMsg 中使用了 Date 类，需要导入类：import java.util.Date。

(8) 实现接口 ActionListener 中的方法 public void actionPerformed(ActionEvent e)，代码如下：

```java
/**
 * 处理按钮单击事件
 * @param e
 */
@Override
public void actionPerformed(ActionEvent e) {

    if(e.getSource() == btn_start){            //启动服务器
        s = new Server();
        showMsg("启动服务器...");}
    if(e.getSource() == btn_close){            //关闭服务器
        if(s != null){
            showMsg("关闭服务器...");}
        else{
            showMsg("您尚未启动服务器,不能关闭服务器...");}
    }
}
```

(9) 运行 ServerFrame 类，单击"启动服务"按钮，在日志面板中显示服务器启动信息，单击"停止服务"按钮，在日志面板中显示关闭服务器信息，如图 13-T-1 所示。

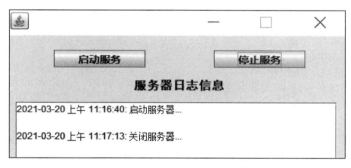

图 13-T-1 服务器启动关闭提示信息界面

(10) 修改后的 ServerFrame 类完整代码如下：

```java
package com.hncpu.server.view;
import javax.swing.*;
import java.awt.*;
import java.awt.event.*;
import java.text.DateFormat;
import java.text.SimpleDateFormat;
import java.util.Date;
/**
 * 服务器启动关闭界面
 */
public class ServerFrame extends JFrame implements ActionListener{
```

```java
        JButton btn_start, btn_close;                //功能按钮
        public static JTextArea textArea_log;        //日志记录面板
        private JLabel label_log;                    //日志记录标签
        private Server s;
        private static DateFormat df;                //日期解析
        public static void main(String[] args) {
            new ServerFrame();}
        public ServerFrame(){
            df = new SimpleDateFormat("yyyy-MM-dd a hh:mm:ss");
            Container c = this.getContentPane();     //获取窗口容器
            c.setLayout(null);                       //设置布局
            btn_start = new JButton();               //服务器启动按钮
            btn_start.setFont(new Font("微软雅黑",Font.BOLD,14));
            btn_start.setText("启动服务");
            btn_start.setBounds(60, 20, 120, 24);
            c.add(btn_start);
            btn_start.addActionListener(this);       //为启动按钮添加事件处理
            btn_close = new JButton();               //服务器关闭按钮
            btn_close.setFont(new Font("微软雅黑",Font.BOLD,14));
            btn_close.setText("停止服务");
            btn_close.setBounds(270, 20, 120, 24);
            c.add(btn_close);
            btn_close.addActionListener(this);       //为停止按钮添加事件处理
            label_log = new JLabel();                //服务器日志信息
            label_log.setFont(new Font("黑体",Font.BOLD,16));
            label_log.setText("服务器日志信息");
            label_log.setBounds(165, 60, 120, 15);
            c.add(label_log);
            textArea_log = new JTextArea();          //日志记录面板
            JScrollPane scrollPane_log = new JScrollPane(textArea_log);
            scrollPane_log.setBounds(10, 90, 422, 450);
            c.add(scrollPane_log);
            //设置服务器程序窗口大小、默认关闭操作、是否可见等
            this.setResizable(false);                //设置页面大小固定
            this.setSize(450, 600);                  //设置页面大小
            //设置默认的关闭操作,直接关闭应用程序
            this.setDefaultCloseOperation(JFrame.EXIT_ON_CLOSE);
            this.setVisible(true);                   //页面可见
        }
        /**
         * 处理按钮单击事件
         * @param e
         */
        @Override
        public void actionPerformed(ActionEvent e){
            if(e.getSource() == btn_start){          //启动服务器
                s = new Server();
                showMsg("启动服务器...");}
            if(e.getSource() == btn_close){          //关闭服务器
                if(s != null){
                    showMsg("关闭服务器...");}
```

```java
            else{
                showMsg("您尚未启动服务器,不能关闭服务器...");}
        }
    }
    /**
     * 用于在日志面板显示信息
     * @param s
     */
    public static void showMsg(String s) {
        textArea_log.append(df.format(new Date()) + ": " + s + "\n\n");
        textArea_log.setSelectionStart(textArea_log.getText().length());}
    //自动滚动到最后
}
```

(二)客户端程序

1. 任务描述

在技能训练 10 的基础上,为客户端登录界面中的"最小化"按钮、"关闭"按钮、鼠标按下、鼠标松开、鼠标拖动、"登录"按钮添加事件处理。

2. 实训步骤

(1) 在 Ch13Train 项目中创建一个包 com. hncpu. client. view。

(2) 将 Ch12Train 项目中 com. hncpu. client. view 包下的 Login 类复制到 Ch13Train 项目 com. hncpu. server. view 包中,修改类 Login 实现 ActionListener 接口(导入相应类 ActionListener,后续操作都需导入相应类),为"最小化"按钮添加事件处理,代码如下:

```java
//为"最小化"按钮添加事件处理,单击"最小化"按钮,窗口最小化
btn_min.addActionListener(new ActionListener() {
    @Override
    public void actionPerformed(ActionEvent e){
        //注册监听器,单击实现窗口最小化
        setExtendedState(JFrame.ICONIFIED);}
});
```

(3) 为"关闭"按钮添加事件处理,代码如下:

```java
//为"关闭"按钮添加事件处理,单击"关闭"按钮,结束程序
btn_exit.addActionListener(new ActionListener(){
    @Override
    public void actionPerformed(ActionEvent e){
        //注册监听器,单击实现窗口关闭
        System.exit(0);}
});
```

(4) 在 Login 类中添加三个属性,代码如下:

```java
boolean isDragged = false;      //记录鼠标是否是拖动移动
private Point frame_temp;       //鼠标当前相对窗体的位置坐标
private Point frame_loc;        //窗体的位置坐标
```

(5) 为鼠标按下、释放添加事件处理,代码如下:

```java
//注册鼠标按下、释放监听器
this.addMouseListener(new MouseAdapter(){
    @Override
    public void mouseReleased(MouseEvent e){
        isDragged = false;                                    //鼠标释放
        setCursor(new Cursor(Cursor.DEFAULT_CURSOR));}        //光标恢复
    @Override
    public void mousePressed(MouseEvent e){
        //鼠标按下,获取鼠标相对窗体位置
        frame_temp = new Point(e.getX(),e.getY());
        isDragged = true;
        if(e.getY() < 126)                                    //光标改变为移动形式
            setCursor(new Cursor(Cursor.MOVE_CURSOR));}
});
//注册鼠标拖动事件监听器
this.addMouseMotionListener(new MouseMotionAdapter(){
    @Override
    public void mouseDragged(MouseEvent e){
        if(e.getY() < 126){                                   //指定范围内单击鼠标可拖动
            if(isDragged) {                                   //如果是鼠标拖动移动
                frame_loc = new Point(getLocation().x + e.getX() - frame_temp.x,
                    getLocation().y + e.getY() - frame_temp.y);
                setLocation(frame_loc);}                      //保证鼠标相对窗体位置不变,实现拖动
        }
    }
});
```

(6) 实现接口 ActionListener 中的方法 actionPerformed(ActionEvent e),代码如下:

```java
@Override
public void actionPerformed(ActionEvent e) {
    //TODO Auto-generated method stub
    if(e.getSource() == btn_login){                           //单击登录
        String uid = qqNum.getText().trim();                  //获取输入账号
        String pwd = new String(qqPwd.getPassword());         //获取密码
        if("".equals(uid) || uid == null){
            JOptionPane.showMessageDialog(this, "请输入账号!");}
        else if("".equals(pwd) || pwd == null){
            JOptionPane.showMessageDialog(this, "请输入密码!");}
        else {
            System.out.println("账号:" + uid + "登录成功!!!");}
    }
}
```

(7) 为"登录"按钮注册事件监听器,代码如下:

```java
btn_login.addActionListener(this);                            //为"登录"按钮注册事件监听器
```

(8) 运行 Login 类,用户单击"最小化"按钮,可实现登录窗口的最小化,单击"关闭"按钮可关闭登录窗口,单击登录窗口上半部分,然后再拖动鼠标,可将登录窗口固定到想要的位置。登录窗口中,在"用户名"框中输入 2020001,"密码"框中输入 001,如图 13-T-2 所示,

然后单击"登录"按钮,控制台显示登录成功信息,如图 13-T-3 所示。

图 13-T-2　输入用户名、密码界面　　　　图 13-T-3　登录成功提示信息

(9) Login 类的完整代码如下:

```java
package com.hncpu.client.view;
import java.awt.Container;
import java.awt.Cursor;
import java.awt.Font;
import java.awt.Point;
import java.awt.event.ActionEvent;
import java.awt.event.ActionListener;
import java.awt.event.MouseAdapter;
import java.awt.event.MouseEvent;
import java.awt.event.MouseMotionAdapter;
import javax.swing.*;
/**
 * 客户端登录页面
 */
public class Login extends JFrame implements ActionListener{
    private static final long serialVersionUID = 1L;
    private JLabel jlb_north;                //背景图片标签
    private JButton btn_exit,btn_min;        //右上角最小化和关闭按钮
    private JTextField qqNum;                //账号输入框
    private JPasswordField qqPwd;            //密码输入框
    private JLabel userName;                 //账号输入框前的用户名提示标签
    private JLabel userPwd;                  //密码输入框前的密码提示标签
    private JCheckBox remPwd;                //"记住密码"复选框
    private JCheckBox autoLog;               //"自动登录"复选框
    private JButton btn_login;               //登录按钮
    boolean isDragged = false;               //记录鼠标是否拖动移动
    private Point frame_temp;                //鼠标当前相对窗体的位置坐标
    private Point frame_loc;                 //窗体的位置坐标
    public Login() {
        Container c = this.getContentPane(); //获取此窗口容器
        c.setLayout(null);                   //设置布局
        //背景图片标签
```

```java
jlb_north = new JLabel(new ImageIcon("image/login/login.jpg"));
jlb_north.setBounds(0,0,430,126);
c.add(jlb_north);
//右上角"最小化"按钮
btn_min = new JButton(new ImageIcon("image/login/min.jpg"));
//为"最小化"按钮添加事件处理,单击"最小化"按钮,窗口最小化
btn_min.addActionListener(new ActionListener() {
    @Override
    public void actionPerformed(ActionEvent e) {
        //注册监听器,单击实现窗口最小化
        setExtendedState(JFrame.ICONIFIED);}
});
btn_min.setBounds(370, 0, 30, 30);
c.add(btn_min);
//右上角"关闭"按钮
btn_exit = new JButton(new ImageIcon("image/login/exit.jpg"));
//为"关闭"按钮添加事件处理,单击"关闭"按钮,结束程序
btn_exit.addActionListener(new ActionListener() {
    @Override
    public void actionPerformed(ActionEvent e) {
        //注册监听器,单击实现窗口关闭
        System.exit(0);}
});
btn_exit.setBounds(400, 0, 30, 30);
c.add(btn_exit);
qqNum = new JTextField();            //账号输入框
qqNum.setBounds(120,155,195,30);
c.add(qqNum);
qqPwd = new JPasswordField();        //密码输入框
qqPwd.setBounds(120,200,195,30);
c.add(qqPwd);
userName = new JLabel();             //账号输入框前的用户名提示标签
userName.setFont(new Font("微软雅黑",Font.BOLD,12));
userName.setText("用户名:");
userName.setBounds(65,151,78,30);
c.add(userName);
userPwd = new JLabel();              //密码输入框前的密码提示标签
userPwd.setFont(new Font("微软雅黑",Font.BOLD,12));
userPwd.setText("密    码:");
//after_qqPwd.setForeground(Color.blue);
userPwd.setBounds(65,197,78,30);
c.add(userPwd);
autoLog = new JCheckBox("自动登录"); //"自动登录"复选框
autoLog.setBounds(123,237,85,15);
c.add(autoLog);
remPwd = new JCheckBox("记住密码"); //"记住密码"复选框
remPwd.setBounds(236,237,85,15);
c.add(remPwd);

//"登录"按钮
btn_login = new JButton(new ImageIcon("image/login/loginbutton.jpg"));
```

```java
        btn_login.addActionListener(this);     //为"登录"按钮注册事件监听器
        btn_login.setBounds(120,259,195,33);
        c.add(btn_login);
        //"注册"鼠标按下、释放监听器
        this.addMouseListener(new MouseAdapter() {
            @Override
            public void mouseReleased(MouseEvent e) {
                isDragged = false;              //鼠标释放
                //光标恢复
                setCursor(new Cursor(Cursor.DEFAULT_CURSOR));}
            @Override
            public void mousePressed(MouseEvent e) {
                //鼠标按下,获取光标相对窗体位置
                frame_temp = new Point(e.getX(),e.getY());
                isDragged = true;
                if(e.getY() < 126)              //光标改变为移动形式
                    setCursor(new Cursor(Cursor.MOVE_CURSOR));}
        });
        //"注册"鼠标拖动事件监听器
        this.addMouseMotionListener(new MouseMotionAdapter() {
            @Override
            public void mouseDragged(MouseEvent e) {
                //指定范围内单击鼠标可拖动
                if(e.getY() < 126){
                    if(isDragged) {             //如果是鼠标拖动移动
                        frame_loc = new Point(getLocation().x + e.getX() - frame_temp.x,
getLocation().y + e.getY() - frame_temp.y);     //保证鼠标相对窗体位置不变,实现拖动
                        setLocation(frame_loc);}
                }
            }
        });

        //用户登录界面
        this.setIconImage(new ImageIcon("image/login/Q.png").getImage()); //修改窗体默认
                                                                         //图标
        this.setSize(430,305);                  //设置窗体大小
        this.setUndecorated(true);              //去掉自带装饰框
        this.setVisible(true);                  //设置窗体可见
    }
    public static void main(String[] args) {
        new Login();}

    @Override
    public void actionPerformed(ActionEvent e) {
        //TODO Auto-generated method stub
        if(e.getSource() == btn_login){         //单击登录
            String uid = qqNum.getText().trim();            //获取输入账号
            String pwd = new String(qqPwd.getPassword());   //获取密码
            if("".equals(uid) || uid == null){
                JOptionPane.showMessageDialog(this, "请输入账号!");}
            else if("".equals(pwd) || pwd == null){
```

```
                    JOptionPane.showMessageDialog(this,"请输入密码!");}
                else{
                    System.out.println("账号:"+ uid +"登录成功!!!");}
        }
    }
}
```

3. 任务拓展

编写一个加法程序,如图 13-T-4,用户在第一个输入框中输入一个数字,在第二个输入框中输入第二个数字,然后单击"加法"按钮,两个数相加的结果将显示在第三个框中,执行结果如图 13-T-5 所示。

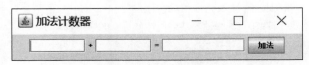

图 13-T-4　加法程序

图 13-T-5　程序执行结果

创建一个项目,在项目中添加一个类 CalTest,实现代码如下:

```
packag com.hncpu.view;
import java.awt.FlowLayout;
import java.awt.event.ActionEvent;
import java.awt.event.ActionListener;
import javax.swing.JButton;
import javax.swing.JFrame;
import javax.swing.JLabel;
import javax.swing.JTextField;
public class CalTest extends JFrame{
    JTextField num1,num2,num3;
    JLabel jbJLabel1,jbJLabel2;
    JButton calButton;
    public CalTest(){
        num1 = new JTextField(8);num2 = new JTextField(8);
        num3 = new JTextField(12);
        jbJLabel1 = new JLabel(" + "); jbJLabel2 = new JLabel(" = ");
        calButton = new JButton("加法");
        this.setTitle("加法计数器"); this.setSize(500,100);
        this.setLayout(new FlowLayout());
        this.add(num1);this.add(jbJLabel1);
        this.add(num2);this.add(jbJLabel2);
        this.add(num3);this.add(calButton);
        this.setDefaultCloseOperation(JFrame.EXIT_ON_CLOSE);
        this.setVisible(true);
        calButton.addActionListener(new ActionListener() {
```

```
        @Override
        public void actionPerformed(ActionEvent e) {
            double number1 = Double.parseDouble(num1.getText());
            double number2 = Double.parseDouble(num2.getText());
            double number3 = number1 + number2;
            num3.setText(number3 + "");}
    });
}
public static void main(String[] args) {
    CalTest test = new CalTest();}
}
```

4. 思考题

运行程序,思考下面的问题:

如果用户输入的不是数字,会出现什么错误?为了保证程序能正常运行,应该如何处理?

三、独立实践

在上述程序的基础上实现减、乘、除、取余操作。程序界面如图 13-T-6 所示,结果界面如图 13-T-7 所示。

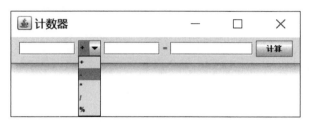

图 13-T-6　程序界面

图 13-T-7　程序执行结果界面

本章习题

1. 简答题

(1) 什么是选择事件?可能产生选择事件的 GUI 组件有哪些?

(2) 请具体说明 Java 的事件处理机制中涉及哪些方面。

(3) 事件处理中,事件接口有什么作用?事件适配器类有什么作用?请简述通过实现接口和继承适配器来实施事件处理有什么异同。

2. 编程题

（1）如图 13-3 所示。标签 1 的字号比文本框的字号大，当单击按钮时若输入文框中的数正确，则标签 2 文本显示正确，否则显示不正确。

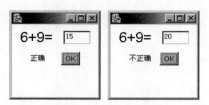

图 13-3　第(1)题运行结果

（2）编写代码，创建一个 JFrame 窗口，为其构建两个单选按钮，程序运行的初始界面如图 13-4(a)所示。当用户单击"禁用"按钮时，如图 13-4(b)所示的界面。单击"启用"按钮时，如图 13-4(c)所示的界面。

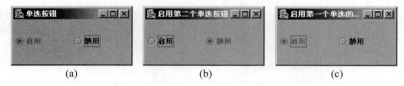

图 13-4　第(2)题运行结果

（3）设计一个密码验证程序，判断用户输入的用户名和密码是否与设定的值一致，若正确则显示"密码正确，登录成功！"，否则显示"密码错误，请重新登录！"，运行结果如图 13-5 所示。

（4）使用 Java GUI 控件设计一个简易四则运算器程序界面，如图 13-6。使用标签、文本框、组合框、按钮等组件编写一个实现两个数的加、减、乘、除四则运算的程序。

图 13-5　第(3)题运行结果

图 13-6　第(4)题运行结果

项目实战 4　实现"仿 QQ 聊天软件"图形界面

一、目的

（1）掌握 JFrame 与 JPanel 容器的使用方法；
（2）掌握主要布局管理器的用法；
（3）掌握主要 Swing 组件的用法；
（4）熟悉 JDK 的事件处理机制；
（5）培养良好的编码习惯和编程风格。

二、内容

（一）任务描述

（1）在技能训练 11 中已经实现了服务器程序界面和客户端程序中的登录界面，本训练中还需实现客户端主界面和聊天界面。

（2）创建客户端程序主界面窗口，在该窗口中添加搜索输入框、搜索按钮、显示用户头像、显示用户账号昵称标签、修改个性签名文本框等。

（3）创建聊天界面窗口，在该窗口中添加聊天内容显示框、聊天内容输入框、发送消息按钮、消息关闭按钮、查询聊天记录按钮等。

（二）实训步骤

1. 服务器程序

将项目实战 3 中的项目 MyQQChatServer2 复制为 MyQQChatServer3，在项目中创建包 com.hncpu.service，将技能训练 11 中的服务器程序下的服务器类 Server 复制到包 com.hncpu.service 中，在项目中创建包 com.hncpu.view，将技能训练 11 中的服务器程序下的服务器框架类 ServerFrame 复制到 com.hncpu.view 中，在 ServerFrame 类的第 2 行添加代码"import com.hncpu.service.Server；"。

2. 客户端程序

（1）将项目实战 3 中的项目 MyQQChatClient2 复制为 MyQQChatClient3，在项目中创建包 com.hncpu.view，将技能训练 11 中的客户端程序下的登录类 Login 复制到 com.hncpu.view 中。

（2）将技能训练 10 中的文件夹 image 复制到项目 MyQQChatClient3 中，在 image 文

件夹下创建两个文件夹：chatDialog、friendList，并将相应的图片素材保存到文件夹中。

(3) 在项目 MyQQChatClient3 下创建一个包 com.hncpu.service，在包 com.hncpu.service 中添加一个用树形结构显示用户好友的类 MyTreeCellRenderer，该类是 DefaultTreeCellRenderer 的子类，DefaultTreeCellRenderer 位于 javax.swing.tree 包中。代码如下：

```java
package com.hncpu.service;
import com.hncpu.entity.Message;
import com.hncpu.entity.MsgType;
import javax.swing.*;
import javax.swing.tree.DefaultMutableTreeNode;
import javax.swing.tree.DefaultTreeCellRenderer;
import java.awt.*;
/**
 * 自定义树描述类,将树的每个节点设置成不同的图标
 * 主要用于对好友是否在线的区分显示
 *
 */
public class MyTreeCellRenderer extends DefaultTreeCellRenderer {
    private Message msg;
    public MyTreeCellRenderer(Message msg){
        this.msg = msg;
    }
    /**
     * 重写 getTreeCellRendererComponent()
     */
    public Component getTreeCellRendererComponent(JTree tree, Object value, boolean sel,
    boolean expanded, boolean leaf, int row,boolean hasFocus) {
        //执行父类原型操作
        super.getTreeCellRendererComponent(tree, value, sel, expanded, leaf,row, hasFocus);
        //得到每个节点的 TreeNode
        DefaultMutableTreeNode node = (DefaultMutableTreeNode) value;
        //得到每个节点的 text
        String str = node.toString();
        //登录成功时初始化列表
        if(msg.getType() == MsgType.LOGIN_SUCCEED) {
            if (node.isLeaf()) {
             this.setIcon(new ImageIcon("image/friendlist/qq.png"));
            }else
             this.setIcon(new ImageIcon("image/friendlist/lie.png"));
        //已获取到在线好友列表
        }else if(msg.getType() == MsgType.RET_ONLINE_FRIENDS) {
            String [] onlineFriends = msg.getContent().split(" ");
            if (node.isLeaf()) {
                //得到其中的 id 部分
                str = str.split("\\(")[1];
                str = str.substring(0,str.length()-1);
                this.setIcon(new ImageIcon("image/friendlist/qq.png"));
                for (String onlineFriend : onlineFriends) {//更新操作
                    if (str.equals(onlineFriend))
```

```
                    this.setIcon(new ImageIcon("image/friendlist/qq.gif"));
                }
            }else
                this.setIcon(new ImageIcon("image/friendlist/lie.png"));
        }
        return this;
    }
}
```

(4) 在包 com.hncpu.view 中添加一个显示用户端程序主界面的类 FriendList,该类是 JFrame 的子类。代码如下:

```
package com.hncpu.view;

import com.hncpu.entity.Message;
import com.hncpu.entity.MsgType;
import com.hncpu.service.MyTreeCellRenderer;
import java.awt.*;
import java.awt.event.*;
import java.io.IOException;
import java.util.Hashtable;
import javax.swing.*;
import javax.swing.border.Border;
import javax.swing.border.EmptyBorder;
import javax.swing.border.TitledBorder;
import javax.swing.tree.DefaultMutableTreeNode;
import javax.swing.tree.TreePath;
/**
 * 登录成功后的主页面,显示好友列表,未在线好友头像呈灰色,
 * 双击某好友即可打开聊天界面,与该好友聊天
 * 单击"退出"按钮即可退出登录
 */
public class FriendList extends JFrame implements ActionListener{
    private Container c;                    //本窗口面板
    private Point tmp,loc;                  //记录位置
    private boolean isDragged = false;      //是否拖动
    private String ownerId;                 //本人 QQ
    private String myName;                  //本人昵称
    private JTree jtree;                    //树组件显示好友列表
    public FriendList(String name, String ownerId, Message msg) {
        this.ownerId = ownerId;
        this.myName = name;
        //获取本窗体容器
        c = this.getContentPane();
        //设置窗体大小
        this.setSize(280,600);
        //设置布局
        c.setLayout(null);
        //右上角最小化按钮
        JButton btn_min = new JButton(new ImageIcon("image/friendlist/friendmin.jpg"));
        btn_min.setBounds(220, 0, 30, 30);
```

```java
        btn_min.addActionListener(new ActionListener() {
            @Override
            public void actionPerformed(ActionEvent e) {
                //窗体最小化
                setExtendedState(JFrame.ICONIFIED);
            }
        });
        c.add(btn_min);
        //右上角退出按钮
        JButton btn_exit = new JButton(new ImageIcon("image/friendlist/friendexit.jpg"));
        btn_exit.addActionListener(this);
        btn_exit.setBounds(250, 0, 30, 30);
        btn_exit.addActionListener(new ActionListener() {
            @Override
            public void actionPerformed(ActionEvent e) {
                //注册监听器,单击关闭窗口
                System.exit(0);
            }
        });
        c.add(btn_exit);
        //QQ头像
        JLabel jbl_photo = new JLabel(new ImageIcon("image/friendlist/qqimage.jpg"));
        jbl_photo.setBounds(20, 40, 58, 61);
        c.add(jbl_photo);
        //QQ昵称
        JLabel jbl_qqName = new JLabel();
        jbl_qqName.setFont(new Font("微软雅黑",Font.BOLD,14));
        jbl_qqName.setForeground(Color.WHITE);
        jbl_qqName.setText(name + "(" + ownerId + ")");
        jbl_qqName.setBounds(100, 35, 110, 40);
        c.add(jbl_qqName);
        //个性签名
        JTextField jtf_personalSign = new JTextField("编辑个性签名");
        jtf_personalSign.setBounds(100, 70, 167, 21);
        jtf_personalSign.setForeground(Color.WHITE);
        jtf_personalSign.setOpaque(false);
        jtf_personalSign.setBorder(new EmptyBorder(0,0,0,0));
        c.add(jtf_personalSign);
        //设置个性签名获得焦点和失去焦点的操作
        jtf_personalSign.addFocusListener(new FocusListener() {
            @Override
            public void focusGained(FocusEvent e) {
                //TODO Auto-generated method stub
                JTextField jt = (JTextField)e.getSource();
                jtf_personalSign.setBorder(new TitledBorder(""));
                jt.setText("");
            }
            @Override
            public void focusLost(FocusEvent e) {
                //TODO Auto-generated method stub
                JTextField jt = (JTextField)e.getSource();
```

```java
            if("".equals(jt.getText()) || jt.getText() == null){
                jt.setText("编辑个性签名");
                jt.setBorder(new EmptyBorder(0,0,0,0));}
            else{
                jt.setBorder(null);}
        }
    });
    JTextField jtf_search = new JTextField();            //搜索框
    jtf_search.setBounds(0, 107, 250, 25);
    c.add(jtf_search);
    JButton btn_search = new JButton(new ImageIcon("image/friendlist/search.png"));
    //"搜索"按钮
    btn_search.setBounds(250, 107, 30, 25);
    c.add(btn_search);

    JLabel jbl_background = new JLabel(new ImageIcon("image/friendlist/friendbackground.jpg"));    //上半部分背景图
    jbl_background.setBounds(0, 0, 280, 107);
    jbl_background.setBorder(new EmptyBorder(0,0,0,0));    //清除边框
    c.add(jbl_background);
    //底部
    JButton btn_l1 = new JButton(new ImageIcon("image/friendlist/friendbottom.jpg"));
    btn_l1.setBounds(0, 551, 280, 49);
    btn_l1.setBorder(new EmptyBorder(0,0,0,0));            //清除边框
    c.add(btn_l1);
    initList(this, msg);                                  //显示好友列表
    this.setUndecorated(true);                            //去除其定义装饰框
    this.setVisible(true);                                //设置窗体可见
    //添加鼠标监听事件
    this.addMouseListener(new java.awt.event.MouseAdapter(){
        @Override
        public void mouseReleased(MouseEvent e) {
            isDragged = false;
            //拖动结束图标恢复
            setCursor(new Cursor(Cursor.DEFAULT_CURSOR)); }
        @Override
        public void mousePressed(MouseEvent e) {
            //限定范围内可拖动
            if(e.getY()< 30){
                //获取鼠标按下位置
                tmp = new Point(e.getX(), e.getY());
                isDragged = true;
                //拖动时更改光标图标
                setCursor(new Cursor(Cursor.MOVE_CURSOR)); }
        }
    });

    this.addMouseMotionListener(new MouseMotionAdapter(){
        @Override
        public void mouseDragged(MouseEvent e) {
            if (isDragged) {
```

```java
                //设置光标与窗体相对位置不变
                loc = new Point(getLocation().x + e.getX() - tmp.x,
                getLocation().y + e.getY() - tmp.y);
                setLocation(loc); }
        }
    });
}
/**
 * 以树形结构显示全部好友列表
 * @param msg
 */
public void initList(JFrame f, Message msg){
    //用 Hashtable 创建 jtree 显示好友列表
    Hashtable<String,Object> ht = new Hashtable<>();
    String[] friends = msg.getContent().split(" ");
    ht.put("我的好友",friends);
    jtree = new JTree(ht);
    jtree.setCellRenderer(new MyTreeCellRenderer(msg));
    JScrollPane scrollPane = new JScrollPane();
    scrollPane.setViewportView(jtree);
    scrollPane.setBounds(0, 130, 280, 421);
    c.add(scrollPane);}
/**
 * 刷新在线好友列表
 * @param msg
 */
public void updateOnlineFriends(Message msg) {
    this.jtree.setCellRenderer(new MyTreeCellRenderer(msg));}
@Override
public void actionPerformed(ActionEvent e){
    //TODO Auto-generated method stub
}
public static void main(String[] args){
    //用户成功登录后,模拟服务器发送给客户端的消息
    Message msg = new Message();                      //创建一个消息对象
    msg.setSenderId(null);
    msg.setGetterId(null);
    msg.setSenderName(null);
    msg.setType(MsgType.LOGIN_SUCCEED);               //登录成功
       //好友昵称:李四,好友账号:2020002
    msg.setContent("李四(2020002)");
       //登录用户:2020001,登录用户的昵称:张三
    new FriendList("张三","2020001",msg);
    }
}
```

(5) 切换到 FriendList.java 文件界面,编译运行该程序,运行结果如图 P4-1 所示,双击"我的好友"可展开好友列表,如图 P4-2 所示。

(6) 在包 com.hncpu.view 下添加聊天界面类 Chat,该类是 JFrame 的子类。代码如下:

图 P4-1 客户端主界面

图 P4-2 好友列表界面

```java
package com.hncpu.view;
import javax.swing.*;
import javax.swing.border.EmptyBorder;
import java.awt.event.*;
import java.awt.*;
/**
 * 聊天界面,单击"消息记录"按钮即可显示聊天记录,再次单击即可切换回图片
 */
public class Chat extends JFrame implements ActionListener{
    private JPanel panel_north;                     //北部区域面板
    private JLabel jbl_touxiang;                    //头像
    private JLabel jbl_friendname;                  //好友名称
    private JButton btn_exit, btn_min;              //最小化和关闭按钮
    //头像下方7个功能按钮(未实现)
    private JButton btn_func1_north, btn_func2_north, btn_func3_north, btn_func4_north, btn_func5_north, btn_func6_north, btn_func7_north;
    //聊天内容显示面板
    private JTextPane panel_Msg;
    private JPanel panel_south;                     //南部区域面板
    private JTextPane jtp_input;                    //消息输入区
    //消息输入区上方9个功能按钮(未实现)
    private JButton btn_func1_south, btn_func2_south, btn_func3_south, btn_func4_south, btn_func5_south, btn_func6_south, btn_func7_south, btn_func8_south, btn_func9_south;
    private JButton recorde_search;                 //查看消息记录按钮
    private JButton btn_send, btn_close;            //消息输入区下方关闭和发送按钮
    private JPanel panel_east;                      //东部面板
    private CardLayout cardLayout;                  //卡片布局
    //默认东部面板显示一张图,单击查询聊天记录按钮切换到聊天记录面板
    private final JLabel label1 = new JLabel(new ImageIcon("image/chatDialog/righttouxiang.jpg"));
    private JTextPane panel_Record;                 //聊天记录显示面板
    private boolean isDragged = false;              //鼠标拖动窗口标志
    private Point frameLocation;                    //记录鼠标单击位置
    private String myId;                            //本人账号
    private String myName;
    private String friendId;                        //好友账号
    public Chat(String myId, String myName, String friendId, String friendName) {

        this.myId = myId;
        this.friendId = friendId;
```

```java
        this.myName = myName;
        //获取窗口容器
        Container c = this.getContentPane();
        //设置布局
        c.setLayout(null);
        //北部面板
        panel_north = new JPanel();
        panel_north.setBounds(0, 0, 729, 102);
        panel_north.setLayout(null);
        //添加北部面板
        c.add(panel_north);
        //左上角灰色头像
        jbl_touxiang = new JLabel(new ImageIcon("image/chatDialog/liaotiantouxiang.jpg"));
        jbl_touxiang.setBounds(10, 10, 42, 45);
        panel_north.add(jbl_touxiang);
        //头像右方正在聊天的对方姓名
        jbl_friendname = new JLabel(friendName + "(" + friendId + ")");
        jbl_friendname.setFont(new Font("微软雅黑",Font.BOLD,18));
        jbl_friendname.setForeground(Color.WHITE);
        jbl_friendname.setBounds(285, 18, 145, 25);
        panel_north.add(jbl_friendname);
        //右上角最小化按钮
        btn_min = new JButton(new ImageIcon ("image/chatDialog/min.jpg"));
        btn_min.addActionListener(e -> setExtendedState(JFrame.ICONIFIED));
        btn_min.setBounds(655, 0, 30, 30);
        panel_north.add(btn_min);
        //右上角关闭按钮
        btn_exit = new JButton(new ImageIcon ("image/chatDialog/exit.jpg"));
        btn_exit.addActionListener(this);
        btn_exit.setBounds(685, 0, 30, 30);
        panel_north.add(btn_exit);
        //头像下方功能按钮
        //功能按钮1
        btn_func1_north = new JButton(new ImageIcon("image/chatDialog/phone.jpg"));
        btn_func1_north.setBounds(150, 62, 40, 40);
        panel_north.add(btn_func1_north);
        //功能按钮2
        btn_func2_north = new JButton(new ImageIcon("image/chatDialog/video.jpg"));
        btn_func2_north.setBounds(200, 62, 40, 40);
        panel_north.add(btn_func2_north);
        //功能按钮3
        btn_func3_north = new JButton(new ImageIcon("image/chatDialog/qunliao.jpg"));
        btn_func3_north.setBounds(250, 62, 40, 40);
        panel_north.add(btn_func3_north);
        //功能按钮4
        btn_func4_north = new JButton(new ImageIcon("image/chatDialog/share.jpg"));
        btn_func4_north.setBounds(300, 62, 40, 40);
        panel_north.add(btn_func4_north);
        //功能按钮5
        btn_func5_north = new JButton(new ImageIcon("image/chatDialog/control.jpg"));
        btn_func5_north.setBounds(350, 62, 40, 40);
```

```java
panel_north.add(btn_func5_north);
//功能按钮6
btn_func6_north = new JButton(new ImageIcon("image/chatDialog/other.jpg"));
btn_func6_north.setBounds(400, 62, 40, 40);
panel_north.add(btn_func6_north);
//设置北部面板背景色
panel_north.setBackground(new Color(34, 204, 255));
//中部聊天内容显示部分
panel_Msg = new JTextPane();
JScrollPane scrollPane_Msg = new JScrollPane(panel_Msg);
scrollPane_Msg.setBounds(0, 102, 446, 270);
c.add(scrollPane_Msg);
//南部面板
panel_south = new JPanel();
panel_south.setBounds(2, 372, 444, 179);
panel_south.setBackground(Color.WHITE);
panel_south.setLayout(null);
//添加南部面板
c.add(panel_south);
//内容输入区
jtp_input = new JTextPane();
jtp_input.setBounds(0, 34, 446, 105);
//jtp_input.setBorder(new TitledBorder(""));         //添加边框
//添加到南部面板
panel_south.add(jtp_input);
//文本输入区上方功能按钮
//功能按钮1
btn_func1_south = new JButton(new ImageIcon("image/chatDialog/biaoqing.jpg"));
btn_func1_south.setBounds(10, 0, 30, 30);
btn_func1_south.setBorder(new EmptyBorder(0,0,0,0));
panel_south.add(btn_func1_south);
//功能按钮2
btn_func2_south = new JButton(new ImageIcon("image/chatDialog/retu.jpg"));
btn_func2_south.setBounds(45, 0, 30, 30);
btn_func2_south.setBorder(new EmptyBorder(0,0,0,0));
panel_south.add(btn_func2_south);
//功能按钮3
btn_func3_south = new JButton(new ImageIcon("image/chatDialog/jietu.jpg"));
btn_func3_south.setBounds(80, 0, 30, 30);
btn_func3_south.setBorder(new EmptyBorder(0,0,0,0));
panel_south.add(btn_func3_south);
//功能按钮4
btn_func4_south = new JButton(new ImageIcon("image/chatDialog/wenjian.jpg"));
btn_func4_south.setBounds(115, 0, 30, 30);
btn_func4_south.setBorder(new EmptyBorder(0,0,0,0));
panel_south.add(btn_func4_south);
//功能按钮5
btn_func5_south = new JButton(new ImageIcon("image/chatDialog/wendang.jpg"));
btn_func5_south.setBounds(150, 0, 30, 30);
btn_func5_south.setBorder(new EmptyBorder(0,0,0,0));
panel_south.add(btn_func5_south);
```

```java
//功能按钮 6
btn_func6_south = new JButton(new ImageIcon("image/chatDialog/bendituxiang.jpg"));
btn_func6_south.setBounds(185, 0, 30, 30);
btn_func6_south.setBorder(new EmptyBorder(0,0,0,0));
panel_south.add(btn_func6_south);
//功能按钮 7
btn_func7_south = new JButton(new ImageIcon("image/chatDialog/doudong.jpg"));
btn_func7_south.setBounds(220, 0, 40, 30);
btn_func7_south.setBorder(new EmptyBorder(0,0,0,0));
panel_south.add(btn_func7_south);
//功能按钮 8
btn_func8_south = new JButton(new ImageIcon("image/chatDialog/shenglue.jpg"));
btn_func8_south.setBounds(265, 0, 40, 30);
btn_func8_south.setBorder(new EmptyBorder(0,0,0,0));
panel_south.add(btn_func8_south);
//功能按钮 9
btn_func9_south = new JButton(new ImageIcon("image/chatDialog/quanping.jpg"));
btn_func9_south.setBounds(365, 0, 30, 30);
btn_func9_south.setBorder(new EmptyBorder(0,0,0,0));
panel_south.add(btn_func8_south);
//查询聊天记录
recorde_search = new JButton(new ImageIcon("image/chatDialog/xiaoxijilu.jpg"));
recorde_search.addActionListener(e -> {
    System.out.println("单击查找聊天记录");
    cardLayout.next(panel_east);
});
recorde_search.setBounds(410, 0, 30, 30);
recorde_search.setBorder(new EmptyBorder(0,0,0,0));
panel_south.add(recorde_search);
//消息关闭按钮
btn_close = new JButton(new ImageIcon("image/chatDialog/close.jpg"));
btn_close.setBounds(280, 145, 63, 25);
btn_close.addActionListener(this);
panel_south.add(btn_close);
//消息发送按钮
btn_send = new JButton(new ImageIcon("image/chatDialog/send.jpg"));
btn_send.addActionListener(this);
btn_send.setBounds(360, 145, 80, 25);
panel_south.add(btn_send);
//东部面板(图片和聊天记录)
panel_east = new JPanel();
//卡片布局
cardLayout = new CardLayout(2,2);
panel_east.setLayout(cardLayout);
panel_east.setBounds(444, 102, 270, 405);
panel_east.setBackground(Color.WHITE);
//添加东部面板
c.add(panel_east);
//显示聊天记录面板
panel_Record = new JTextPane();
//panel_Record.setText("---------------- 聊天记录 ---------------- \n\
```

```java
n");
        JScrollPane scrollPane_Record = new JScrollPane(panel_Record);
        scrollPane_Record.setBounds(2, 2, 411, 410);
        //添加到东部面板
        panel_east.add(label1);
        panel_east.add(scrollPane_Record);

        //"注册"鼠标事件监听器
        this.addMouseListener(new MouseAdapter() {
            @Override
            public void mouseReleased(MouseEvent e) {
                //鼠标释放
                isDragged = false;
                //光标恢复
                setCursor(new Cursor(Cursor.DEFAULT_CURSOR));}
            @Override
            public void mousePressed(MouseEvent e) {
                //鼠标按下
                //获取光标相对窗体位置
                frameLocation = new Point(e.getX(),e.getY());
                isDragged = true;
                //光标改为移动形式
                if(e.getY() < 102)
                    setCursor(new Cursor(Cursor.MOVE_CURSOR));}
        });
        //"注册"鼠标事件监听器
        this.addMouseMotionListener(new MouseMotionAdapter(){
            @Override
            public void mouseDragged(MouseEvent e){
                //指定范围内单击鼠标可拖动
                if(e.getY() < 102){
                    //如果是鼠标拖动移动
                    if(isDragged) {
                        Point loc = new Point(getLocation().x + e.getX() - frameLocation.x,
getLocation().y + e.getY() - frameLocation.y); //保证光标相对窗体位置不变,实现拖动
                        setLocation(loc);}
                }
            }
        });
        this.setIconImage(new ImageIcon("image/login/Q.png").getImage()); //修改窗体默认
                                                                          //图标
        this.setBackground(Color.WHITE);
        this.setSize(715, 553);              //设置窗体大小
        this.setUndecorated(true);           //去掉自带装饰框
        this.setVisible(true);               //设置窗体可见
    }
    @Override
    public void actionPerformed(ActionEvent e){
        if(e.getSource() == btn_send){
            System.out.println("发送");
            //sendMsg(this, this.myName);}else if(e.getSource() == btn_close | e.getSource()
```

```
            == btn_exit){
                //ManageChatFrame.removeChatFrame(myId + friendId);
                this.dispose();}
        }
        public static void main(String[] args){
            new Chat("2020001", "张三", "2020002", "李四");}
    }
```

(7) 切换到 Chat.java 文件界面,编译运行该程序,运行结果如图 P-3 所示。

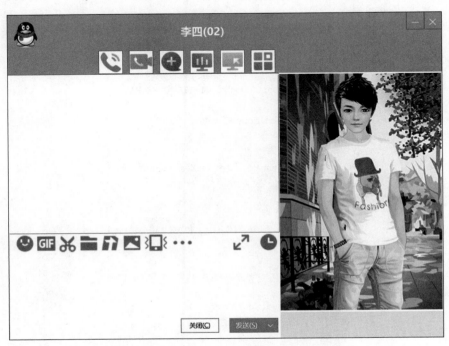

图 P-3　聊天界面

三、独立实践

实现"仿 QQ 聊天软件"客户端用户登录界面中的自动登录和记住密码两大功能。

第五篇

网络编程及相关技术

Java 语言是基于网络计算的语言,网络应用是 Java 语言的重要应用之一。网络应用的核心思想是连入网络的不同计算机能够跨越空间协同工作,这首先要求它们之间能够准确、迅速地传递信息,在 Java 中这些信息是以数据流的方式传送的。在 Java 中可以使用多线程来提高网络程序的性能,使用 JDBC 技术为网络程序提供强大的数据支持。

通过本篇的学习,读者能够:

- 创建和应用数据流;
- 创建和控制多线程;
- 实现基于 Socket 的网络通信;
- 实现基于 Datagram 的网络通信;
- 使用 JDBC 技术访问数据库。

本篇通过实现"仿 QQ 聊天软件"网络编程,让读者掌握网络通信技术及相关的流、多线程、JDBC 技术在实际项目中的综合运用。

第14章 实现流

主要知识点

流的分类；

主要流类的功能与用法；

文件流的处理。

学习目标

熟悉流的基本功能，掌握主要流类的用法，能够运用流进行输入输出操作和文件的处理。

Java 程序的输入输出功能是通过流（Stream）来实现的。在 Java 中把不同的输入/输出源（键盘、文件、网络连接等）抽象表述为"流"。通过流的形式允许 Java 程序使用相同的方式来访问不同的输入输出源。可以将流想象成一个"水流管道"，水流就在这管道中形成，如图 14-1 所示。

图 14-1 流的示意图

java.io 系统包提供了一套完整的流类，能够进行基本的输入输出操作和复杂的文件处理以及涉及网络功能的一些操作。本章主要介绍流和文件的处理方法并利用流完成"仿 QQ 聊天软件"项目的输入输出功能。

14.1 识别流的类型

数据流按照功能一般分为输入流（Input Stream）和输出流（Output Stream）。当程序需要从某个数据源读入数据的时候，就会开启一个输入流，数据源可以是文件、内存或网络等。相反地，需要写出数据到某个数据源目的地的时候，也会开启一个输出流，这个数据源目的地也可以是文件、内存或网络等，如图 14-2 和图 14-3 所示。

图 14-2　输入模式　　　　　　　　　图 14-3　输出模式

　　Java 的流按照处理数据的单位可以分为两种：字节流和字符流，分别用 4 个抽象类来表示：InputStream、OutputStream、Reader、Writer，InputStream 和 Reader 用于读操作，OutputStream 和 Writer 用于写操作，Java 中的许多流类都是它们的子类。

　　按照对流中数据的处理方式，流可以分为文本流和二进制流。文本流是一个字符序列，能够进行字符转换，被读写的字符和外部设备之间不存在一一对应的关系，被读写的字符个数与外部设备中的字符个数不一定相等，如标准输出流 System.out 就是文本流，不同类型的数据经过转换后输出到标准输出设备（显示器）。二进制流则在读写过程中不用转换，外部调用中的字节或字符与被读写的字节或字符完全对应。

　　文本不仅表示磁盘文件，也包括设备，如键盘、显示器、打印机，对它们的操作也是通过流完成的，通过建立流与特定文件的联系，可以从文件中读出字节，保存到数组或使用输出流写入文件，外部设备中的字节或字符与被读写的字节或字符完全对应。

　　Java 中的所有涉及流操作的程序都位于 java.io 包中，常称为输入输出流。

14.2　输入输出流

14.2.1　Java 标准输入输出数据流

　　标准输入输出指在字符方式（如 MS-DOS），程序与系统交互的方式，分为以下三种。

- System.in（标准输入）：通常代表键盘输入。
- System.out（标准输出）：通常写入显示屏幕。
- System.err（标准错误输出）：通常写入显示屏幕。

　　在 java.lang 包提供的 System 类中，有标准输入、标准输出和错误输出流、对外部定义的属性和环境变量的访问、加载文件和库的方法，还有快速复制数组的一部分实用方法。System 类包括 PrintStream 类的三个常量，即 in、out、err。如 System.in.read(buffer) 用于接收从键盘输入的数据，System.out.println(buffer) 用于在屏幕上显示 buffer 的内容。

　　例 14-1　从键盘输入若干个字符，按 Enter 键结束，统计字符个数。

```
import java.io.*;
public class StandardInputOutput{
  public static void main(String args[]) throws IOException{
    System.out.println("请输入字符,以回车结束: ");
    byte buffer[] = new byte[512];                //输入缓冲区
    int count = System.in.read(buffer);           //保存实际读入的字节个数
```

```
        System.out.println("输出: ");                    //读取标准输入流
        for (int i = 0;i < count;i++){
            System.out.print(" " + buffer[i]);}          //输出 buffer 元素值
        System.out.println();                            //换行
        for (int i = 0;i < count;i++){
            System.out.print((char) buffer[i]);}         //按字符方式输出 buffer
            System.out.println("count = " + count);}     //转换为字符后输出
                                                         //buffer 实际长度
}
```

其运行结果如图 14-4 所示。

图 14-4　标准输入输出结果

从例 14-1 可以看出：①buffer[i]中保存的是字符的 ASCII 码值，如果需要输出字符，则必须将它强制转换为 char 类型。②通过 count = System.in.read(buffer)语句，count 保存了用户输入的所有字符个数，包括回车键在内，回车键的字符个数为 2，ASCII 码分别是 13(回车)、10(换行)，因此 count 的值为输入字符+2。

14.2.2　InputStream 类

InputStream 是字节输入流的抽象类，它定义了输入流类共同的特性，该类中的所有方法在遇到错误时都会引发 IOExcetion 异常，所以一般在定义方法时都会在后面加上 throws IOExcetion 子句。InputStream 类常用方法如表 14-1 所示。

表 14-1　**InputStream 类常用方法**

方 法 名 称	功 能 描 述
int read()	返回下一个输入字节的整型表示，-1 表示遇到流的末尾
int read(byte[] b)	读入 b.length 字节到数组 b 并返回实际读入的字节数
int read(byte[] b, int off, int len)	读入流中的数据到数组 b,保存在 off 开始的长度为 len 的数组元素中
long skip(long n)	跳过输入流上的 n 字节并返回实际跳过的字节数
int avaiable()	返回当前输入流中可读的字节数
void mark(int readlimit)	在输入流的当前放置一个标志,表示允许最多读入 readlimit 字节
void reset()	把输入指针返回以前所做的标志处(复位)
void close()	关闭流操作,释放相应资源

InputStream 类是一个抽象类，不能直接实例化，程序中使用的是它的子类对象，但有些子类不支持其中的一些方法，如 skip、mark、reset。InputStream 提供了不同的子类，并形成了层次结构，具体情况如图 14-5 所示。

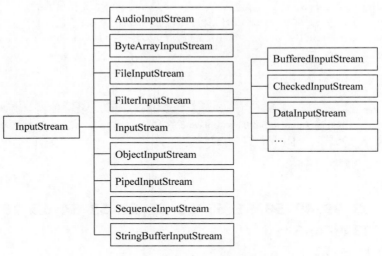

图 14-5　InputStream 类的子类

例 14-2　将从键盘输入的信息显示到屏幕上。

```
import java.io.*;
public class CharInput{
  public static void main(String args[]) throws IOException{
    String s;
    InputStreamReader ir;
    BufferedReader in;
    ir = new InputStreamReader(System.in);
    in = new BufferedReader(ir);
    while((s = in.readLine())!= null){
      System.out.println("Read:" + s);}
    }
}
```

运行结果是输入一行信息后回车，系统显示输入的内容。表达式(s＝in.readLine())!＝null 的意义是：当从键盘读入的当前行内容不是空，就表示结束强制退出或者关闭窗口，运行结果如图 14-6 所示。

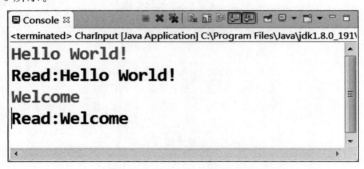

图 14-6　CharInput 运行结果

14.2.3 Reader 类

Reader 是字符输入流的抽象类,它定义了以字符为单位读取数据的基本方法,并在其子类进行了分化和实现。Reader 类常用方法如表 14-2 所示。

表 14-2 Reader 类常用方法

方法名称	功能描述
int read()	读一个字符,返回范围为 0~65 535 之间的 int 型值,如果达到流的末尾则返回 −1
int read(char[] cbuf)	将多个字符读入数组 cbuf 中,如果到达流的末尾则返回 −1
abstract int read(char[] cbuf, int off, int len)	将字符读入数组的一部分,即读取 len 个字符存放到 cbuf 数组从 off 开始的位置
int read(CharBuffer target)	尝试将字符读入指定的字符缓冲区
void reset()	重定位输出流
void close()	关闭流操作,释放相应资源

Reader 类提供的子类如图 14-7 所示。

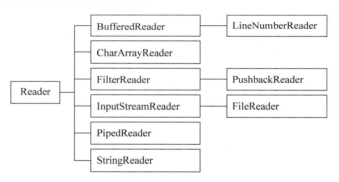

图 14-7 Reader 类的子类

例 14-3 从 test.txt 文件中读取字符,并显示在屏幕上。

```
import java.io.*;
public class ReaderTest {
  public static void main(String[] args) throws Exception{
    System.out.println("Reader 类的使用");
    File file = new File("d:\\test.txt");
    System.out.println(" ==== 第一种读取方式 ======== ");
    Reader reader = new FileReader(file);
    char c[] = new char[1024];
    int len = reader.read(c);
    reader.close();
    System.out.println("内容为:\n" + new String(c, 0, len));
    System.out.println(" ======== 第二种读取方式 ======== ");
    Reader reader1 = new FileReader(file);
    int contentLen = 0;
    char contentChar[] = new char[1024];
```

```
        int tmp = 0;
        while ((tmp = reader1.read()) != -1) { //-1 表示读取到文件末尾
          contentChar[contentLen] = (char) tmp;
          contentLen++;}
        reader1.close();
        System.out.println("第二种读取内容为:\n" + new String(contentChar, 0,contentLen));}
}
```

程序运行结果如图 14-8 所示。

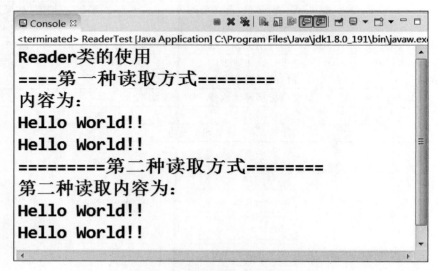

图 14-8　ReaderTest 运行结果

14.2.4　OutputStream 类

OutputStream 是基本的输出流类,与 InputStream 对应,它定义了输出流类共同的特性,定义和使用与 InputStream 类似,但它的所有方法都是 void 返回类型。OutputStream 的常用方法如表 14-3 所示。

表 14-3　OutputStream 类常用方法

方 法 名 称	功 能 描 述
void writed(int b)	将 1 字节写入流,也可以使用表达式
void writed(byte[] b)	将 1 字节数组写入输出流
void writed(byte[] b,int off,int len)	将字节数组的从 off 开始的 len 字节写入输出流
void close()	关闭输出流,释放资源

OutputStream 类提供的子类如图 14-9 所示。

例 14-4　将 D 盘 test.txt 中的字符输出到 test_new.txt 文件中。

```
import java.io.*;
public class InputStreamFile {
    public static void main(String[] args) throws IOException {
```

```
    File file = new File("d:\\test.txt");
    InputStream inputStream = new FileInputStream(file);
    OutputStream outputStream = new FileOutputStream("d:\\test_new.txt");
    int bytesWritten = 0;
    int byteCount = 0;
    byte[] bytes = new byte[1024];
    while ((byteCount = inputStream.read(bytes)) != -1){
        outputStream.write(bytes, bytesWritten, byteCount);
        bytesWritten += byteCount;}
    inputStream.close();
    outputStream.close();}
}
```

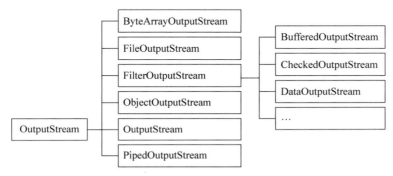

图 14-9 OutputStream 类的子类

程序执行后,会将 test.txt 中的所有字符全部输出到 test_new.txt 文件中,如果 test_new.txt 不存在,则先新建该文件,再输出。

14.2.5 Writer 类

Writer 类是字符输出流的抽象类,它的子类必须实现的是 writer(Char[],int,int) 方法、flush() 和 close() 三个方法。Writer 类的常用方法如表 14-4 所示。

表 14-4 Writer 类常用方法

方 法 名 称	功 能 描 述
void write(char[] cbuf)	将字符数组的数据写入到字符输出流
abstract void write(char[] cbuf,int off,int len)	将字符数组的一部分输出,含义为将字符数组从 offset 下标开始连续 len 个字符输出
void write(int c)	向输出流写入一个字符数据
void write(String str)	向输出流写入一个字符串数据
abstract void close()	先 flush 流后关闭流,一旦流关闭,后续的 writer 和 flush 操作都会造成 IOException 抛出。多次关闭同一个流是无效果的

Writer 类提供的子类如图 14-10 所示。

例 14-5 编写程序,向 test.txt 文件中写入字符串。

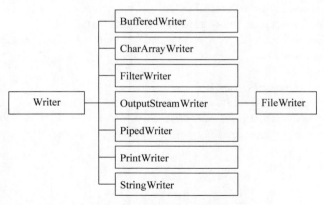

图 14-10　Writer 类的子类

```
import java.io.*;
public class WriterTest{
   public static void main(String[] args) throws Exception{
     System.out.println("Writer类的使用");
     File file = new File("d:\\test.txt");
     Writer writer = new FileWriter(file);
     String appendInfo = "你好啊!\r\n";  //\r\n 在追加文件时表示换行
     writer.write(appendInfo);           //若文件不存在,则创建并写入
     writer.write(appendInfo);           //追加文件内容
     writer.close();
     System.out.println(" === 结束 == "); }
}
```

程序运行结果如图 14-11 所示。

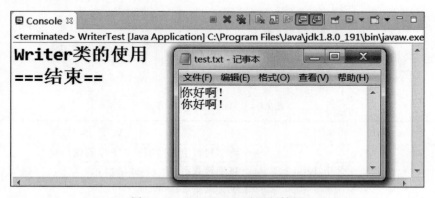

图 14-11　WriterTest 的运行结果

14.3　应用文件流

　　文件是一种特殊数据流,同时具有输入和输出功能。既可以字节为单位读取文件内容,常用于二进制文件,如图片、声音、影像;也可以字符为单位读取文件,常用于读文本文件;

还可以记录方式(行为单位)读取其内容,常用于随机存取文件。

14.3.1 File 类

File 类是 java.io 包中唯一能够代表磁盘文件本身的对象,File 类定义了一些与平台无关的方法进行文件操作,如建立、删除、查询、重命名等。

目录是一种特殊的文件,用\(在 Windows 环境下)或/(在 UNIX 及 Linux 环境下)分隔目录名。对文件进行处理后,可利用资源管理器查看。

例如,"File myFile=new File("myfilename");"的功能是让文件对象与实际文件建立关联,文件名前可以加上路径。

File 类的常用方法如表 14-5 所示。

表 14-5　File 类的常用方法

方 法 名 称	功 能 描 述
String getName()	获取文件名
String getPath()	获取文件路径
String getAbsolutePath()	获取文件绝对路径
String getParent()	获取父目录名称
boolean renameTo(File newName)	改名是否成功
boolean exists()	文件是否存在
boolean canWrite()	文件是否可写
boolean canRead()	文件是否可读
boolean isFile()	是否是文件
boolean isDirectory()	是否是目录
boolean isAbsolute Path()	是否是绝对路径
long lastModified()	文件最后修改的时间
long length()	文件长度
boolean delete()	删除文件
boolean mkdir()	建立目录

例 14-6　判断 D 盘根目录下指定的文件 test.txt 是否存在,若存在显示其相关信息,否则显示文件不存在的提示。

```
import java.io.*;
public class FileTest{
  public static void main(String[] args){
    File f = new File("D:\\test.txt");
    if(f.exists()){
      System.out.println("文件名:" + f.getName());
      System.out.println("文件所在目录:" + f.getPath());
      System.out.println("绝对路径是:" + f.getAbsolutePath());
      System.out.println("父目录是:" + f.getParent());
      System.out.println(f.canWrite()?"此文件可写":"此文件不可写");
      System.out.println(f.canRead()?"此文件可读":"此文件不可读");
      System.out.println(f.isDirectory()?"是":"不是" + "一个目录");
      System.out.println(f.isFile()?"是一个普通文件":"不是普通文件");
```

```
            System.out.println(f.isAbsolutePath()?"是绝对路径":"不是绝对路径");
            System.out.println("最后修改时间:" + f.lastModified());
            System.out.println("大小为:" + f.length() + "Bytes");
        }else {
            System.out.println("D盘根目录下不存在这个文件"); }
    }
}
```

运行结果如图 14-12 所示。

图 14-12 文件信息的显示

说明：最后修改日期是从 1970 年 1 月 1 日开始到现在一共经过的毫秒数，而不是最后修改日期。

14.3.2 FileInputStream 类和 FileOutputStream 类

FileInputStream 类和 FileOutputStream 类是文件输入和输出类，用于完成磁盘文件的读写操作。在创建一个 FileInputStream 对象时通过构造函数指定文件名和路径，而创建一个 FileOutputStream 对象时，如果文件存在，则覆盖它。

FileInputStream 类的构造方法有三种，如表 14-6 所示。

表 14-6 FileInputStream 类的构造方法

方法名称	功能描述
FileInputStream(String fileName)	通过打开与实际文件的连接创建一个 FileInputStream，该文件由文件系统中的 File 对象 fileName 命名
FileInputStream(FileDescriptor fdObj)	通过使用文件描述符 fdObj 创建一个 FileInputStream，该文件描述符表示到文件系统中某个实际文件的现有连接
FileInputStream(String name)	通过打开与实际文件的连接来创建一个 FileInputStream，该文件由文件系统中的路径名 name 命名

FileInputStream 类的常用方法如表 14-7 所示。

表 14-7　FileInputStream 类的常用方法

方法名称	功能描述
int available()	返回从此输入流中可以读取(或跳过)的剩余字节数的估计值
void close()	关闭此文件输入流并释放与流相关联的系统资源
int read()	从该输入流读取 1 字节的数据
int read(byte[] b)	从该输入流读取最多 b 字节的数据为字节数组
int read(byte[] b,int off,int len)	从该输入流读取最多 len 字节的数据为字节数组
long skip(long n)	跳过并从输入流中丢弃 n 字节的数据

创建文件对象可以采用两种方式完成。

方法一：

FileInputStream inOne = new FileInputStream("helloworld.txt");

方法二：

File f = new File("helloworld.txt");
FileInputStream inTwo = new FileInputStream(f);

例 14-7　读出文件 FileInputTest.java 的内容并显示出来。

```
import java.io.*;
public class FileInputTest{
  public static void main(String args[]){
    byte b[] = new byte[2048];              //建立缓冲区数组
    try{
      FileInputStream f = new FileInputStream("D:\\test.txt");
                                            //建立文件对象与实际文件的关联
      int i = f.read(b,0,2048);             //从文件中读出 2048 字节内容放入数组 b
      String s = new String(b,0,2048);      //利用数组 b 中的内容建立字符串
      System.out.print(s);
    }catch(Exception e){
      System.out.println(e.toString());     //异常捕获语句
    }
  }
}
```

程序运行结果如图 14-13 所示。

图 14-13　FileInputTest 的运行结果

说明:文件处理程序在编译时并不考虑实际文件是否存在,只有在运行时才查找物理文件,因为可能遇到文件不存在的情况,从而产生异常,所以文件读写操作程序大多要进行异常处理。

FileOutputStream 类的常用构造方法与 FileInputStream 类相似,如表 14-8 所示。

表 14-8　FileOutputStream 类的构造方法

方 法 名 称	功 能 描 述
FileOutputStream(File file)	创建文件输出流以写入由指定的 File 对象表示的文件
FileOutputStream(File file,boolean append)	创建文件输出流以写入由指定的 File 对象表示的文件
FileOutputStream(FileDescriptor fdObj)	创建文件输出流以写入指定的文件描述符,表示与文件系统中实际文件的现有连接
FileOutputStream(String name)	创建一个向具有指定名称的文件中写入数据的输出文件流
FileOutputStream(String name, boolean append)	创建一个向具有指定名称的文件中以追加的方式写入数据的输出文件流

FileOutputStream 类的常用方法如表 14-9 所示。

表 14-9　FileOutputStream 类的常用方法

方 法 名 称	功 能 描 述
void close()	关闭此文件输出流并释放与此流相关联的系统资源
void write(byte[] b)	将 b 字节从字节数组写入此文件输出流
void write(byte[] b,int off,int len)	将 len 字节从位于偏移量 off 的指定字节数组写入此文件输出流
int read(byte[] b)	从该输入流读取最多 b 字节的数据为数组
void write(int b)	将指定的字节写入此文件输出流

说明:创建一个 FileOutputStream 对象时,可以是不存在的文件,但不能是已经存在的目录,也不能是已打开的文件。

例 14-8　用 System.in.read(buffer)从键盘输入一行字符,存储在缓冲区 buffer 中,然后调用 FileOutStream 的 write(buffer)方法,将 buffer 中内容写入文件 newfile.txt 中。

```
import java.io.*;
public class FileStreamWriter{
  public static void main(String args[]){
    try{
      System.out.print("请输入一行字符:");
      int count,n = 512;
      byte buffer[] = new byte[n];
      count = System.in.read(buffer);      //读取标准输入流
      FileOutputStream ourfile = new FileOutputStream("newfile.txt");
      //创建文件输出流对象
      ourfile.write(buffer,0,count);      //写入输出流
      ourfile.close();                    //关闭输出流
```

```
            System.out.println("正在写入文件 newfile.txt,请稍候......");
        }catch(IOException ioe){
            System.out.println(ioe);
        }catch(Exception e){
            System.out.println(e); }
    }
}
```

程序运行结果如图 14-14 所示。

图 14-14　FileStreamWriter 的运行结果

说明：通过程序运行，可以在当前目录下建立一个文本文件 newfile.txt，其内容是用户输入的信息。

特别提示：输入输出流和文件流有多种用法，它们都有各自的用处和优缺点，在编程时要根据具体的情况选取最合适的方法。同学们在成长过程中，也要擅于总结和提炼，取长补短，从众多渠道中探索最佳方案和路径，提高工作效率。

技能训练 12　实现流

一、目的

（1）理解流式输入输出的基本原理；
（2）掌握 DataInputStream 和 DataOutputStream 类的使用方法；
（3）掌握 File、FileInputStream、FileOutputStream 类的使用方法；
（4）掌握 RandomAccessFile 类的使用方法；
（5）培养良好的编码习惯和编程风格。

二、内容

（一）服务器程序

1．任务描述

服务器程序将用户的登录信息和用户的好友信息保存在文件中，服务器程序启动时，需要将这些信息从文件中读取出来，使用 FileInputStream、InputStreamReader、BufferedReader 类将 user.txt、friend.txt 文件中的内容读取到 User 对象数组和 Friend 对象数组中。

2. 实训步骤

（1）打开 Eclipse 开发工具，新建一个 Java Project，项目名称为 Ch14Train，项目的其他设置采用默认设置。

（2）在 Ch14Train 项目中添加一个文件夹 config，在文件夹 config 中创建一个用户信息文件 user.txt，在该文件中输入以下内容。

```
2020001,001,张三
2020002,002,李四
2020003,003,王五
```

文件内容说明如下。

用户账号：2020001,密码：001,昵称：张三；

（3）在文件夹 config 中创建好友文件 friend.txt，在该文件中输入以下内容：

```
2020001,李四,2020002
2020001,王五,2020003
2020002,张三,2020001
2020002,王五,2020003
2020003,张三,2020001
2020003,李四,2020002
```

以第一行数据为例：2020001 为用户账号，李四为好友昵称，2020002 为好友账号，账号 2020002 是账号 2020001 的好友，这里需要双方互加好友才行。

（4）在 Ch14Train 项目中添加一个包 com.hncpu.entity，将项目实战 3 中的 User 类、Friend 类复制到当前项目的 com.hncpu.entity 包中。

（5）在 Ch14Train 项目中添加一个包 com.hncpu.util，在 com.hncpu.util 包中添加一个类 ConfigReader，该类用来读取用户信息和用户好友信息。代码如下：

```java
package com.hncpu.util;
import java.io.BufferedReader;
import java.io.File;
import java.io.FileInputStream;
import java.io.InputStreamReader;
import java.util.ArrayList;
import java.util.List;
import com.hncpu.entity.Friend;
import com.hncpu.entity.User;
/**
 * 创建一个类读取配置文件中的用户信息和好友信息
 */
public class ConfigReader {
    protected List<User> user_list = new ArrayList<User>();
    protected List<Friend> friend_list = new ArrayList<Friend>();
    public ConfigReader(){
```

```java
        readUserInfo();
        readFriendInfo();}
/*
 * 读取文件中的好友信息,将读取到的信息保存到 List<Friend> friend_list 中
 */
private void readFriendInfo(){
    File file = null;
    FileInputStream inputStream = null;
    InputStreamReader reader = null;
    BufferedReader bfReader = null;
    try {
        file = new File("config/friend.txt");
        inputStream = new FileInputStream(file);
        reader = new InputStreamReader(inputStream);
        bfReader = new BufferedReader(reader);
        String line = bfReader.readLine();
        while(line != null){
            String[] friend_split = line.split(",");
            Friend friend = new Friend(friend_split[0], friend_split[1], friend_split[2]);
            friend_list.add(friend);
            line = bfReader.readLine();}
    }catch(Exception e){
        e.printStackTrace();}
    finally {
        try {
            if(bfReader != null)
                bfReader.close();
            if(reader != null)
                reader.close();
            if(inputStream != null)
                inputStream.close();}
        catch (Exception e) {
            //TODO: handle exception
            e.printStackTrace();}

    }
}
/*
 * 读取文件中的用户信息,将读到的信息保存到 List<User> user_list 中
 */
private void readUserInfo(){
    File file = null;
    FileInputStream inputStream = null;
    InputStreamReader reader = null;
    BufferedReader bfReader = null;
    try {
        file = new File("config/user.txt");
        inputStream = new FileInputStream(file);
        reader = new InputStreamReader(inputStream);
        bfReader = new BufferedReader(reader);
        String line = bfReader.readLine();
```

```java
            while(line != null){
                String[] user_split = line.split(",");
                User user = new User(user_split[0], user_split[1], user_split[2]);
                user_list.add(user);
                line = bfReader.readLine();}
        }catch(Exception e){
            e.printStackTrace();}
        finally{
            try {
                if(bfReader != null)
                    bfReader.close();
                if(reader != null)
                    reader.close();
                if(inputStream != null)
                    inputStream.close();}
            catch (Exception e) {
                //TODO: handle exception
                e.printStackTrace();}
        }
    }
}
```

(6) 在包 com.hncpu.util 下新建一个测试类 FileReadTest,输入如下的程序代码:

```java
package com.hncpu.util;
import java.util.List;
import com.hncpu.entity.*;
public class FileReadTest {
    public static void main(String[] args) {
        ConfigReader util = new ConfigReader();        //创建一个读取配置文件类的对象
        List<User> user_list = util.user_list;         //获取用户列表
        //循环输出用户列表
        for(int i = 0; i < user_list.size(); i++){
            System.out.println(user_list.get(i).toString());}
        List<Friend> friend_list = util.friend_list;//获取好友列表
        //循环输出好友列表
        for(int i = 0; i < friend_list.size(); i++){
            System.out.println(friend_list.get(i).toString());}
    }
}
```

(7) 编译并运行 FileReadTest 类,打印输出用户信息和用户的好友信息,执行结果如图 14-T-1 所示。

```
User [uid=2020001, pwd=001, petName=张三]
User [uid=2020002, pwd=002, petName=李四]
User [uid=2020003, pwd=003, petName=王五]
Friend [id=2020001, friendName=李四, friendId=2020002]
Friend [id=2020001, friendName=王五, friendId=2020003]
Friend [id=2020002, friendName=张三, friendId=2020001]
Friend [id=2020002, friendName=王五, friendId=2020003]
Friend [id=2020003, friendName=张三, friendId=2020001]
Friend [id=2020003, friendName=李四, friendId=2020002]
```

图 14-T-1　运行结果

3. 任务拓展

(1) 在 ConfigReader 类中添加一个方法 checkUserInfo,该方法有一个输入参数:User 类的对象,前面的操作已经将文件中的用户登录信息保存在用户列表中,若用户列表中存在输入的 User 类对象,则返回该用户的昵称,否则返回 null。在 ConfigReader 类中添加一个方法 getFriendsList(),该方法有一个输入参数:用户账号,根据输入的用户账号,返回该用户的所有好友。参考程序代码如下:

```java
/**
 * 输入一个用户对象,如果该用户存在,则从用户列表中获取该用户的昵称
 */
public String checkUserInfo(User u){
    Iterator<User> iterator = user_list.iterator();
    String petName = null;
    while(iterator.hasNext()){
        User user = iterator.next();
        if(u.getId().equals(user.getId()) && user.getPassword().equals(user.getPassword())){
            petName = user.getPetName();
            break; }
    }
    return petName;
}
/**
 * 返回全部好友列表
 * @return
 */
public String getFriendsList(String id){
    StringBuilder contents = new StringBuilder();
    for(int i = 0; i < friend_list.size(); i++) {
        Friend friend = friend_list.get(i);
        if(friend.getId().equals(id)){
            contents.append(friend.getFriendName() + "(" + friend.getFriendId() + ") ");
        }
    }
    return contents.toString();
}
```

(2) ConfigReader 类的完整代码如下:

```java
package com.hncpu.util;
import java.io.BufferedReader;
import java.io.File;
import java.io.FileInputStream;
import java.io.InputStreamReader;
import java.util.ArrayList;
import java.util.Iterator;
import java.util.List;
import com.hncpu.entity.Friend;
import com.hncpu.entity.User;
/**
 * 创建一个类读取配置文件中的用户信息和好友信息
 */
```

```java
public class ConfigReader {
    protected List<User> user_list = new ArrayList<User>();
    protected List<Friend> friend_list = new ArrayList<Friend>();
    public ConfigReader(){
        readUserInfo();
        readFriendInfo();}
    /*
     * 读取文件中的好友信息,将读取到的信息保存到 List<Friend> friend_list 中
     */
    private void readFriendInfo(){
        File file = null;
        FileInputStream inputStream = null;
        InputStreamReader reader = null;
        BufferedReader bfReader = null;
        try {
            file = new File("config/friend.txt");
            inputStream = new FileInputStream(file);
            reader = new InputStreamReader(inputStream);
            bfReader = new BufferedReader(reader);
            String line = bfReader.readLine();
            while(line != null){
                String[] friend_split = line.split(",");
                Friend friend = new Friend(friend_split[0], friend_split[1], friend_split[2]);
                friend_list.add(friend);
                line = bfReader.readLine();}

        }catch(Exception e){
            e.printStackTrace();}
        finally {
            try {
                if(bfReader != null)
                    bfReader.close();
                if(reader != null)
                    reader.close();
                if(inputStream != null)
                    inputStream.close();}
            catch (Exception e) {
                //TODO: handle exception
                e.printStackTrace();}
        }
    }
    /*
     * 读取文件的用户信息,将读取的信息保存到 List<User> user_list 中
     */
    private void readUserInfo(){
        File file = null;
        FileInputStream inputStream = null;
        InputStreamReader reader = null;
        BufferedReader bfReader = null;
        try {
            file = new File("config/user.txt");
```

```java
                inputStream = new FileInputStream(file);
                reader = new InputStreamReader(inputStream);
                bfReader = new BufferedReader(reader);
                String line = bfReader.readLine();
                while(line != null){
                    String[] user_split = line.split(",");
                    User user = new User(user_split[0], user_split[1], user_split[2]);
                    user_list.add(user);
                    line = bfReader.readLine();}

        }catch(Exception e){
            e.printStackTrace();}
        finally {
            try {
                if(bfReader != null)
                    bfReader.close();
                if(reader != null)
                    reader.close();
                if(inputStream != null)
                    inputStream.close();}
                catch (Exception e) {
                    //TODO: handle exception
                    e.printStackTrace();}
        }
    }
    /**
     * 输入一个用户对象,如果该用户存在,则从用户列表中获取该用户的昵称并返回
     */
    public String checkUserInfo(User u){
        Iterator<User> iterator = user_list.iterator();
        String petName = null;
        while(iterator.hasNext()){
            User user = iterator.next();
            if(u.getId().equals(user.getId()) && u.getPassword().equals(user.getPassword())){
                petName = user.getPetName();break;}
        }
        return petName;
    }
    //返回全部好友列表
    public String getFriendsList(String id){
        StringBuilder contents = new StringBuilder();
        for(int i = 0; i < friend_list.size(); i++){
            Friend friend = friend_list.get(i);
            if(friend.getId().equals(id)){ contents.append(friend.getFriendName() + "(" + friend.getFriendId() + ") ");}
        }
        return contents.toString();}
}
```

(二) 客户端程序

1. 任务描述

在客户端程序中,当用户关闭聊天窗口时,需要将用户的聊天信息保存到相应的文件

中,下次用户登录时,再从文件中将保存的信息读取出来,在聊天记录栏和聊天信息栏中显示出来。

2. 实训步骤

(1) 选择项目实战 4 中的客户端程序 MyQQChatClient3,在该项目下创建一个文件夹 chatDir。

(2) 打开该项目下的 Chat 类,在 Chat 类中添加一个方法将聊天窗口中的聊天信息保存到 chatDir 目录下的相应文件中(文件命名方式为:聊天用户账号+正在聊天的好友账号.txt),代码如下:

```java
/*
 * 将聊天窗口中的信息保存到文件中,文件命名方式为:聊天用户账号+正在聊天的好友账号.txt
 */
public void writeChatMsgToFile(JTextPane jtp, String frameName){
    File chatFile = new File("chatDir/" + frameName + ".txt");    //创建文件对象
    FileWriter writer = null;
    BufferedWriter bufWriter = null;
    try {
        if(!chatFile.exists())                                      //如果文件不存在,则创建
        {
            chatFile.createNewFile();}
        writer = new FileWriter(chatFile);                          //创建文件输出流对象
        bufWriter = new BufferedWriter(writer);                     //创建缓冲流对象
        StringBuilder info = new StringBuilder("");
        info.append(jtp.getText());           //将聊天信息添加到 StringBuilder 类的对象中
        bufWriter.write(info.toString());                           //将数据写入文件中
    }
    catch(Exception e){
        e.printStackTrace();}
    finally {
        try {
            if(bufWriter != null)
                bufWriter.close();
            if(writer != null)
                writer.close();
        }catch (Exception e) {
            //TODO: handle exception
            e.printStackTrace();}
    }
}
```

(3) 修改 Chat 类中的 actionPerformed 方法,添加两条语句(其中一条语句仅用于本次测试),完整代码如下:

```java
@Override
public void actionPerformed(ActionEvent e) {
    if(e.getSource() == btn_send){
        System.out.println("发送");
        //sendMsg(this, this.myName);
    }else if(e.getSource() == btn_close || e.getSource() == btn_exit)
```

```
            {
                ManageChatFrame.removeChatFrame(myId + friendId);
                /*
                 * 关闭聊天窗口时,将聊天信息保存到文件中
                 */
                panel_Record.setText("模拟测试用,将聊天信息保存到文件中");    //正式代码中删
                                                                          //除本条语句
                writeChatMsgToFile(panel_Record, myId + friendId);
                this.dispose();}
            }
```

（4）编译并运行 Chat 类,弹出聊天窗口,然后关闭聊天窗口,查看下列文字"模拟测试用,将聊天信息保存到文件中"是否写入相关文件中,可通过右击项目 MyQQChatClient3,在弹出的快捷菜单中选择 Refresh,在 chatDir 文件夹中将显示聊天历史记录文件。结果如图 14-T-2 所示。

（5）双击打开文件 20200012020002.txt,查看文件内容如图 14-T-3 所示。

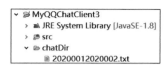

图 14-T-2　聊天历史记录文件

图 14-T-3　聊天记录

（三）思考题

（1）如何解决文件读取中的乱码问题?
（2）如何从文件中读写 User 类对象?

三、独立实践

编写一个复制文件的程序,如将 D:\a.txt 文件中的内容复制到 D:\b.txt 文件中。

本章习题

1. 简答题

（1）什么叫流? 流分为哪几种?
（2）Java 的所有输入输出流都是 4 个抽象类的子类,这 4 个抽象类是什么?
（3）写出下面输入输出流类的输入输出操作的特点。
① InputStream 和 OutputStream
② FileInputStream 和 FileOutputStream
（4）File 类的作用是什么?
（5）Java 语言是否可以读入和写出文本格式的文件? 如果可以,如何读写?
（6）流文件读入和写出的操作过程有哪些?

2. 操作题

（1）在程序中写一个"HelloJavaWorld 你好世界"输出到操作系统文件 Hello.txt 文件中。

（2）编写程序，实现当用户输入的文件名不存在时，可以重新输入，直到输入一个正确的文件名后，打开这个文件并将文件的内容输出到屏幕上的功能。

（3）编写程序，将程序文件的源代码复制到程序文件所在目录下的 backup.txt 文件中。

第15章 实现多线程

主要知识点

线程的概念；

线程的优先级与生命周期；

线程的创建方法；

线程的同步处理。

学习目标

理解线程与多线程的意义，掌握线程的创建和用法，能够运用线程处理机制解决程序的同步问题。

多线程是 Java 程序的一个重要特征。线程本来是操作系统中的概念，Java 将这一概念引入程序设计语言中，让程序员利用线程机制编写多线程程序，使系统能够同时运行多个执行体，从而加快程序的响应速度，提高计算机资源的利用率。本章主要介绍多线程机制和多线程编程的基本方法。

15.1 认识多线程

15.1.1 线程

现实生活中，很多的软件都可以同时完成多个工作，如迅雷下载软件可以同时下载多个不同的文件，我们可以使用计算机同时进行听歌、编辑文件等工作。而同时进行多种工作，在 Java 中被称为并发，将并发完成的每一件任务称为线程(Thread)。

线程本来是操作系统中的概念，由进程 Process 引申而来。进程是在多任务操作系统中，每个独立运行的程序，即"正在进行的程序"，它是程序的一次动态执行过程，如图 15-1 所示。而线程是一个程序内部的一条执行线路，是一个比进程更小的单位，一个进程包含若干个线程，也就是说它是指程序中顺序执行的一个指令序列，多线程机制允许程序中并发执行多个指令序列，且彼此相互独立互不干涉。一个标准的线程由线程 ID、当前指令指针、寄存器集合和堆栈组成，线程是进程中的一个实体，是被系统独立调度和分派的基本单位，线程自己不拥有系统资源，只拥有一点在运行中必不可少的资源，但它可与同属一个进程的其他线程共享进程所拥有的全部资源。一个线程可以创建和撤销另一个线程，同一进程中的多个线程之间可以并发执行。由于线程之间的相互制约，致使线程在运行中呈现出间断性。线程也有就绪、阻塞和运行三种基本状态。每一个程序都至少有一个线程，若程序只有一个线程,那就是程序本身。

图 15-1　任务管理器

特别提示:迅雷、腾讯 QQ、高德导航等优秀国产软件都是多线程技术的典型应用,如同时开启多个聊天窗口、同时为多台汽车选择最佳路线。编程就是解决工作生活中的问题,程序员不仅要有良好的技术技能,也要关注生活,要善于吸收别人的经验,才能设计出更高质量的软件,服务社会,服务国家。

如果要实现一个程序中多段代码的交替运行,需要创建多个线程,并为每个线程指定所要运行的代码段。

15.1.2　多线程的意义

多线程允许将程序任务分成几个并行的子任务,以提高系统的运行效率。在网络编程时,很多功能是可以并发进行的。网络蚂蚁(NetAnts)、迅雷等软件就是采用多线程实现快速下载的,其中的蚂蚁数就是线程数,用户可以设置。也就是说,如果需要从 FTP 服务器上下载文件,由于网络传输速度慢,客户端发出请求后,等待服务器响应,此时客户端处于等待状态,如果由两个独立的线程去完成这一功能,当一个线程等待时,另一个线程可以建立连接,请求另一部分数据,这样就可以充分利用网络资源,提高文件的下载速度。

多个线程的执行是并发进行的,即在逻辑上同时进行,而不管是否在物理上同时,例如一台计算机只有一个 CPU 设备,物理上不可能同时进行,但因为处理速度非常快,用户并不能感觉到 CPU 还在执行其他任务,完全可以设想各个线程是同时进行的。多线程程序和单线程程序在设计时必须要考虑的问题是:因为各线程的控制流彼此独立,从而导致各线程代码执行的顺序不确定,程序员需要解决由此带来的线程同步及调度问题。

线程是比进程更小的执行单位,一个进程在执行过程中可以产生多个线程,每个线程也有自己的产生、存在和消亡过程,也是一个动态的概念,同一进程的多个线程共享一块内存空间和一组系统资源,有可能相互影响。

15.1.3 线程的优先级与分类

每一个线程都会分配一个优先级,优先级越高,系统优先调度执行。Java 将线程的优先级分为 10 个等级,用数字 1~10 表示,数字越大优先级越高,默认的优先级是居中,即为 5。

Thread 类定义了如下三个线程优先级常量。

- MIN_PRIORITY:最小优先级,用 1 表示。
- MAX_PRIORITY:最大优先级,用 10 表示。
- NORMAL_PRIORITY:普通优先级,用 5 表示。

为了控制线程的运行,Java 定义了线程调度器监视系统中处于就绪状态的所有线程,并按优先级决定哪个线程投入运行。具有相同优先级的所有线程采用排队的方式共同分配 CPU 时间。

线程分为两类,用户线程和守护线程(Daemon,也叫后台线程),守护线程具有最低的优先级,用于为系统中其他对象和线程提供服务,如系统资源自动回收线程,它始终在低级别的状态中运行,用于实时监控和管理系统可回收资源。Java 程序运行到所有用户线程终止,然后结束所有守护进程,对一个应用程序,main()方法结束以后,如果另一个用户线程仍在运行,则程序继续运行;如果只剩下守护进程,则程序自动终止。

15.1.4 线程的生命周期

每个 Java 程序都有一个默认的主线程,对于 Application,主线程就是 main 方法执行的指令序列,对于 Applet,主线程指挥浏览器加载并执行 Java 小程序。

要实现多线程,必须由用户创建新的线程对象。前面所有例题都是单线程程序。

Java 程序使用 Thread 类及其子类的对象表示线程,新建的线程在它完整的生命周期中,包括新建、就绪、运行、阻塞和死亡 5 种状态。

(1) 新建(New)状态,用 New 命令建立一个线程后,还没有启动其指定的指令序列,这时的线程状态就是新建状态,这时线程已经分配了内存空间和其他资源。处于新建状态的线程可能被启动也可能被杀死。

(2) 就绪(Runnable)状态,也叫作可运行状态,处于新建状态的线程被启动后即进入了本状态。这时线程正在等待分配 CPU 资源,一旦获得 CPU 资源即进入了自动运行状态。

(3) 运行(Running)状态,线程获得了 CPU 资源正在执行任务,此时除非它自动放弃 CPU 资源或者有更加高优先级的线程进入,否则线程将一直运行到结束。

(4) 阻塞(Blocked)状态,由于某种原因致使正在运行的线程让出 CPU 资源暂停自己的执行,即进入阻塞状态,这时只有引起线程堵塞的原因被消除后才能使本线程回到就绪状态。

(5) 死亡(Dead)状态,处于死亡状态的线程不具备继续运行的能力,死亡的原因有两个:一个是正常的线程完成了它的全部任务后退出;另一种是线程被强制终止,如调用 Stop 或 Destroy 方法让线程消亡。此时线程不能再进入就绪状态等待执行。

线程的状态及生命周期如图 15-2 所示。

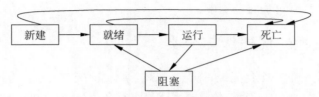

图 15-2　线程的状态及生命周期

15.2　创建多线程

Java 语言支持多线程编程，Java 主要提供两种方式创建线程：一种是继承 Thread 类创建，另一种是通过实现 Runnable 接口创建。

15.2.1　Thread 线程类

Thread 线程类包含在 java.lang 包中，提供了多线程编程的基本方法。

1. 构造方法

Thread 类的构造方法很多，主要的构造方法如表 15-1 所示。

表 15-1　Thread 类的构造方法

方法名称	功能描述
Thread()	分配一个新的 Thread 对象
Thread(Runnable target)	分配一个新的 Thread 对象，target 表示启动此线程时调用其 run()方法的对象
Thread(Runnable target,String name)	分配一个新的 Thread 对象，target 表示启动此线程时调用其 run()方法的对象，group 表示线程组
Thread(String name)	分配一个新的 Thread 对象，name 表示新线程名称
Thread(ThreadGroup group,String name)	分配一个新的 Thread 对象，group 表示线程组，name 表示新线程的名称

其中，target 是 Runnable 接口类型的对象，用于提供该线程执行的指令序列，name 是新线程的名称，group 是线程组，ThreadGroup 线程组类是为方便线程的调度管理而定义的一个类，可以将若干线程加入同一线程组。

2. 常用方法

Thread 类的常用方法如表 15-2 所示。

表 15-2　Thread 类的常用方法

方法名称	功能描述
int activeCount()	返回当前活动线程数
Thread currentThread()	返回当前运行的线程

续表

方法名称	功能描述
String getName()	返回线程的名字
int getPriority()	返回线程的优先级
void interrupt()	中断线程
boolean isInterrupted()	判断线程是否已经中断
boolean isActive()	判断线程是否处于活动状态
void setName(String name)	设置线程名
void setPriority()	设置线程的优先级
void sleep(long millis)	设置等待的毫秒数
void stop()	停止线程,进入死亡状态

15.2.2 线程的创建

1. 继承 Thread 类创建线程

Thread 线程类中定义了方法 run(),称为线程体方法,指定线程所要执行的指令序列,创建一个线程并调用 start()方法启动线程后,run()方法会自动调用,如果在 Thread 的子类中覆盖 run()方法,则线程启动后子类中定义的 run()方法被调用,这是创建线程最简单最直接的方法。一般包括以下三步:

(1) 从 Thread 类派生一个类,并覆盖 Thread 类中的 run()方法。
(2) 创建该子类的对象。
(3) 调用 start()方法启动本线程。

例 15-1 线程的使用。

```
public class ThreadDemo1{
public static void main(String args[]){
  new TestThread().run();
  while(true){                         //注意代码块 1
    System.out.println("主线程正在运行");}
  }
}
class TestThread{
  public void run(){
    while(true){                       //注意代码块 2
      System.out.println(Thread.currentThread().getName() + "正在运行");
    }
  }
}
```

运行结果是不停地显示:"main 正在运行",而不是"主线程正在运行"。可以得出结论:代码块 2 先执行并且是死循环,代码块 1 没有执行,当前线程名是 main。

例 15-2 对 ThreadDemo.java 作修改,增加 Thread 类的方法 start。

```
public class ThreadDemo2{
```

```
    public static void main(String args[]){
      new TestThread().start();              //原来是 run()
      while(true){System.out.println("主线程正在运行");}
    }
  }
  class TestThread extends Thread{           //原来没有 extends Thread 子句
    public void start(){
      while(true){
        System.out.println(Thread.currentThread().getName() + "正在运行");}
    }
  }
```

运行结果是:"主线程正在运行"和"Thread－1 正在运行"交替显示。可以说明:在单线程环境下,main 方法必须等到方法 TestThread.run 返回后才能继续执行;多线程时,main 方法调用 TestThread.start 方法,而不必等到 TestThread.run 方法返回就继续执行,TestThread.run 方法在一边单独执行,并不影响 main 方法运行。

线程总结:

- 要将一段代码放在一个新的线程上运行,应该包括在类的 run()方法中,并且 run()方法所在的类是 Thread 的子类。
- 要实现多线程,必须编写一个继承了类 Thread 的子类,子类要覆盖 Thread 类的 run()方法,在子类的 run()方法中调用要在新线程上运行的程序代码。默认的 run()方法什么也不做。
- 通过 Thread 子类对象的 start()方法启动一个新线程,它将产生一个新线程,并在这个线程上运行 Thread 子类对象的 run()方法。
- run()方法结束时相应线程也结束,通过控制 run()方法中的循环条件达到终止线程的目的。
- 线程具有优先级,优先级高的线程优先调度。

2. 实现 Runnable 接口创建线程

通过继承 Thread 创建线程的方法虽然简单,但存在问题,比如如果一个类继承了 Applet 类,它就无法再继承 Thread 类了,因为 Java 是单继承的语言。于是 Java 提供了第二种建立线程的方法,那就是实现 Runnable 接口产生线程。

接口类 Runnable 只有一个方法 run(),本方法传递了一个实现 Runnable 接口的类对象,这样创建的线程调用了那个实现 Runnable 接口的类对象中的 run()方法作为其运行代码,而不再调用 Thread 类的 run()方法。

方法 run()由系统自动调度,即通过 start()方法,而不能由程序调用。

实现 Runnable 接口建立多线程的步骤是:

(1) 定义一个类,实现 Runnable 接口。如:

```
public class MyThread implement Runnable{
public run(){…}}
```

(2) 创建自定义类的对象。如:

MyThread target = new MyThread();

（3）创建 Thread 类对象，并指定该类的对象作为 target 参数。如：

Thread newThread = new Thread(target);

（4）启动线程。如：

newThread.start();

例 15-3 利用实现 Runnable 接口的方法建立线程。

```
public class ThreadDemo3{
  public static void main(String args[]){
    Target first,second;                   //类 Target 的定义在后面
    first = new Target("第一个线程");
    second = new Target("第二个线程");
    Thread one,two;                        //建立两个 Thread 类对象
    one = new Thread(first);
    two = new Thread(second);
    one.start();
    two.start();}
}
class Target implements Runnable{          //此处实现接口 Runnable
  String s;                                //线程名
  public Target(String s){                 //建立构造方法
    this.s = s;
    System.out.println(s + "已经建立");}
  public void run(){
    System.out.println(s + "已经运行");
    try{
      Thread.sleep(1000);                  //等待 1000ms
    }catch(InterruptedException e){}       //捕获对应的异常
    System.out.println(s + "已经结束");}
}
```

运行结果如图 15-3 所示。

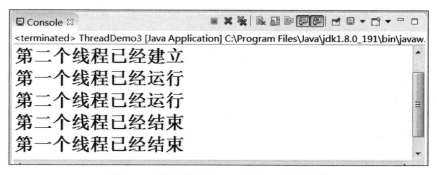

图 15-3　通过实现 Runnable 接口建立线程

从运行结果可以看出，两个线程分别建立后再投入运行直到最后完成。调用 Thread.sleep() 方法时必须使用 try-catch 代码块处理，否则编译出错。sleep() 方法只是临时让出

CPU,并没有放弃 CPU 的控制权。

相对继承 Thread 类,实现 Runnable 接口方法的好处:
- 适合于多个相同程序代码的线程处理同一资源的情况。
- 避免了单继承带来的局限性。
- 有利于程序的健壮性,代码可被多个线程共享,代码与数据独立。
- 几乎所有多线程应用都采用实现 Runnable 接口的方法。

15.3 同步多线程

同一进程的多个线程共享同一内存空间,而线程调度是抢占式的,这样就会带来访问冲突的问题。比如:有一个银行账号,存款余额是 8000 元,用户 A 持有信用卡,用户 B 持有存折,如果 A、B 同一时间都要求取款 5000 元,会出现什么情况?

取款的过程分两步:①取款;②更新账户余额。用户 A 取款 5000 元后,还没有来得及更新账户余额,用户 B 抢得线程,又取款 5000 元(这时账户余额还是 8000 元),然后更新账户余额,剩下 3000 元,用户 B 取款完成后,用户 A 线程再运行,继续更新账户余额,余额变为—2000 元。

产生负数余额的原因是:取款过程的两步被分开执行。针对这个问题,可以将取款过程的两个动作锁定,即放入同步代码块中,直到两步都执行完才能允许其他线程执行,这就是线程的同步。

15.3.1 synchronized 同步方法

通过在方法声明中加入 synchronized 关键字可以声明同步方法。如:

```
public synchronized void fetchMoney(){
    synchronized(this){
    …
    }
}
```

synchronized 方法控制对对象成员的访问,每个对象对应一把锁,每个 synchronized 方法都必须获得调用该方法的对象的锁后才能执行,本方法一旦执行就独享该锁,直到从本方法返回时才释放,然后被阻塞的线程可以获得锁而投入运行状态。这种同步机制确保了同一时刻对于同一个类的不同对象,synchronized 方法成员至多有一个处于运行状态,避免了对对象成员的访问冲突。

例 15-4 多个窗口连网卖车票的问题,假设车票共 100 张,编写从 100 号开始逐渐减少,直到票号为 0,表示所有票已经全部卖完。票号是根据卖出情况自动编写并当场打印的,就是说卖票过程包括卖票和车票号递减两步。

```
public class ThreadSyncDemo{
    public static void main(String[] args){
        ThreadTest t = new ThreadTest();
        new Thread(t).start();          //产生第一个线程(售票窗口)
```

```java
            t.str = new String("method");
            new Thread(t).start();          //产生第二个线程(售票窗口)
    }
}
class ThreadTest implements Runnable{
    private int tickets = 100;
    String str = new String("");
    public void run(){
       if(str.equals("method")){
          while(true){sale();}
       }else{
          while(true){
              synchronized(str){
              if(tickets > 0){
              try{Thread.sleep(10);
              }catch(Exception e){
               System.out.println(e.getMessage());}
              System.out.println(Thread.currentThread().getName() +
" 正在卖第" + tickets-- + "号票");}
              }
          }
       }
    }
    public synchronized void sale(){
       if(tickets > 0){
       try{Thread.sleep(10);}
       catch(Exception e){System.out.println(e.getMessage());}
System.out.println(Thread.currentThread().getName() + "正在卖第" + tickets-- + "号票");}
//if 语句结束
    } //同步方法 sale 结束
}
```

本程序的运行结果如图 15-4 所示,是显示 Thread-0 正在卖第 X 张票,X 的值由 100 逐渐减少为 1。从本题可以看出,把代码放到一个同步方法中,保证了各个窗口卖出的票号不相同,而且不会出现票号为 0 或者负数的情况。

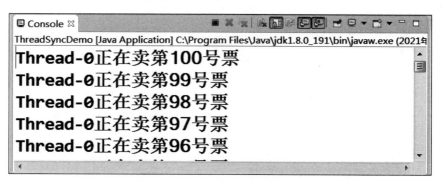

图 15-4　ThreadSyncDemo 的运行结果

15.3.2 synchronized 同步代码块

synchronized 方法虽然可以解决同步问题,但也存在缺陷,如果一个 synchronized 方法需要执行较长的时间,将影响系统效率。Java 提供了一种解决办法,就是 synchronized 同步代码块,通过 synchronized 关键字将一个程序块声明为同步代码块,而不是将整个方法声明为同步方法。synchronized 同步代码块的声明格式是:

```
synchronized(syncObject){
    … //允许访问控制的代码
}
```

synchronized 同步块中的代码必须获得 syncObject(同步对象,可以是类或者实例)的对象锁后才能执行,管理机制与同步方法相同。由于可以针对任意代码块,并且可以指定任意加锁的对象,因此同步代码块具有较大的灵活性。

例 15-5 将例 15-4 程序的功能用同步代码块的方法实现。

```
public class ThreadSyncCodeDemo{
    public static void main(String[ ] args){
        ThreadTest t = new ThreadTest();
        new Thread(t).start();       //本线程调用同步代码块
        new Thread(t).start();       //本线程调用同步函数
    }
} // ThreadSyncCodeDemo 类结束
class ThreadTest implements Runnable {
  private int tickets = 100;
  public void run(){
    while(true){
      synchronized(this){            //在这里设置同步代码块,而不是同步方法
        if(tickets > 0){
          try{Thread.sleep(10);}
          catch(Exception e){
            System.out.println(e.getMessage()); }
          System.out.println(Thread.currentThread().getName() + " 正在卖第" + tickets -- +
"号票"); }                            //结束条件语句 if(tickets > 0)
      } //结束同步代码块 synchronized(this)
    } //结束循环语句 while(true)
  } //结束方法 public void run()
} //结束 ThreadTest 类
```

运行结果如图 15-5 所示。

说明:以上程序采用了同步代码块的方式,满足了代码段在某一时刻只能有一个线程执行的要求,此程序每次执行的结果可能会不同。

同步方法总结:在同一类中,使用 synchronized 关键字定义的方法,如果一个线程进入了 synchronized 修饰的方法(获得监视器,称为 monitor 管程),其他线程就不能进入同一个对象的所有使用 synchronized 修饰的方法,直到第一个线程执行完它所进入的 synchronized 修饰的方法(释放监视器,即管程)为止。任何一个对象都有一个标志位,标志位只有 0 和 1 两种状态,初始状态为 1,当执行到 synchronized(object)语句后,object 对象

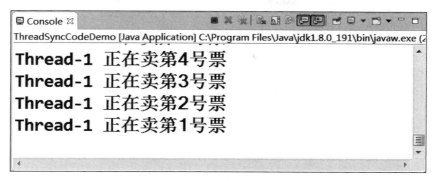

图 15-5　同步代码块

的标志位变为 0，直到执行整个 synchronized() 语句中的代码段回到 1。一个线程执行到 synchronized(object) 语句，先检查 object 对象的标志位，若为 0，表示已有线程正在执行同步代码段，因而暂时阻塞，让出 CPU，等待其他线程执行完同步代码段。

技能训练 13　实现多线程

一、目的

（1）掌握线程与多线程的基本概念；
（2）掌握创建线程的两种基本方法；
（3）掌握 Thread 类的常用方法，如 start()、run()、stop()、sleep() 等的使用；
（4）掌握编写同步代码的方法；
（5）培养良好的编码习惯。

二、内容

1. 任务描述

"仿 QQ 聊天软件"服务器端创建两个线程与客户端通信，每通信一次，等待 100ms，输出通信记录。

2. 实训步骤

（1）打开 Eclipse 开发工具，新建一个 Java Project，项目名称为 Ch16Train，项目的其他设置采用默认设置。

（2）在项目中创建一个包 com.hncpu.service。

（3）在包 com.hncpu.service 下添加一个类文件 Server，实现 Runnable 接口，程序代码如下：

```java
package com.hncpu.service;
public class Server implements Runnable{
    private String serv;              //服务器名称
```

```java
    public Server(String serv){
        this.serv = serv;}
    @Override
    public void run() {
        for(int i = 1; i <= 5; i++){
            System.out.println(serv + "与客户端通信了" + i + "次");
            try {
                Thread.sleep(100);          //等待 100ms
            } catch (InterruptedException e) {
                e.printStackTrace();}
        }
    }
    public static void main(String[] args){
        Server s1 = new Server("张三");     //创建服务器线程
        Thread thread1 = new Thread(s1);
        thread1.start();                    //启动服务器线程
        Server s2 = new Server("李四");     //创建服务器线程
        Thread thread2 = new Thread(s2);
        thread2.start();                    //启动服务器线程
    }
}
```

(4) 运行 Server 类,其运行结果如图 15-T-1 所示。

```
张三与客户端通信了1次
李四与客户端通信了1次
张三与客户端通信了2次
李四与客户端通信了2次
张三与客户端通信了3次
李四与客户端通信了3次
李四与客户端通信了4次
张三与客户端通信了4次
李四与客户端通信了5次
张三与客户端通信了5次
```

图 15-T-1　线程运行结果(1)

3. 任务扩展

(1) 实际操作过程中,服务器端启动一个线程与客户端通信,该线程一直在线,处于无限循环状态,等待客户端的连接,直到用户关闭服务器端为止。这里模拟服务器端操作,创建一个类 Server2,用户输入 y,则线程终止。参考程序代码如下:

```java
package com.hncpu.service;
import java.util.Scanner;
public class Server2 implements Runnable{
    private volatile boolean runFlag;       //启动停止线程标志
    private String serv;                    //服务器名称
    public Server2(String serv){
        runFlag = true;
        this.serv = serv; }
    /**
```

```
     * 结束线程运行
     */
    public void stop() {
        runFlag = false;}
    @Override
    public void run() {
        //运行标志为 true,则执行循环,否则停止执行
        int i = 0;
        while(runFlag){
            i++;
            System.out.println(serv + "与客户端通信了" + i + "次");
            try {
                Thread.sleep(500);          //等待 500ms
            } catch (InterruptedException e) {
                e.printStackTrace();}
        }
    }
    public static void main(String[ ] args){
        Server2 s1 = new Server2("张三"); //创建服务器线程
        Thread thread1 = new Thread(s1);
        thread1.start();                    //启动服务器线程
        Scanner scanner = new Scanner(System.in);
        System.out.println("请输入 y 或 n,y 表示结束线程,n 表示不结束");
        String str = scanner.next();
        if(str.equalsIgnoreCase("y"))
            s1.stop(); }
}
```

(2) 编译并运行上述程序,程序执行一段时间后,单击 console 输出窗口,输入 y 并回车,执行结果如图 15-T-2 所示。

```
张三与客户端通信了1次
请输入y或n，y表示结束线程，n表示不结束
张三与客户端通信了2次
张三与客户端通信了3次
张三与客户端通信了4次
张三与客户端通信了5次
张三与客户端通信了6次
张三与客户端通信了7次
y张三与客户端通信了8次
张三与客户端通信了9次
```

图 15-T-2　线程运行结果(2)

4. 思考题

(1) 还可以采用哪些方式终止线程？如何修改上面的程序代码？

(2) 线程生命周期包括哪几个状态？每个状态对应哪个方法？绘出线程的生命周期图。

(3) 定义线程类的对象除了实现 Runnable 接口以外,是否还有其他方法？如何实现？

三、独立实践

编写一个模拟银行取款的程序,假设账号 A 存款余额为 5000 元,夫妻二人都有账号 A 的密码,随时可以从账号 A 上取款(包括微信、支付宝、现场刷卡等消费活动),用户取款后,在控制台输出账号 A 的存款余额。

注意:需要考虑多线程的同步问题。

本章习题

1. 简答题

(1) 什么叫线程?什么叫多线程?
(2) 简述进程和线程的联系和区别。
(3) 简述线程的生命周期。
(4) 创建线程的两种方式分别是什么?各有什么优缺点?
(5) Java 线程的优先级设置遵循什么原则?
(6) 举例说明什么叫线程的同步?Java 中如何实现线程的同步?

2. 操作题

(1) 编写一个程序,通过继承 Thread 创建线程并以此生成两个线程,每个线程输出 1~5 的数。

(2) 设计 7 个线程对象,模拟体彩七星彩的开奖程序。提示:七星彩的整个开奖过程需要产生 7 位开奖号码,每个开奖号码的范围为 0~9。

(3) 模拟三个教师同时分发 80 份学习笔记,每个教师相当于一个线程。

(4) 编写创建三个线程对象的程序。每个线程应该输出一个消息,并且消息后紧跟字符串"消息结束"。要求:在线程输出消息后,暂停一秒钟才输出"消息结束"。

第16章 实现网络通信

主要知识点

网络通信基本理论与方法；
URL 编程；
Socket 套接字编程；
Datagram 数据报编程。

学习目标

理解网络协议与 IP 地址的概念，掌握 URL 类的用法、Socket 和 Datagram 通信机制，能够运用 URL、Socket、Datagram 实现网络软件的通信功能。

Java 对网络编程语言提供了强大的支持，能方便地将 Applet 嵌入网页，也可以实现客户端和服务器端的通信，还支持多客户端。Java 语言使用了基于套接字（Socket）和数据报（Datagram）的通信方式，通过系统包 java.net 实现三种网络通信模式：URL、Socket、Datagram。本章主要介绍网络编程的一般方法和基本技术，实现"仿 QQ 聊天软件"项目中的通信功能。

16.1 认识网络通信

Internet 上的计算机之间采用 TCP/IP 进行通信，其体系结构分为 4 层，结构及各层主要协议如图 16-1 所示。

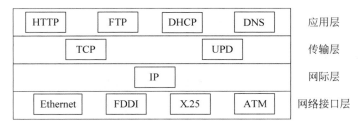

图 16-1 TCP/IP 的层次结构

使用 Java 语言编写网络通信程序一般在应用层，对某些特殊的情况可能需要对传输层编程，无须关心网络通信的具体细节，特别是网际层和网络接口层。

16.1.1 网络编程基本理论

1. TCP 与 UDP

在 TCP/IP 的层次结构中,传输层提供在源节点和目标节点的两个实体之间可靠的端到端数据传输,TCP/IP 模型提供了两种传输协议,即传输控制协议 TCP 和用户数据报协议 UDP。

TCP 是面向连接的协议,在传递数据之前必须和目标节点建立连接,然后再传送数据,传送数据结束后,关闭连接。而 UDP 是一种无连接协议,无须事先建立连接即可直接传送带有目标节点信息的数据报,不同的数据报可能经过不同的路径到达目标位置,接收的顺序和发送时的顺序可能不相同。采用哪一种传输层协议由应用程序来决定,如果希望更加稳定、可靠,用面向连接的方式更加合适,如果希望尽可能提高系统资源的利用率,可以考虑采用面向非连接的方式,即 UDP 方式。

TCP/UDP 数据报格式如下:

协议类型	源 IP 地址	目标 IP 地址	源端口号	目标端口号	帧序号	帧数据

2. IP 地址与端口

端口(Port)和 IP 地址为网络通信的应用程序提供了一种确定的地址标识,IP 地址表明发送端口的目的计算机,而端口表明将数据包发送给目的计算机上的哪一个应用程序。应用层协议通常采用客户机/服务器模式(C/S 模式),应用服务器启动后监听特定的端口,客户端根据服务时请求与服务端口建立连接。端口号用 16 位表示,编号是 0~65535,其中 0~1023 分配给常用的网络服务,如 HTTP 为 80、FTP 为 21 等,用户的网络程序应使用 1024 以上的端口号。

特别提示:目前全世界的 IPv4 地址大约 43 亿个,美国最多,超过 40%,中国约 9%。2016 年,中国申请的 IP 地址数达到 4000 万,当年度世界第一,表示中国在互联网应用领域的发展速度领先于其他国家,2020 年,我国自主研发的 5G 通信技术已经成为全球通信技术的领航者。

3. Socket 套接字

Socket 套接字是网络驱动层提供给应用程序编程的接口和管理方法,处理数据接收与输出。Socket 在应用程序创建,通过一种绑定机制与应用程序建立关联,告诉对方自己的 IP 和端口号,然后应用程序送给 Socket 数据,由 Socket 交给驱动程序向网络发布。接收方可以从 Socket 提取相应的数据。

4. 数据报与 URL

数据报 Datagram 是一种面向非连接的、以数据报方式工作的通信,适用于网络层不可靠的数据传输与访问。

URL 网络统一资源定位器，确定数据在网络中的位置。如一个网址、一个网络路径、磁盘上文件的相位路径都是一个有效的 URL 地址。

16.1.2 网络编程的基本方法

Java 语言专门为网络通信提供了系统软件包 java.net，利用它提供的有关类及方法可以快速开发基于网络的应用程序。

系统软件包 java.net 对 HTTP 提供了特别的支持，只要通过 URL 类对象指明图像、声音资源的位置，即可轻松地从 Web 服务器上下载图像和声音资源，或者通过数据流操作获得 HTML 文档和文本资源，并对这些资源进行处理，简单而快捷。

java.net 包还提供了对 TCP、UDP 套接字 Socket 编程的支持，可以建立自己的服务器，实现特定的应用。Socket 是一种程序接口，最初由加利福尼亚大学伯克利分校开发，是用于简化网络通信的工具，也是 UNIX 操作系统的一个组成部分，Socket 概念已经深入到了各种操作环境，也包括 Java。

16.2 URL 编程

URL 用来标识 Internet 的资源，包括获得资源采用的地址，通过 URL 可以访问 Internet 的文件和其他资源。URL 的一般格式是：

```
protocol://hostName:port/resourcePath
```

即

```
协议名://主机名:端口号/资源路径
```

协议名指明了获取资源所用的传输协议，如 HTTP、FTP，主机名指明了资源所在的计算机，端口号是指服务器相应的端口，如果采用默认的端口（如 HTTP-80、FTP-21），则端口可以省略，资源路径指示该资源在服务器上的虚拟路径。

URL 的例子如：

```
http://tech.sina.com.cn/t/2014-01-30/10525178.html
```

说明：以上 URL 中没有指定端口号，表示采用默认的端口号，即 80，而路径/t/2013-08-30/10525178.html 是文件 10525178.html 在服务器上的虚拟路径。

以上采用的 URL 都是网络资源的完整路径，称为绝对 URL，但有时也使用相对 URL，它不包括协议和主机信息，表示文件在主机上的相对位置。相对 URL 可以是一个文件名，也可以是一个包括路径的文件名。

16.2.1 URL 类

1. URL 类的使用

Java 语言访问网络资源是通过 URL 类来实现的，URL 定义了统一资源定位器来对网络资源进行定位，还包括一些访问方法。URL 类对象指向网络资源，如网页、图形图像、音频视频文件，创建 URL 对象后可得到 URL 各个部分的信息，获取 URL 内容。

URL 的构造方法很多，如表 16-1 所示。

表 16-1 URL 的构造方法

方 法 名	功 能 描 述
public URL(String url)	根据 url 表示形式创建一个 URL 对象
public URL(URL baseURL, String relativeURL)	根据指定的绝对地址和相对地址两个参数，创建一个 URL
URL(String protocol, String host, String fileName)	根据指定的 protocol（协议）、host（主机）和 file（文件）参数，创建一个 URL
URL(String protocol, String host, int port, String fileName)	根据指定的 protocol、host、port（端口）和 file 参数，创建一个 URL

baseURL 表示绝对地址，relativeURL 表示相对位置，protocol 表示协议名，host 表示主机名，port 表示端口号，fileName 表示文件名，文件名前面可以带路径。如：

```
URL url1 = new URL("http://www.163.com");
URL gameWeb = new URL("http://www.ourgame.com/");
URL myGame = new URL(gameWeb,"pai/sandaha.html"));
```

URL 的构造方法都会抛出 malformedURLException 异常（畸形 URL 异常），生成 URL 对象时，必须对这个异常进行处理，否则系统编译通不过。如：

```
try{
   myURL = new URL("http://www.163.com/");
}catch(malformedURLException e){
   System.out.println("malformedURLException:" + e);}
```

2. URL 类的常用方法

URL 类提供了很多方法，用于设置或获取有关参数，常用方法如表 16-2 所示。

表 16-2 URL 的常用方法

方 法 名	功 能 描 述
Object getContent()	获取 URL 的内容
int getDefaultPort()	获取 URL 的默认端口
String getFile()	获取 URL 的文件名
String getHost()	获取 URL 的主机名
String getPath()	获取 URL 的路径
int getPort()	获取 URL 的端口号
String getProtocol()	获取 URL 的协议名
String getUserInfo()	获取 URL 的用户信息
InputStream openStream()	打开 URL 连接并返回在此连接上的输入流

例 16-1 利用 URL 类解析 WWW 服务器。

```
import java.io.*;
import java.net.*;
```

```
public class ReadURL{
    public static void main(String args[]) throws Exception{
        URL url = new URL("http://www.hncpu.com/xygk/xyjj.htm");
        System.out.println("URL 是 " + url.toString());
        System.out.println("协议是 " + url.getProtocol());
        System.out.println("文件名是 " + url.getFile());
        System.out.println("主机是 " + url.getHost());
        System.out.println("路径是 " + url.getPath());
        System.out.println("端口号是 " + url.getPort());
        System.out.println("默认端口号是 " + url.getDefaultPort());
    }}
}
```

程序运行结果如图 16-2 所示。

图 16-2　ReadURL 运行结果

16.2.2　URLConnection 类

前面介绍了利用 URL 访问网络资源的方法，但没有涉及向服务器提供信息的问题，而这种情况并不少见，如发送一个表单、向搜索引擎提供关键字等，这时需要运用 URLConnection（URL 连接）类，它是 Java 程序和 URL 之间创建通信链路的抽象类，可用于连接由 URL 标识的任意资源，该类的对象既可从资源中读取数据，也可向资源写数据。

1．URL 连接的创建

URLConnection 类的构造方法只有一个，如下所示。

URLConnection(URL url)：构建一个与 URL 的连接。

2．常用方法

URLConnection 类的常用方法如表 16-3 所示。

表 16-3　URLConnection 类的常用方法

方　法　名	功　能　描　述
getInputStream() throws IOException	打开一个连接到该 URL 的 InputStream 的对象，通过该对象，可从 URL 中读取 Web 页面内容
OutputStream getOutputStream() throws IOException	生成向该连接写入数据的 OutputStream 对象

续表

方 法 名	功 能 描 述
void setDoInput(Boolean doinput)	若参数 doinput 的值是 true,表示通过该 URLConnection 进行读操作,即从服务器读取页面内容,默认值是 true
void setDoOutput(Boolean dooutput)	若参数 dooutput 的值是 true,表示通过该 URLConnection 进行写操作。即向服务器上的 CGI 程序上传内容,默认值是 false
abstract void connect() throws IOException	向 URL 对象所表示的资源发起连接。若已存在这样的连接,则该方法不做任何动作
String getHeaderFieldKey(int n)	返回 HTTP 响应头中第 n 个域的"名-值"对中"名"的内容,n 从 1 开始
String getHeaderField(int n)	返回 HTTP 响应头中第 n 个域的"名-值"对中"值"的内容,n 从 1 开始

用户创建了 URL 类对象后,通过其 openConnection 方法获得 URLConnection 类的对象,其过程如下:

```
try{
    URL myWeb = new URL("http://www.cctv.com");
    URLConnection connection = myWeb.openConnection();
}catch(Exception e)
    {System.out.println(e.toString());}
```

说明:方法 toString()返回代表 URL 连接的一个字符串。

3. 读写操作

建立好了 URL 连接,就可针对这个连接的输入流(InputStream)进行读操作,也可以针对这个连接的输出流(OutputStream)进行写操作,这时需要先调用方法 setDoOutput 将输入(Output)属性设置为真(true),指定该连接后写入内容。

4. 使用 URLConnection 类进行网络通信的基本步骤

(1) 创建 URLConnection 类的对象。

建立 URL 对象,调用这个对象的 openConnection 方法,返回一个对应其 URL 地址的 URLConnection 对象。

(2) 建立输入输出数据流。

利用 URLConnection 类的方法 getInputStream 和 getOutputStream 获取输入输出数据流。

(3) 从远程计算机节点上读取信息或者写入信息。

利用 in.readLine 方法读取信息,利用 out.println 方法写入信息。

例 16-2 通过类 URLConnection,读取 http://www.hncpu.com/xygk/xyjj.htm 网页内容。

```
import java.net.*;
```

```java
import java.io.*;
public class URLConnectionTest{
    public static void main(String[] args) throws Exception{
        URL url = new URL("http://www.hncpu.com/xygk/xyjj.htm");
        URLConnection uc = url.openConnection();
            //生成一个URLConnection对象,发起连接
        BufferedReader br = new BufferedReader(new
                InputStreamReader(uc.getInputStream()));
            //生成一个文本输入流
        String s;
        while((s = br.readLine())!= null)   //从服务器读取网页内容直到结束
        System.out.println(s);
        br.close();              //关闭连接
    } //main()方法结束
}
```

运行结果如图16-3所示。

图 16-3 URLConnectionTest 运行结果

16.3 实现基于 Socket 的网络通信

  Socket(套接字)是网络通信的一个重要机制,是指两台计算机上运行的两个程序之间的双向通信的连接点,这个双向链路上每一端都称为一个 Socket。Java 采用的 Socket 通信是一种流式套接字通信,它使用 TCP,通过面向连接的服务,实现客户机与服务器之间的双向且可靠的通信。系统包 java.net 提供了 ServerSocket 类和 Socket 类,分别用于服务器端(Server)和客户端(Client)。

  其通信过程是：客户端程序申请连接,服务器端程序监听所有的端口,判断是否有客户程序的服务器请求。当客户端程序请示和某个端口连接时,服务器将对方 IP 地址和端口号绑定形成套接字,这样服务器与客户机就建立了一个专用的虚拟连接,客户程序可以向套接字写入请求,服务器处理请求并把结果通过套接字返回。通信结束后,将此虚拟连接拆除,如图 16-4 所示。

图 16-4　Socket 与 ServerSocket 的通信

16.3.1　ServerSocket 类

java.net 包中提供的 ServerSocket 类用于实现服务器套接字，服务器套接字等待通过网络进入的请求。它根据该请求执行一些操作，然后可能将结果返回给请求者，其主要方法如表 16-4 所示。

表 16-4　ServerSocket 的主要方法

方法名	功能描述
ServerSocket()	创建未绑定的服务器套接字
ServerSocket(int port)	创建绑定到指定端口的服务器套接字
ServerSocket(int port, int backlog)	创建服务器套接字将其绑定到指定的本地端口号，并指定了积压
ServerSocket(int port, int backlog, InetAddress bindAddr)	创建一个具有指定端口的服务器，侦听 backlog 和本地 IP 地址绑定
Socket accept()	等待客户机的连接。若连接，则创建套接字
InetAddress getInetAddress()	返回此服务器套接字的本地地址
boolean isClosed()	返回 ServerSocket 的关闭状态
void close()	关闭 ServerSocket

16.3.2　Socket 类

Socket 类实现客户端套接字，用于创建 Socket 对象，以建立与服务器的连接，每一个 Socket 对象都代表一个客户端，其主要方法如表 16-5 所示。

表 16-5　Socket 类的主要方法

方法名	功能描述
Socket(InetAddress IP, int port)	创建流套接字并将其连接到指定 IP 地址的指定端口号
Socket(String host, int port)	创建流套接字并将其连接到指定主机上的指定端口号
InputStream getInputStream()	返回此套接字的输入流
OutputStream getOutputStream()	返回此套接字的输出流
boolean isClosed()	返回套接字的关闭状态
void close()	关闭套接字

在建立 Socket 时要进行异常处理，以便出现异常能够作出响应。建立 Socket 连接后，

可以利用Socket类的getInputstream和getOutputstream方法获得向Socket读写数据的输入输出流，不过也要进行异常处理，获取Socket的输入输出流后，需要在这两个流的基础上建立容易操作的数据流，如InputStreamReader和OutputStreamReader，通信结束后使用close方法断开连接。

在Socket通信时，服务器程序可以建立多个线程同时与多个客户程序通信，还可以通过服务器让各个客户机之间互相通信。这点与URL通信不同，URL服务器程序只能与一个客户机进行通信。

16.3.3　Socket应用

例16-3　利用Socket进行服务器与客户机的通信。

服务器端的程序：ServerProgram.java

```java
import java.io.*;
import java.net.*;
public class ServerProgram{
public static final int SERVERPORT = 9999;          //设置服务器端的端口为9999
public static void main(String[] args){
  try{
    ServerSocket s = new ServerSocket(SERVERPORT);
    //建立服务器端监听套接字
    System.out.println("开始:" + s);          //等待并接收请求,建立连接套接字
    Socket incoming = s.accept();
    System.out.println("连接并接收到:" + incoming);
    //新建网络连接的输入流
    BufferedReader in = new BufferedReader(new InputStreamReader(incoming.getInputStream()));
    //新建网络连接并自动刷新输出流
    PrintWriter out = new PrintWriter(new BufferedWriter(new OutputStreamWriter(
    incoming.getOutputStream())), true);
    System.out.println("输入quit退出");          //回显客户端的输入内容
    while (true){ //从网络连接读取一行,即接收客户端的数据
      String line = in.readLine();
//如果接收到的数据为空(注意直接回车不表示空),则退出循环,关闭连接
      if (line == null) break;
      else{
        if (line.trim().equals("quit")){
          System.out.println("客户端输入了quit!");
          System.out.println("连接已经关闭!");
          break;}
        System.out.println("客户端输入的是:" + line);
        //向网络连接输出一行,即向客户端发送数据
        out.println("您输入的是:" + line);}}   //关闭套接字
        incoming.close();}
  catch (IOException e){
    System.err.println("输入输出异常" + e.getMessage());}
    }//主方法结束
}//主类结束
```

客户端的程序：ClientProgram.java

```java
import java.io.*;
import java.net.*;
public class ClientProgram{                              //服务器端的服务端口
    public static final int SERVERPORT = 9999;
    public static void main(String[] args){
        try{                                              //建立连接套接字
            Socket s = new Socket("localhost", SERVERPORT);
            System.out.println("socket = " + s);          //新建网络连接的输入流
            BufferedReader in = new BufferedReader(new InputStreamReader(s.getInputStream()));
            //新建网络连接的自动刷新的输出流
            PrintWriter out = new PrintWriter(new BufferedWriter(new OutputStreamWriter(
s.getOutputStream())), true);
            //先使用System.in构造InputStreamReader,再构造BufferedReader
            BufferedReader stdin = new BufferedReader(new InputStreamReader(System.in));
            System.out.println("输入一个字符串,输入quit退出!");
            while (true){
//读取从控制台输入的字符串,并向网络连接输出,即向服务器端发送数据
                out.println(stdin.readLine());
                //从网络连接读取一行,即接收服务器端的数据
                String str = in.readLine();
                //如果接收到的数据为空(不是回车),则退出循环,关闭连接
                if (str == null) break;
                System.out.println(str);}
            s.close();}
        catch (IOException e){
            System.err.println("输入输出异常!" + e.getMessage());}
    } //主方法结束
} //主类结束
```

说明：本程序利用本机作为服务器，同时也作为客户机通信，本机的机器名是localhost，IP地址为127.0.0.1，它们都不是真正的机器名和IP地址，而是专门用于测试的机器名和IP地址，这样不管它们真正的机器名和IP地址是什么，都可以使用localhost和127.0.0.1来进行通信。

本程序的运行不能在同一个Eclipse窗口中运行，分成三步完成。

(1) 打开一个Eclipse窗口，运行服务器端程序，这时服务器处于等待状态，等待与客户端的连接，如图16-5所示。

图16-5　服务器端初始界面

(2) 另外打开一个Eclipse窗口，根据提示输入新的工作空间名，然后进入Eclipse窗口，建立一个项目名，在此项目中添加客户端程序，运行此客户端程序。这时屏幕提示用户

输入字符串,用户输入信息,每输入一行按 Enter 键,键入小写的 quit 并按回车键可以退出系统,如图 16-6 所示。

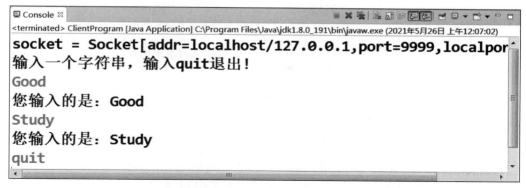

图 16-6　客户端工作界面

(3) 切换到服务器端的 Eclipse 窗口,可以监视到客户端输入的信息。在客户端每输入一行信息,都会在这里显示出来,如图 16-7 所示。

图 16-7　服务器端工作界面

例 16-4　利用 Socket 编写聊天程序,例 16-3 中,服务器端只能接收来自客户机发送的消息,如果希望服务器也能向客户机发送信息,就要用到聊天程序。

服务器程序：Server.java

```
import java.io.*;
import java.net.*;
import java.awt.*;
import java.awt.event.*;
public class Server extends Frame implements ActionListener{
    Label label = new Label("交谈内容");
    Panel panel = new Panel();
    TextField tf = new TextField(10);
    TextArea ta = new TextArea();
    ServerSocket server;
    Socket client;
    InputStream in;
    OutputStream out;
```

```java
    public Server(){                               //构造方法
      super("服务器");
      setSize(250,250);
      panel.add(label); panel.add(tf);
      tf.addActionListener(this);                  //给文本框注册监听器
      add("North",panel);add("Center",ta);
      addWindowListener(new WindowAdapter(){       //给框架注册监听器
        public void windowClosing(WindowEvent e){
        System.exit(0);}
      });
      show();
      try{
        server = new ServerSocket(4000);
        client = server.accept();                  //从服务器套接字接收信息
        ta.append("客户机是:" + client.getInetAddress().getHostName() + "\n\n");
        in = client.getInputStream();              //获取输入流
        out = client.getOutputStream();            //获取输出流
      }
      catch (IOException ioe){}
      while(true){
      try {
        byte[] buf = new byte[256];
        in.read(buf);
        String str = new String(buf);
        ta.append("客户机说:" + str + "\n");}
        catch (IOException e){}
      }
    }
    public void actionPerformed(ActionEvent e){
      //实现 ActionListener 对应的抽象方法
      try{
        String str = tf.getText();
        byte[] buf = str.getBytes();
        tf.setText(null);out.write(buf);
        ta.append("我说:" + str + "\n");
      }catch (IOException ioe){}
    }
    public static void main(String[] args){
      new Server();}
    }
```

客户端程序：Client.java

```java
import java.io.*;
import java.net.*;
import java.awt.*;
import java.awt.event.*;
public class Client extends Frame implements ActionListener{
    Label label = new Label("交谈内容");
    Panel panel = new Panel();
    TextField tf = new TextField(10);
    TextArea ta = new TextArea();
    Socket client;
    InputStream in;
```

```
    OutputStream out;
    public Client(){                                       //构造方法
      super("客户机");
      setSize(250,250);
      panel.add(label); panel.add(tf);
      tf.addActionListener(this);                          //给文本框注册监听器
      add("North",panel);add("Center",ta);
      addWindowListener(new WindowAdapter(){               //给框架注册监听器
        public void windowClosing(WindowEvent e){
        System.exit(0);}
        });show();
      try{
        client = new Socket(InetAddress.getLocalHost(),4000);   //建立套接字
        ta.append("服务器是:" + client.getInetAddress().getHostName() + "\n\n");
        in = client.getInputStream();
        out = client.getOutputStream();
      }catch (IOException ioe){}
      while(true){
        try{
          byte[] buf = new byte[256];
          in.read(buf);
          String str = new String(buf);
          ta.append("服务器说:" + str + "\n");
        }catch(IOException e){}
      }
    }
    public void actionPerformed(ActionEvent e){
      try{
        String str = tf.getText();
        byte[] buf = str.getBytes();
        tf.setText(null);
        out.write(buf);
        ta.append("我说:" + str + "\n");
      }catch(IOException iOE){}
    }
    public static void main(String args[]){
      new Client();}
    }
```

运行方法同例16-3,系统会自动刷新窗口内容,结果如图16-8所示。

图 16-8　聊天室运行结果

技能训练 14　实现网络通信

一、目的

（1）理解 Socket 通信的概念和机制；
（2）掌握 Socket 服务器和客户机的建立与通信的编程方法；
（3）培养良好的编程习惯。

二、内容

（一）任务描述

（1）"仿 QQ 聊天软件"服务器端启动以后，需要创建服务器套接字监听客户端的连接，一旦监听到客户端的连接请求，便接收该请求并与客户端通信，获取并验证客户端输入的用户名和密码，验证通过，则返回登录成功信息给客户端，否则返回登录失败信息给客户端，通过验证的客户端可以与好友互发消息。

（2）客户端登录时，需要创建一个 Socket 连接服务器，然后将用户输入的用户名和密码发送给服务器端进行验证，验证成功，则进入主界面；否则，需要重新输入用户名和密码。

（二）实训步骤

1. 服务器程序

（1）将项目实战 4 中的项目 MyQQChatServer3 复制为 MyQQChatServer4，将技能训练 12 中的 config 文件夹（包括文件夹下的文件 friend.txt、user.txt）复制到项目 MyQQChatServer4 中，在项目 MyQQChatServer4 中新建一个包 com.hncpu.util，把技能训练 12 中的包 com.hncpu.util 下的 ConfigReader 类复制到 MyQQChatServer4 项目的 com.hncpu.util 包中。

（2）修改 com.hncpu.service 包下的 Server 类，在该类中创建一个服务器端 Socket，不停地监听客户端连接，一旦监听到客户端连接请求，便创建一个 Socket 与客户端通信，并获得该 Socket 上的输入流和输出流。从输入流上获取用户输入的用户名和密码并进行验证，需要添加一个处理用户登录请求的函数和关闭多个流的函数，代码如下：

```
package com.hncpu.service;
import com.hncpu.entity.Message;
import com.hncpu.entity.MsgType;
import com.hncpu.entity.User;
import com.hncpu.util.ConfigReader;
import com.hncpu.view.ServerFrame;
import java.io.Closeable;
import java.io.IOException;
import java.io.ObjectInputStream;
```

```java
import java.io.ObjectOutputStream;
import java.net.ServerSocket;
import java.net.Socket;
public class Server implements Runnable{
    //服务器端监听客户端连接的Socket,一旦获得一个连接请求,就创建一个Socket实例来与客
    //户端进行通信
    private ServerSocket server;
    private Socket client;                //与客户端通信的Socket
    private ObjectInputStream input;      //获取客户端输入信息的对象输入流
    private ObjectOutputStream output;    //返回信息给客户端的对象输入流
    private volatile boolean isRunning;   //服务器线程运行标志,为true时,服务器提供服务;为
                                          //false时,服务器停止服务
    public Server(){
        System.out.println("--------------- Server(9999) --------------- ");
        isRunning = true;              //服务器启动时,将服务器线程运行标志设置为true
        new Thread(this).start();      //启动服务器线程
    }
    /**
     * 结束线程运行
     */
    public void myStop() {
        isRunning = false;             //将服务器线程运行标志设置为false
        close(server);                 //关闭服务器Socket
    }
    @Override
    public void run() {
        try {
            //1.设置服务器套接字 ServerSocket(int port)创建绑定到指定端口的服务器套接字
            server = new ServerSocket(9999);
            while(isRunning) {
                //2.阻塞式等待客户端连接 (返回值)Socket accept()侦听要连接到此套接字的
                //客户端并接收它
                client = server.accept();
                System.out.println("一个客户端已连接....");
                //获得与客户端通信的Socket上的对象输入流
                input = new ObjectInputStream(client.getInputStream());
                //获得与客户端通信的Socket上的对象输出流
                output = new ObjectOutputStream(client.getOutputStream());
                //读取对象输入流上的信息,返回User类型的对象
                User u = (User)input.readObject();
                System.out.println(u.toString());
                //处理用户登录请求
                doUserLogin(u);
            }
        } catch (IOException e) {
            //关闭输入流、输出流、客户端Socket、服务器端Socket,释放资源
            close(output,input,client,server);
        } catch(ClassNotFoundException e){
            e.printStackTrace();}
    }
    /**
```

```java
 * 处理用户登录请求
 * @param u
 */
private void doUserLogin(User u){
    Message msg = new Message();
    //创建 ConfigReader 类对象,读取配置文件中用户信息和好友信息
    ConfigReader userInfo = new ConfigReader();
    try{
        //检测用户是否存在,若存在则返回用户昵称
        String qname = userInfo.checkUserInfo(u);
        //若用户昵称不为空,则表示该用户存在,登录成功,否则登录失败
        if(null != qname){
            msg.setType(MsgType.LOGIN_SUCCEED);    //设置消息类型为登录成功
            //设置消息内容为用户昵称-好友 id
            msg.setContent(qname + "-" + userInfo.getFriendsList(u.getId()));
            output.writeObject(msg);               //把消息发送给客户端
            //在服务器面板上显示用户登录成功的消息
            ServerFrame.showMsg("用户"+u.getId()+"成功登录!");
        }else{
            msg.setType(MsgType.LOGIN_FAILED);     //设置消息类型为登录失败
            output.writeObject(msg);               //把消息发送给客户端
            //关闭输入流、输出流和与客户端通信的 Socket
            close(output,input,client);
        }
    }catch(IOException e){
        e.printStackTrace(); }
}
/**
 * 用于关闭多个 I/O 流,包括输入流、输出流和与客户端通信的 Socket 等
 * @param ios
 */
private void close(Closeable... ios) {             //可变长参数
    for(Closeable io: ios) {
        try {
            if(null != io)
                io.close();
        } catch (IOException e) {
            e.printStackTrace();}
    }
}
```

(3) 选择 com.hncpu.view 包下的 ServerFrame,单击工具栏上的 run 工具运行服务器程序,然后单击"启动服务"按钮,程序运行结果如图 16-T-1 所示。

图 16-T-1　程序运行结果

2. 客户端程序

（1）将项目实战 4 中的项目 MyQQChatServer3 复制为 MyQQChatServer4，打开项目 MyQQChatClient4，在该项目下创建一个包 com.hncpu.model，在该包下创建一个类 LoginUser，该类用于创建客户端 Socket 与服务器端通信，并在本地验证用户输入端的用户名和密码是否合法，然后再发送给服务器端进行验证，程序代码如下：

```java
package com.hncpu.model;
import com.hncpu.entity.Message;
import com.hncpu.entity.MsgType;
import com.hncpu.entity.User;
import javax.swing.*;
import java.io.IOException;
import java.io.ObjectInputStream;
import java.io.ObjectOutputStream;
import java.net.Socket;
/**
 * 对用户输入的登录信息进行校验,符合格式后发送到服务器,并接收校验结果将其返回
 */
public class LoginUser {
    private Socket client;
    private ObjectOutputStream output;
    private ObjectInputStream input;
    public LoginUser() {
        try {
            client = new Socket("localhost", 9999);         // 通过 socket 与本地主机上的 9999
                                                            //号端口建立连接
            //获得该 Socket 上的对象输出流
            output = new ObjectOutputStream(client.getOutputStream());
            //获得该 Socket 上的对象输入流
            input = new ObjectInputStream(client.getInputStream());
        } catch (IOException e) {
            System.out.println("连接服务器失败!");
            e.printStackTrace();}
    }
    /**
     * 将通过校验的登录信息发送到服务器
     * 并将得到的消息包返回(包含当前用户的所有好友)
     * @param f
     * @param id 用户名
     * @param password 密码
     */
    public Message sendLoginInfoToServer(JFrame f, String id, String password) {
        User user = new User();
        user.setId(id);
        user.setPassword(password);
        try {
            output.writeObject(user);                    //发送到服务器
            System.out.println("ok " + user.toString());
            Message msg = (Message) input.readObject();  //接收返回结果
            if (msg.getType() == MsgType.LOGIN_SUCCEED) {//登录成功
```

```
                    System.out.println("登录成功:" + msg);
                    return msg;
                } else if (msg.getType() == MsgType.LOGIN_FAILED) {
                    JOptionPane.showMessageDialog(f, "账号或密码输入错误,请重新输入!");
                } else if (msg.getType() == MsgType.ALREADY_LOGIN) {
                    JOptionPane.showMessageDialog(f, "该用户已登录,请勿重复操作!");
                }
            }catch(IOException | ClassNotFoundException e){
                e.printStackTrace();}
            return null;
        }
    }
```

(2) 修改 com.hncpu.view 包下的类 Login,将 Login 类中的方法按如下方式修改,同时导入需要用到的类:

```
import com.hncpu.entity.Message;
import com.hncpu.model.LoginUser;
/**
 * 单击登录进行处理
 * @param e
 */
@Override
public void actionPerformed(ActionEvent e) {
    if(e.getSource() == btn_login){                    //单击登录
        String id = qqNum.getText().trim();            //获取输入账号
        String pwd = new String(qqPwd.getPassword());//获取密码
        if("".equals(id) || id == null){
            JOptionPane.showMessageDialog(this, "请输入账号!");
        }
        else if("".equals(pwd) || pwd == null){
            JOptionPane.showMessageDialog(this, "请输入密码!");
        }
        else {
            //接收检验结果
            Message msg = new LoginUser().sendLoginInfoToServer(this, id, pwd);
            if(null != msg){
                String[] info = msg.getContent().split(" - ");
                msg.setContent(info[1]);               //后面内容为全部好友
                FriendList fl = new FriendList(info[0], id, msg);   //进入列表界面
            }
        }
    }
}
```

(3) Login 类的完整代码如下:

```
package com.hncpu.view;
import java.awt.Container;
import java.awt.Cursor;
import java.awt.Font;
```

```java
import java.awt.Point;
import java.awt.event.ActionEvent;
import java.awt.event.ActionListener;
import java.awt.event.MouseAdapter;
import java.awt.event.MouseEvent;
import java.awt.event.MouseMotionAdapter;
import javax.swing.*;
import com.hncpu.entity.Message;
import com.hncpu.model.LoginUser;
/**
 * 客户端登录页面
 */
public class Login extends JFrame implements ActionListener{
    private static final long serialVersionUID = 1L;
    private JLabel jlb_north;                           //背景图片标签
    private JButton btn_exit,btn_min;                   //右上角最小化和关闭按钮
    private JTextField qqNum;                           //"账号"输入框
    private JPasswordField qqPwd;                       //"密码"输入框
    private JLabel userName;                            //账号输入框前的用户名提示标签
    private JLabel userPwd;                             //密码输入框前的密码提示标签
    private JCheckBox remPwd;                           //"记住密码"复选框
    private JCheckBox autoLog;                          //"自动登录"复选框
    private JButton btn_login;                          //"登录"按钮
    boolean isDragged = false;                          //记录鼠标是否是拖动移动
    private Point frame_temp;                           //鼠标当前相对窗体的位置坐标
    private Point frame_loc;                            //窗体的位置坐标
    public Login() {
        //获取此窗口容器
        Container c = this.getContentPane();
        //设置布局
        c.setLayout(null);
        //背景图片标签
        jlb_north = new JLabel(new ImageIcon("image/login/login.jpg"));
        jlb_north.setBounds(0,0,430,126);
        c.add(jlb_north);
        //右上角最小化按钮
        btn_min = new JButton(new ImageIcon("image/login/min.jpg"));
        //为最小化按钮添加事件处理,单击最小化按钮,窗口最小化
        btn_min.addActionListener(new ActionListener() {
            @Override
            public void actionPerformed(ActionEvent e) {
                //注册监听器,单击实现窗口最小化
                setExtendedState(JFrame.ICONIFIED);
            }
        });
        btn_min.setBounds(370, 0, 30, 30);
        c.add(btn_min);
        //右上角关闭按钮
        btn_exit = new JButton(new ImageIcon("image/login/exit.jpg"));
        //为关闭按钮添加事件处理,单击关闭按钮,结束程序
        btn_exit.addActionListener(new ActionListener() {
```

```java
            @Override
            public void actionPerformed(ActionEvent e) {
                //注册监听器,单击实现窗口关闭
                System.exit(0);
            }
        });
        btn_exit.setBounds(400, 0, 30, 30);
        c.add(btn_exit);
        //账号输入框
        qqNum = new JTextField();
        qqNum.setBounds(120,155,195,30);
        c.add(qqNum);
        //密码输入框
        qqPwd = new JPasswordField();
        qqPwd.setBounds(120,200,195,30);
        c.add(qqPwd);
        //账号输入框前的用户名提示标签
        userName = new JLabel();
        userName.setFont(new Font("微软雅黑",Font.BOLD,12));
        userName.setText("用户名:");
        userName.setBounds(65,151,78,30);
        c.add(userName);
        //密码输入框前的密码提示标签
        userPwd = new JLabel();
        userPwd.setFont(new Font("微软雅黑",Font.BOLD,12));
        userPwd.setText("密 码:");
        //after_qqPwd.setForeground(Color.blue);
        userPwd.setBounds(65,197,78,30);
        c.add(userPwd);
        //"自动登录"复选框
        autoLog = new JCheckBox("自动登录");
        autoLog.setBounds(123,237,85,15);
        c.add(autoLog);
        //"记住密码"复选框
        remPwd = new JCheckBox("记住密码");
        remPwd.setBounds(236,237,85,15);
        c.add(remPwd);
        //登录按钮
        btn_login = new JButton(new ImageIcon("image/login/loginbutton.jpg"));
        btn_login.addActionListener(this);             //为登录按钮注册事件监听器
        btn_login.setBounds(120,259,195,33);
        c.add(btn_login);
        //注册鼠标按下、释放监听器
        this.addMouseListener(new MouseAdapter() {
            @Override
            public void mouseReleased(MouseEvent e) {
                //鼠标释放
                isDragged = false;
                //光标恢复
                setCursor(new Cursor(Cursor.DEFAULT_CURSOR));
            }
```

```java
            @Override
            public void mousePressed(MouseEvent e) {
                //鼠标按下
                //获取鼠标相对窗体位置
                frame_temp = new Point(e.getX(),e.getY());
                isDragged = true;
                //光标改变为移动形式
                if(e.getY() < 126)
                    setCursor(new Cursor(Cursor.MOVE_CURSOR));}
        });
        //注册鼠标拖动事件监听器
        this.addMouseMotionListener(new MouseMotionAdapter() {
            @Override
            public void mouseDragged(MouseEvent e) {
                //指定范围内单击鼠标可拖动
                if(e.getY() < 126){
                    //如果是鼠标拖动移动
                    if(isDragged) {
                        frame_loc = new Point(getLocation().x + e.getX() - frame_temp.x,
getLocation().y + e.getY() - frame_temp.y);
                        //保证鼠标相对窗体位置不变,实现拖动
                        setLocation(frame_loc);}
                }
            }
        });
        //用户登录界面
        this.setIconImage(new ImageIcon("image/login/Q.png").getImage());
        this.setSize(430,305);                    //设置窗体大小
        this.setUndecorated(true);                //去掉自带装饰框
        this.setVisible(true);                    //设置窗体可见
    }
    public static void main(String[] args) {
        new Login();}
    /**
     * 单击登录进行处理
     * @param e
     */
    @Override
    public void actionPerformed(ActionEvent e) {
        if(e.getSource() == btn_login){           //单击登录
            String id = qqNum.getText().trim();   //获取输入账号
            String pwd = new String(qqPwd.getPassword());//获取密码
            if("".equals(id) || id == null){
                JOptionPane.showMessageDialog(this, "请输入账号!");
            }
            else if("".equals(pwd) || pwd == null){
                JOptionPane.showMessageDialog(this, "请输入密码!");
            }
            else {
                //接收检验结果
         Message msg = new LoginUser().sendLoginInfoToServer(this, id, pwd);
```

```
                    if(null != msg){
                        String[] info = msg.getContent().split(" - ");
                        msg.setContent(info[1]);              //后面内容为全部好友
                        FriendList fl = new FriendList(info[0], id, msg); //进入列表界面
                    }
                }
            }
        }
    }
```

(4) 在 Login.java 窗口单击 Run 菜单下的 Run 菜单项运行 Login 类。程序运行结果如图 16-T-2 所示,在该图中输入用户名 2020001,密码 001,然后单击"登录"按钮。

图 16-T-2　登录界面

(5) 登录成功后,进入主界面,如图 16-T-3 所示。
(6) 在该界面上双击"我的好友",可以展开好友列表,如图 16-T-4 所示。

图 16-T-3　主界面

图 16-T-4　好友列表界面

(7) 用户成功登录后,服务器界面将显示用户登录信息,如图 16-T-5 所示。

3. 任务拓展

打开客户端程序 MyQQChatClient4 下 com.hncpu.view 包中的类 Login.java,修改 public void actionPerformed(ActionEvent e)方法,验证用户输入的账号和密码,要求账号必须为 6～10 位数字,且不能以 0 开头,密码长度必须为 3～20 位。

修改客户端程序 Login 类中的 actionPerformed 方法,代码如下:

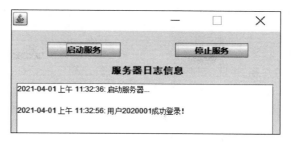

图 16-T-5　服务器端显示用户成功登录

```java
/**
 * 单击登录进行处理
 * @param e
 */
@Override
public void actionPerformed(ActionEvent e) {
    if(e.getSource() == btn_login){                     //单击登录
        String id = qqNum.getText().trim();             //获取输入账号
        String pwd = new String(qqPwd.getPassword());   //获取密码
        String userPattern = "^[1-9][0-9]{5,9}$";       //模式匹配
        if("".equals(id) || id == null){
            JOptionPane.showMessageDialog(this, "请输入账号!");
        }
        else if(!id.matches(userPattern)){
            JOptionPane.showMessageDialog(this, "账号必须为6～10位数字,且不能以0开头!");
        }
        else if("".equals(pwd) || pwd == null){
            JOptionPane.showMessageDialog(this, "请输入密码!");
        }
        else if(pwd.length()> 20 || pwd.length()< 3){
            JOptionPane.showMessageDialog(this, "密码长度必须为3～20位!");
        }
        else {
            //接收检验结果
            Message msg = new LoginUser().sendLoginInfoToServer(this, id , pwd);
            if(null != msg){
                String[] info = msg.getContent().split("-");
                msg.setContent(info[1]);                                  //后面内容为全部好友
                FriendList fl = new FriendList(info[0], id, msg);         //进入列表界面
                this.dispose();                                           //关闭登录界面
            }
        }
    }
}
```

4．思考题

运行上面的程序,思考下面的问题:

(1) 同一账号可以同时登录,如何避免这种情况发生?

（2）运行服务器程序时，如果 ServerSocket.accept 方法没有发生阻塞，最可能的原因是什么？

（3）服务器程序和客户端程序读写数据都是采用 ObjectInputStream、ObjectOutputStream，能否采用 DataInputStream 和 DataOutputStream，怎么修改？

三、独立实践

编写 Socket 程序完成下面的功能：

（1）创建一个服务器程序，在 9000 端口上监听客户端连接，一旦监听到客户端连接请求，则接受该请求，并获取客户端的地址，同时返回欢迎信息给客户端，最后关闭服务器 Socket。

（2）创建一个客户端程序，连接服务器端的 9000 端口，建立连接后，将自己的地址发送给服务器，同时接收服务器端返回的信息，最后关闭客户端 Socket。

本章习题

1．简答题

（1）简述 TCP 与 UDP 的区别。
（2）什么叫 URL？一个 URL 由哪些部分组成？
（3）什么是网络通信中的地址和端口？
（4）说明如何通过一个 URL 连接从服务器上读取文件。
（5）Socket 类和 ServerSocket 类各有什么作用？

2．编程题

（1）编写程序，使用 URL 读取清华大学网站首页的文件内容（注：清华大学的网址为 http://www.tsinghua.edu.cn/）。

（2）编写程序实现由客户端向服务器端发送一段字符串，服务器将接收到的字符串反转后输出至客户端。

（3）编写程序，获得制定端口的主机名、主机地址和本机地址。

第17章 实现数据库编程

主要知识点

JDBC 的工作过程；

JDBC 的工作原理；

JDBC 应用程序的开发过程；

JDBC 数据库应用。

学习目标

理解 JDBC 的工作原理，掌握 Java 与 MySQL 数据库的连接方法，能够运用相关的类和包编写数据库管理软件。

Java 是一种跨平台的编程语言，它具有良好的网络功能和多媒体处理功能，也具有对数据库的全面支持能力，包括 Access、MySQL、SQL Server、Oracle、DB2、Sybase，也支持对 Excel 电子表格的访问。本章主要介绍 JDBC 数据库访问技术，然后以 MySQL 为例，学习 Java 程序访问数据库的方法。

17.1 认识 JDBC

Java 提供了方便的数据访问方式，利用 JDBC 技术，用户能方便地开发出基于 Web 网页的数据库访问程序，扩充网络应用功能。JDBC 允许 Java 应用程序访问任何形式的表格化数据，包括 MySQL、SQL Server、Access、Excel，适用于任何关系数据库。

17.1.1 JDBC 概述

JDBC(Java DataBase Connectivity，Java 数据库连接)是一种用于执行 SQL 语句的 Java API 应用程序接口，可以为多种关系数据库提供统一的访问接口，由一组用 Java 语言编写的类与接口组成，通过调用这些类和接口所提供的方法，用户能够以一致的方式连接多种不同的数据库系统，从而可使用标准的 SQL 语言来存取数据库中的数据，不必再为每一种数据库系统编写不同的 Java 程序代码，JDBC 工作原理如图 17-1 所示。

17.1.2 JDBC 的功能

JDBC 主要实现以下三方面的功能。

(1) 建立与数据库的连接：通过 DriverManager 类建立与数据源的连接，这个连接作为

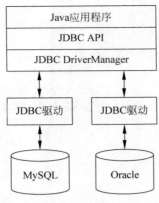

图 17-1　JDBC 的工作原理

数据操作的起点，也是连接会话事务操作的基础。

（2）执行 SQL 语句：通过 Statement 类或者 PreparedStatement 类向数据源发送 SQL 语句，然后再调用类中的 execute 方法来执行 SQL 语句。

（3）处理 SQL 语句执行结果：对于数据库 DDL/DML 操作，返回被修改的记录数，对于查询操作，返回结果集 ResultSet，通过遍历结果集获得所需的查询结果。

特别提示：SQL 语言是操作数据库的基础，其准确性决定了软件的性能，所以查询语句务求精准。根据企业需求确定是否剔除重复数据，是对查询结果更高的要求，是一种精益求精、追求卓越的"工匠精神"，把握细节、减少差错、提高效率是程序员必须具备的职业素质。

17.1.3　JDBC 驱动程序类型

JDBC 提供了一整套数据库操作标准，同时针对每种数据库提供了专有的驱动程序，常见的 JDBC 驱动程序有以下 4 种。

（1）JDBC－ODBC 桥＋ODBC（开放数据库连接）：通过 ODBC 驱动程序提供 JDBC 访问，ODBC（Open DataBase Connectivity）是一种开放式接口，为用户提供了一个访问关系数据库的标准接口，对于不同的数据库它提供了一套统一的 API，可以使应用程序通过 API 访问任何提供了 ODBC 驱动程序的数据库。而目前所有的关系数据库都提供了 ODBC 驱动程序，所以 ODBC 成为数据库访问的业界标准，并得到了广泛应用。这种方式的缺点是必须加载到目标机器上，而且 ODBC-JDBC 转换影响效率。

（2）本地 API 部分 Java 驱动程序：使用本地 API 与数据源通信，使用 Java 方法调用数据操作的 API 函数。缺点是必须在目标机器上存放本地代码，不同厂商提供的驱动程序可能不一致。

（3）JDBC-Net 纯 Java 驱动程序：将 JDBC 调用转化为 DBMS 独立网络协议，然后由服务器转化为 DBMS 协议。这种方法的缺点是协议转换困难。

（4）本地协议的纯 Java 驱动程序：全部是 Java 驱动程序，允许从 Java 客户端直接调用数据库服务器，不需要对客户端进行配置，只要注册相应的驱动程序即可，同时它全面继承 Java 的跨平台性和安全性，是最理想的驱动程序类型。

本书以本地协议的纯 Java 驱动程序为例，介绍 MySQL 数据库的应用。

17.2 实现 JDBC 数据库编程

17.2.1 JDBC API

JDBC 是支持基本 SQL 数据库功能的一系列抽象的接口,最重要的接口包括以下 4 种。

(1) java.sql.DriverManager:驱动程序管理器,处理驱动程序的调入并且对产生新的数据库连接提供支持。

(2) java.sql.Connection:连接接口,对特定数据库的连接。

(3) java.sql.Statement:一个特定的容器,对一个特定的数据库执行 SQL 语句。

(4) java.sql.ResultSet:结果集,控制对一个特定语句的行(记录)数据的存取。

这些接口在不同的数据库功能模块的层次上提供了一个统一的用户界面,使得独立于数据库的 Java 应用程序开发成为可能,同时提供了多样化的数据库连接方式。

17.2.2 JDBC 应用程序的开发过程

开发一个 JDBC 数据库应用程序主要包括注册 JDBC 驱动程序、建立数据库连接、创建数据库操作对象、执行 SQL 语句、处理结果集、关闭 JDBC 对象 6 步,如图 17-2 所示。

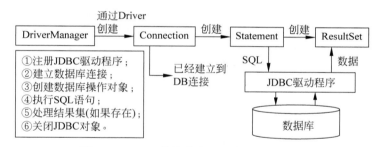

图 17-2 JDBC 数据库应用程序的开发流程

1. 配置数据库驱动程序

使用纯 Java 驱动方式进行数据库连接,首先需要下载数据库厂商提供的驱动程序 Jar 包,并将 Jar 包引入项目工程中。以 MySQL 8.0 为例,此处采用 MySQL 8.0 对应的 JDBC 驱动程序 8.0.25 版本。

2. 加载驱动程序

通过 JDBC 连接关系数据库开发应用程序,第一步是加载合适的 JDBC 驱动程序,并获得一个与该数据库的连接。用 Class.forName(驱动器类的名称)加载驱动程序,获得与该数据库的连接,用 JDBC 的 DriverManager 类实现 java.sql.Driver 接口。

3. 建立连接

用 DriverManager 类中的 getConnection()方法连接数据库,需要提供数据库的具体连接地址，不同数据库对应不同的连接地址。MySQL 连接地址的格式如下：

```
jdbc:mysql:            //主机名称:连接端口/数据库的名称?参数 = 值
```

通过 DriverManager 类实现 Connection 接口的一个对象代表一个数据源连接。

例 17-1　在项目中创建 MyConn 类，在 MyConn 类中创建 getConn() 方法，获取与 MySQL 数据库的连接，并在主方法中调用它。

```java
import java.sql.*;
public class MyConn {
    Connection con;                                    //声明 Connection 对象
    //定义 MySQL 数据库的连接地址
    public static final String DBURL = "jdbc:mysql://localhost:3306/world";
    //MySQL 数据库的连接用户名
    public static final String DBUSER = "root";
    //MySQL 数据库的连接密码
    public static final String DBPASS = "123456";
    public Connection getConn(){                       //创建返回值为 Connection 的方法
        try{
         Class.forName("com.mysql.cj.jdbc.Driver");    //加载数据库驱动类
         System.out.println("驱动加载成功。");
        }catch(ClassNotFoundException e){
            System.out.println("无法找到驱动类");}
        try{
        //连接 MySQL 数据库时,要写上连接的用户名和密码
            con = DriverManager.getConnection(DBURL, DBUSER, DBPASS);
            System.out.println("连接已建立");
        }catch(Exception e){
            e.printStackTrace();}
        return con;
    }
    public static void main(String[] args) {
        MyConn c = new MyConn();
        c.getConn();}
}
```

程序运行结果如图 17-3 所示。

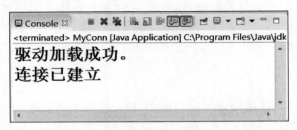

图 17-3　MyConn 运行结果

4. Statement 接口

实例 17-1 中的 getConn() 方法只是获取与数据库的连接，要查询数据库中的数据，就

需要执行 SQL 语句，Statement 接口提供了执行 SQL 语句和检索结构的一种方法。由于 Statement 是一个接口，所以程序员不能直接创建一个 Statement 对象。通常可以通过如例 17-1 中的连接数据库对象 con 的 createStatement() 方法创建这个对象。如创建 Statement 对象 stmt，命令如下：

```
try{
    Statement stmt = connection.createStatement();
}catch(SQLException e){
    e.printStackTrace()}
```

此语句用于建立由 SQL 语句组成的程序段，当建成一个 Statement 对象之后，它提供一个工作空间供用户创建 SQL 查询，执行该查询，以及检索返回的任何结果，可以通过调用该 Statement 对象的执行方法来执行 SQL 查询，如表 17-1 所示。

表 17-1 Statement 的常用方法

方 法 名	功 能 描 述
ResultSet executeQuery(String sql)	执行查询，返回结果集对象，用于在单个 ResultSet 对象的数据库中检索出数据的 SQL 语句
int executeUpdate(String sql)	执行数据库更新的 SQL 语句：insert、update、delete。并返回更新的记录数
boolean execute(String sql)	执行给定的 SQL 语句，可能返回多个结果。如果第一个结果为 ResultSet 对象，则返回 true；如果其为更新计数或者不存在任何结果，则返回 false
void close()	关闭 Statement 操作

5．通过 ResultSet 接口处理结果集

ResultSet 表示数据库结果集的数据表，通常通过执行查询数据库的语句生成。查询结果作为 ResultSet 的对象返回后，可以从这个结果集中提取结果。其常用方法如表 17-2 所示。

表 17-2 ResultSet 的常用方法

方 法 名	功 能 描 述
boolean next()	ResultSet 结果集是一个表，包括一个指针，指向当前可以操作的行，初始状态下这个指针指向第一行之前，第一次执行 next()，指针即指向第一行。next() 方法的功能是判断是否存在下一行，若有，则指针指向下一行
int getInt(int columnIndex)	以整数形式返回按列编号取得的指定列的内容
int getInt(String columnName)	以整数形式返回指定列的内容
String getString(int columnIndex)	以字符串形式返回按列编号取得的指定列内容
String getString(String columnName)	以字符串形式返回指定列的内容

如获取查询结果集，代码如下。

```
ResultSet res = stmt.executeQuery("select * from tb_emp");
```

应用举例:

(1) 下面的语句用于建立名为 cx 的 Statement 对象:

```
Statement cx = con.creatStatement();
```

在 Statement 对象上,可以使用 execQuery 方法执行查询语句。execQuery 的参数是一个 String 对象,即 SQL 的 Select 语句,返回值是一个 ResultSet 类的对象。

```
ResultSet result = cx.execQuery("SELECT * FROM table1")
```

该语句在 result 中返回表 table1 中所有行。对 Result 对象处理后,才能将查询结果显示给用户。Result 对象包括由查询语句返回的一个表,这个表中包含所有查询结果。对 Result 对象的处理必须逐行进行,而对每一行中的各列,可以按任何顺序处理。Result 类的 getXXX() 方法可将结果集中的 SQL 数据类型转换为 Java 数据类型。

(2) 对数据库中的记录可以进行修改、插入和删除操作,分别对应于 SQL 语句的 Update、Insert 和 Delete 操作。

同 Select 语句类似,executeUpdate 方法的参数是一个 String 对象,即要执行的 SQL 语句,返回一个整数。对于修改、插入和删除操作,返回的是操作记录的行数,对于无返回值的 SQL 语句,executeUpdate 方法返回零。例:

```
cx.executeUpdate = ("UPDATE A SET Code = 5 WHERE DEPARTMENT = 'COMPUTER'")
```

6. 关闭数据库连接对象

对象使用完毕,需要关闭相关对象以腾出系统资源。关闭对象的顺序与打开对象正好相反,需要依次关闭结果集对象、关闭语句对象和连接对象。即:

关闭结果集对象: rs.close();

关闭执行语句对象: stmt.close();

关闭连接对象对象: con.close();

这些语句在操作时都会抛出 SQLException 异常,需放在异常处理语句块中。

例 17-2 在 MySQL 中的 world 数据库内创建表 student,并插入 2 条记录,假设 MySQL 的登录名为 root,密码为 123456。

```java
import java.sql.*;
public class MysqlDemo {
    public staticvoid main(String[] args) throws Exception {
        Connection conn = null;
        String sql;
        //MySQL 的 JDBC URL 编写方式:jdbc:mysql://主机名称:连接端口/数据库的名称?
        //参数 = 值
        //避免中文乱码要指定 useUnicode 和 characterEncoding
        String url = "jdbc:mysql://localhost:3306/test?" + "user = root&password = 123456&useUnicode = true&characterEncoding = UTF8";
        try {
            //通过 Class.forName 加载
            Class.forName("com.mysql.jdbc.Driver");        //动态加载 mysql 驱动
```

```java
        System.out.println("成功加载MySQL驱动程序");
        // 一个Connection代表一个数据库连接
        conn = DriverManager.getConnection(url);
        //使用Statement对象中的方法执行SQL语句
        Statement stmt = conn.createStatement();
        sql = "createtable student(NO char(20),name varchar(20),primary key(NO))";
        int result = stmt.executeUpdate(sql);         //创建student数据表
        if (result != -1) {                           //判断student表是否创建成功
            System.out.println("创建数据表成功");
            sql = "insert into student(NO,name) values('2016001','刘大')";
            result = stmt.executeUpdate(sql);
            sql = "insert into student(NO,name) values('2016002','陈二')";
            result = stmt.executeUpdate(sql);
            sql = "select * from student";
            ResultSet rs = stmt.executeQuery(sql);
            System.out.println("学号\t姓名");
            while (rs.next()) {
                System.out.println(rs.getString(1) + "\t" + rs.getString(2));
            }
        }
    } catch(SQLException e) {
        System.out.println("MySQL操作错误");
        e.printStackTrace();
    } catch (Exception e) {
        e.printStackTrace();
    } finally {
        conn.close(); }
    }
}
```

程序运行结果如图17-4所示。

图17-4　MysqlDemo运行结果

技能训练15　实现数据库编程

一、目的

（1）理解JDBC的工作原理；
（2）掌握Java连接MySQL数据库的方法；

(3) 掌握使用 JDBC 实现数据的增、删、改、查操作；
(4) 培养良好的编码习惯和编程风格。

二、内容

1. 任务描述

在 MySQL 数据库服务器中创建一个数据库 userDB,在数据库中创建一个表 t_user,表的结构如表 17-T-1 所示。

表 17-T-1　t_user 表结构定义

字 段 名	数 据 类 型	说 明
id	int	编号(PK),自动增长
username	varchar(20)	姓名
password	varchar(20)	密码

向数据表 t_user 中添加 2 条记录：("mike","123456"),("bill","34567"),编写程序显示 t_user 表中的所有记录。

2. 实训步骤

(1) 打开 Eclipse 开发工具,新建一个 Java Project,项目名称为 Ch17Train,项目的其他设置采用默认设置。

(2) 将 mysql 的 jdbc 驱动程序 mysql-connector-java-8.0.25.jar 复制到项目 Ch17Train 的 src 目录下,右击文件 mysql-connector-java-8.0.25.jar,在弹出的快捷菜单中选择 Build Path-Add to Build Path,将 jdbc 驱动程序加载到项目中。

(3) 在项目中添加一个包 com.hncpu.util,在该包中添加一个类文件 DbUtil.java,程序代码如下：

```java
package com.hncpu.util;
import java.sql.*;
public class DbUtil {
    //定义数据库 JDBC 驱动程序
    public static final String DbDriver = "com.mysql.jdbc.Driver";
    //定义数据库连接 URL 地址
    public static final String dbURL = "jdbc:mysql://localhost:3306/userDB";
    //定义连接数据库的用户名
    public static final String name = "root";
    //定义连接数据库的密码
    public static final String pwd = "123456";
    //连接 userDB 数据库
    public Connection getCon(){
        Connection con = null;
        try {
            Class.forName(DbDriver);                          //加载 JDBC 驱动类
            con = DriverManager.getConnection(dbURL,name,pwd); //获得数据库连接对象
        }catch (ClassNotFoundException e) {
```

```java
            System.out.println("类没有发现异常");
        }catch(SQLException e){
            System.out.println("建立数据库连接异常");}
        return con;
    }
    //关闭数据库连接
    public void closecon(Connection con) throws SQLException{
        try {
            if(con != null){
                con.close();}
        }catch(SQLException e){
            System.out.println("关闭数据库连接异常");}
    }
}
```

(4) 在项目中添加一个包 com.hncpu.test，在该包下创建一个类文件 DBTest.java，程序代码如下：

```java
package com.hncpu.test;
import java.sql.*;
import com.hncpu.util.DbUtil;
public class DBTest {
    public static void selectAllUser(DbUtil dbUtil){
        Connection conn = null;                    //数据库连接对象
        Statement stmt = null;                     //数据库的操作对象
        ResultSet rs = null;                       //保存查询结果
        try {
            conn = dbUtil.getCon();                //获得数据库连接对象
            if(conn != null){
                System.out.println("数据库连接成功");
                String sql = "SELECT id,userName,password FROM t_user"; //查询语句
                stmt = conn.createStatement();     //创建预查询语句
                rs = stmt.executeQuery(sql);       //获得结果集
                System.out.println("t_user 表中数据如下：");
                while(rs.next()){                  //依次取出数据
                    int id = rs.getInt("id");      //取出 id 列的内容
                    String name = rs.getString("userName");    //取出 userName 列的内容
                    String password = rs.getString("password");    //取出 password 列的内容
                    System.out.println("-----------------------");
                    System.out.print("编号" + id + ";");
                    System.out.print("用户名" + name + ";");
                    System.out.println("密码" + password);}
            }
            else {
                System.out.println("查询数据失败");}
        } catch (Exception e) {
            e.printStackTrace();
        }finally {
            try {
                if(rs != null) rs.close();
                if(stmt != null)
```

```
                stmt.close();
                dbUtil.closecon(conn);
            } catch (SQLException e2) {
                System.out.println("数据库操作异常");}
        }
    }
    public static void main(String[] args){
        DbUtil dbUtil = new DbUtil();
        selectAllUser(dbUtil);}
}
```

```
数据库连接成功
t_user表中数据如下：
----------------------
编号1；用户名mike；密码123456
----------------------
编号2；用户名bill；密码34567
```

图 17-T-1　程序运行结果

(5) 编译运行上述程序，结果如图 17-T-1 所示。

3. 任务拓展

修改类文件 DBTest，增加一个向 t_user 表插入记录的方法，然后再查询表中所有记录。

4. 思考题

运行上面的程序，思考下面的问题：

(1) 如果要查询某个编号的记录，需要做哪些修改？如果要查询某个用户的记录需要做哪些修改？

(2) 结果集中的索引号是从 0 开始还是从 1 开始？

三、独立实践

在数据库中新建一个 t_user(姓名、密码)表，编写窗体程序如图 17-T-2 所示，完成 t_user 表的增加、修改、删除操作。

图 17-T-2　程序运行结果

本章习题

1. 简答题

(1) 什么是 JDBC？它有哪几种类型？简述其工作过程。

(2) JDBC 访问数据库的基本步骤是什么？

(3) JDBC 的 DriverManager 是用来做什么的？

(4) 调用 Connection 接口时，可能会产生哪些异常？写出 try…catch 语句块的常用形式。

(5) Class.forName()方法的功能是什么？写出应用于 MySQL 的 Class.forName()完整格式。

(6) execute、executeQuery、executeUpdate 的区别是什么？

2．操作题

（1）创建类 CreateTeacher，实现在 world 数据库中创建 teacher(id,name,age)表，并插入 5 条记录。

（2）设计一个程序，查询输出 world 数据库中表 teacher 的全部记录内容。

（3）编写一个程序，删除 world 数据库中表 teacher 的第 5 条记录。

（4）修改 world 数据库中表 teacher，条件是 name 为"张三"的记录，要求其 age 值为"40"。

项目实战 5　实现"仿 QQ 聊天软件"存储和通信

一、目的

(1) 掌握 Java 的文件操作；
(2) 掌握 Java 网络编程；
(3) 掌握 Java 多线程编程；
(4) 培养良好的编码习惯。

二、内容

(一) 任务描述

"仿 QQ 聊天软件"服务器程序需要不断监听客户端的连接请求，客户端连接成功后，创建线程与客户端通信，然后验证客户端输入的用户名和密码，用户登录成功后，将用户登录信息发送给好友；接收并转发客户端发送给好友的聊天信息；处理用户退出请求，并将用户退出信息发送给好友。

"仿 QQ 聊天软件"客户端程序通过 Socket 与服务器建立连接，并将用户输入的用户名、密码发送给服务器进行验证，验证成功后，创建线程与服务器通信，通过线程将用户输入的聊天信息发送给服务器(服务器转发给好友)，用户关闭聊天窗口时，将聊天信息保存到文件中，用户下次登录时，从文件中读取聊天信息，并显示在聊天窗口中，同时也显示在聊天记录窗口中。

(二) 实训步骤

1. 服务器程序

(1) 打开 Eclipse 开发工具，将技能训练 14 中的 MyQQChatServer4 复制为 MyQQChatServer5。

(2) 在包 com.hncpu.service 中添加一个类 ServerToClientThread，该类用来与客户端通信，包括接收客户端发送给好友的消息并转发给其好友；用户的好友登录或退出时，服务器将该信息转发给用户；客户端退出时，关闭与客户端通信的线程。代码如下：

```
package com.hncpu.service;
import com.hncpu.entity.Message;
import com.hncpu.entity.MsgType;
import com.hncpu.view.ServerFrame;
import java.io.IOException;
import java.io.ObjectInputStream;
```

```java
import java.io.ObjectOutputStream;
import java.net.Socket;
/**
 *  服务器与客户端通信线程
 */
public class ServerToClientThread extends Thread {
    private Socket client;                              //服务器与客户端通信的Socket
    private volatile boolean isRunning;                 //服务器与客户端通信线程运行标
    //志,为true时,服务器可以与该客户端正常通信,为false时,服务器关闭与该客户端的通信
    public ServerToClientThread(Socket client) {
        this.client = client;
        this.isRunning = true; }
    public Socket getClient() {
        return client; }
    public void myStop(){
        isRunning = false; }
    /**
     *  将自己上线或下线的消息通知好友
     *  @param uid
     */
    public void notifyOthers(String uid){
        ObjectOutputStream out = null;
        Message msg = new Message();
        msg.setType(MsgType.RET_ONLINE_FRIENDS);        //设置消息类型为"返回在线好友"
        msg.setContent(ManageClientThread.getOnLineList()); //设置消息内容为好友账号列表
        System.out.println("用户列表:" + ManageClientThread.getOnLineList());
        //通过与客户端通信线程对应的Socket,将好友登录或退出消息发送给客户端
        for (Object o : ManageClientThread.getClientThreads().keySet()) {
            try {
                String id = o.toString(); //获得用户账号(与客户端通信的hash表中
                                          //保存了用户账号信息)
                if(!id.equals(uid)){      //不用通知自己
                    msg.setGetterId(id);
                    //获得与客户端通信的线程对应的Socket上的对象输出流
                    out = new ObjectOutputStream(ManageClientThread.getClientThread(id).client.getOutputStream());
                    out.writeObject(msg);
                                //通过Socket上的对象输出流将消息发送给客户端
                }
            } catch (IOException e) {
                e.printStackTrace();
            }
        }
    }
    @Override
    public void run() {
        try {
            while(isRunning){
                //获得与客户端通信的Socket上的对象输入流
```

```java
                                    ObjectInputStream input = new ObjectInputStream(this.client.
getInputStream());
                        Message msg = (Message)input.readObject();   //读取对象输入流上的消息
                        //用户登录时,消息类型设置为 GET_ONLINE_FRIENDS,并将该消息发送给服务
                        //器,服务器接收到该消息后
                        if(msg.getType() == MsgType.GET_ONLINE_FRIENDS) {
                            msg.setType(MsgType.RET_ONLINE_FRIENDS);
                            msg.setGetterId(msg.getSenderId());
                            msg.setContent(ManageClientThread.getOnLineList());  //消息内容
                            //为当前所有在线用户
                            ObjectOutputStream output = new ObjectOutputStream
(ManageClientThread.getClientThread(msg.getGetterId()).client.getOutputStream());
                            output.writeObject(msg);        //将当前在线用户发送给客户端
                            System.out.println("返回列表成功");
                        }
                        //用户发送聊天信息时,消息类型为 COMMON_MESSAGE
                        else if(msg.getType() == MsgType.COMMON_MESSAGE) {
                            System.out.println(msg.toString());
                            ServerToClientThread thread = ManageClientThread.
getClientThread(msg.getGetterId());                    //找到接收者的线程
                            if(null == thread){                    //该用户不在线
                                //通知发送者好友不在线,但仍然把消息发送给好友,好友登录
                                //以后在历史记录中能看到
                                ObjectOutputStream output = new ObjectOutputStream
(ManageClientThread.getClientThread(msg.getSenderId()).client.getOutputStream());
                                msg.setType(MsgType.NOT_ONLINE);
                                output.writeObject(msg);
                                System.out.println("通知成功");
                            }else{
                                ObjectOutputStream output = new ObjectOutputStream(thread.
client.getOutputStream());
                                System.out.println("port:" + client.getPort() + ",
localPort:" + client.getLocalPort());
                                output.writeObject(msg);
                                System.out.println("转发成功");
                            }
                        }
                        //用户退出时,客户端设置消息类型为 QUIT_LOGIN,并将该消息发送给服务器线程
                        else if(msg.getType() == MsgType.QUIT_LOGIN) {
                            String fromId = msg.getSenderId();    //获得发送退出请求的用户账号
                            //结束此线程
                            myStop();
                            ManageClientThread.removeClientThread(fromId);  //从线程列表中删除
                                                                             //线程
                            notifyOthers(fromId);                 //将线程退出信息发送给其他用户
                            System.out.println(fromId + " 退出登录");
                            ServerFrame.showMsg("用户" + fromId + "退出登录!");
                        }
                    }
                } catch (IOException | ClassNotFoundException e) {
                    e.printStackTrace(); }
```

            }
    }

(3) 对于每一个成功登录的用户,服务器都会创建一个线程与其通信,此时需要创建一个类管理这些线程,其功能包括将线程加入到 hash 表中,通过用户账号获取通信线程、删除通信线程,该类位于 com.hncpu.service 包下,类名为 ManageClientThread,代码如下:

```java
package com.hncpu.service;
import java.util.Hashtable;
import java.util.Iterator;
/**
 * 管理所有与客户端的线程
 */
public class ManageClientThread {
    //创建 hash 表管理与客户端通信的线程
    private static Hashtable<String,ServerToClientThread> threads = new Hashtable<>();
    public static Hashtable<String, ServerToClientThread> getClientThreads() {
        return threads; }
    //将与客户端通信的线程以键值对的方式添加到线程 hash 表中,键为用户账号,值为与客户端
    //通信的线程
    public static void addClientThread(String uid, ServerToClientThread thread){
        threads.put(uid,thread); }
    //通过用户账号(键)获取到与客户端通信的线程
    public static ServerToClientThread getClientThread(String uid){
        return threads.get(uid); }
    //从 hash 表中移走与客户端通信的线程
    public static void removeClientThread(String uid){
        threads.remove(uid); }
    /**
     * 返回当前在线全部用户,返回的是用户账号,多个账号之间以空格隔开
     * @return
     */
    public static String getOnLineList(){
        StringBuilder sb = new StringBuilder();
        Iterator it = threads.keySet().iterator();  //获得 hash 表中的键集合,并将其放入迭
                                                    //代器中
        //循环读取迭代器中的键值
        while(it.hasNext()){
            sb.append(it.next() + " "); }
        return sb.toString();
    }
}
```

(4) 修改 com.hncpu.service 包下 Server 类中的 doUserLogin 方法,在该方法中判断线程 hash 表是否存在正在登录的用户,如果存在,则将当前用户已经登录的消息发送给客户端。用户登录成功后,创建线程与客户端通信,并将该线程添加到线程 hash 表中,同时通知其好友,当前用户已经成功登录,修改后的 doUserLogin 方法如下:

```java
/**
 * 处理用户登录请求
```

```java
 * @param u
 */
private void doUserLogin(User u){
    Message msg = new Message();
    ConfigReader userInfo = new ConfigReader();  //创建 ConfigReader 类对象,读取配置文件中
                                                 //的用户信息和好友信息
    if(null == ManageClientThread.getClientThread(u.getId())){
        try{
            String qname = userInfo.checkUserInfo(u); //检测用户是否存在,若存在则返回
                                                      //用户昵称
            //若用户昵称不为空,则表示该用户存在,登录成功,否则登录失败
            if(null != qname){
                msg.setType(MsgType.LOGIN_SUCCEED); //设置消息类型为登录成功
                msg.setContent(qname + "-" + userInfo.getFriendsList(u.getId()));
                //设置消息内容为用户昵称-好友 id
                output.writeObject(msg);                  //把消息发送给客户端
                //客户端连接成功就为其创建线程,保持与服务器端通信
                ServerToClientThread th = new ServerToClientThread(client);
                th.start();
                //将其添加到线程集合
                ManageClientThread.addClientThread(u.getId(),th);
                //通知其他用户
                th.notifyOthers(u.getId());
                ServerFrame.showMsg("用户"+u.getId()+"成功登录!"); //在服务器面板
                //上显示用户登录成功的消息
            }else{
                msg.setType(MsgType.LOGIN_FAILED);     //设置消息类型为登录失败
                output.writeObject(msg);               //把消息发送给客户端
                close(output,input,client);            //关闭输入流、输出流和与客户端
                                                       //通信的 Socket
            }
        }catch(IOException e){
            e.printStackTrace(); }
    }else{//该用户已登录
        try {
            msg.setType(MsgType.ALREADY_LOGIN);
            output.writeObject(msg);
            close(output,input,client);
        } catch (IOException e) {
            e.printStackTrace(); }
    }
}
```

(5) 修改后的 Server 类完整代码如下:

```java
package com.hncpu.service;
import com.hncpu.entity.Message;
import com.hncpu.entity.MsgType;
import com.hncpu.entity.User;
import com.hncpu.util.ConfigReader;
import com.hncpu.view.ServerFrame;
```

```java
import java.io.Closeable;
import java.io.IOException;
import java.io.ObjectInputStream;
import java.io.ObjectOutputStream;
import java.net.ServerSocket;
import java.net.Socket;
public class Server implements Runnable{
    //服务器端监听客户端连接的Socket,一旦获得一个连接请求,就创建一个Socket实例来与客
    //户端进行通信
    private ServerSocket server;
    private Socket client;              //与客户端通信的Socket
    private ObjectInputStream input;    //获取客户端输入信息的对象输入流
    private ObjectOutputStream output;  //返回信息给客户端的对象输入流
    private volatile boolean isRunning; //服务器线程运行标志,为true时,服务器提供服务;为
                                        //false时,服务器停止服务
    public Server(){
        System.out.println("--------------- Server(9999) --------------- ");
        isRunning = true;       //服务器启动时,将服务器线程运行标志设置为true
        new Thread(this).start(); //启动服务器线程
    }
    /**
     * 结束线程运行
     */
    public void myStop() {
        isRunning = false;      //将服务器线程运行标志设置为false
        close(server);          //关闭服务器Socket
    }

    @Override
    public void run() {
        try {
            //1.设置服务器套接字 ServerSocket(int port)创建绑定到指定端口的服务器套
            //接字
            server = new ServerSocket(9999);
            while(isRunning) {
                //2.阻塞式等待客户端连接（返回值)Socket accept()侦听要连接到此套接字
                //的客户端并接收它
                client = server.accept();
                System.out.println("一个客户端已连接....");
                //获得与客户端通信的Socket上的对象输入流
                input = new ObjectInputStream(client.getInputStream());
                //获得与客户端通信的Socket上的对象输出流
                output = new ObjectOutputStream(client.getOutputStream());
                //读取对象输入流上的信息,返回User类型的对象
                User u = (User)input.readObject();
                System.out.println(u.toString());
                //处理用户登录请求
                doUserLogin(u);
            }
        } catch (IOException e) {
            //关闭输入流、输出流、客户端Socket、服务器端Socket,释放资源
```

```java
                    close(output,input,client,server);
            } catch(ClassNotFoundException e){
                e.printStackTrace(); }
    }
    /**
     * 处理用户登录请求
     * @param u
     */
    private void doUserLogin(User u){
        Message msg = new Message();
        ConfigReader userInfo = new ConfigReader();  //创建 ConfigReader 类对象,读取配置
                                                     //文件中的用户信息和好友信息
        if(null == ManageClientThread.getClientThread(u.getId())){
            try{
                String qname = userInfo.checkUserInfo(u);  //检测用户是否存在,若存在则
                                                           //返回用户昵称
                //若用户昵称不为空,则表示该用户存在,登录成功,否则登录失败
                if(null != qname){
                    msg.setType(MsgType.LOGIN_SUCCEED);  //设置消息类型为登录成功
                    msg.setContent(qname + " - " + userInfo.getFriendsList(u.getId
())); //设置消息内容为用户昵称-好友 id
                    output.writeObject(msg);  //把消息发送给客户端
                    //客户端连接成功就为其创建线程,保持与服务器端通信
                    ServerToClientThread th = new ServerToClientThread(client);
                    th.start();
                    //将其添加到线程集合
                    ManageClientThread.addClientThread(u.getId(),th);
                    //通知其他用户
                    th.notifyOthers(u.getId());
                    ServerFrame.showMsg("用户"+u.getId()+"成功登录!");  //在服务器
                    //面板上显示用户登录成功的消息
                }else{
                    msg.setType(MsgType.LOGIN_FAILED);  //设置消息类型为登录失败
                    output.writeObject(msg);            //把消息发送给客户端
                    close(output,input,client);         //关闭输入流、输出流和与客户端
                                                        //通信的 Socket
                }
            }catch(IOException e){
                e.printStackTrace();
            }
        }else{//该用户已登录
            try {
                msg.setType(MsgType.ALREADY_LOGIN);
                output.writeObject(msg);
                close(output,input,client);
            } catch (IOException e) {
                e.printStackTrace(); }
        }
    }
    /**
     * 用于关闭多个 I/O 流,包括输入流、输出流和与客户端通信的 Socket 等
```

```
 * @param ios
 */
private void close(Closeable... ios) {    //可变长参数
    for(Closeable io: ios) {
        try {
            if(null != io)
                io.close();
        } catch (IOException e) {
            e.printStackTrace();
        }
    }
}
```

（6）为com.hncpu.view下的ServerFrame类添加一个方法beforeServerClose，该方法用于在服务器关闭前，通知所有用户，并结束所有与客户端通信的线程，代码如下：

```
/**
 * 关闭服务器前,通知所有用户,并结束所有线程
 */
private void beforeServerClose(){
    Message msg = new Message();
    msg.setType(MsgType.SERVER_CLOSE);
    for(Object o: ManageClientThread.getClientThreads().keySet()){
        String toId = o.toString();
        msg.setGetterId(toId);
        ServerToClientThread th = ManageClientThread.getClientThread(toId);
        try {
            ObjectOutputStream out = new ObjectOutputStream(th.getClient().getOutputStream());
            out.writeObject(msg);
        } catch (IOException e) {
            e.printStackTrace();
        }
    }
    try {
        Thread.sleep(1000);           //等待所有客户端下线
    } catch (InterruptedException e) {
        e.printStackTrace();
    }
    s.myStop();                       //服务器停止运行
}
```

（7）修改com.hncpu.view下ServerFrame类中的actionPerformed方法，添加一行代码"beforeServerClose();"，完整代码如下：

```
@Override
public void actionPerformed(ActionEvent e) {
    if(e.getSource() == btn_start){        //启动服务器
        s = new Server();
        showMsg("启动服务器...");
    }
    if(e.getSource() == btn_close){        //关闭服务器
        if(s != null){
            beforeServerClose();
```

```
                        showMsg("关闭服务器...");}
                else{
                        showMsg("您尚未启动服务器,不能关闭服务器...");}
        }
}
```

(8) 删除 com.hncpu.entity.Friend 类无参构造方法中的语句,代码如下:

```
public Friend() {
}
```

2. 客户端程序

(1) 打开 Eclipse 开发工具,将技能训练 14 中的 MyQQChatClient4 复制为 MyQQChatClient5。

(2) 在包 com.hncpu.service 中添加一个类 ManageChatFrame,该类用来管理用户打开的聊天窗口(与每个好友聊天可以打开一个聊天窗口)。代码如下:

```
package com.hncpu.service;
import java.util.Hashtable;
import com.hncpu.view.Chat;
/**
 * 管理全部客户端打开的聊天界面
 */
public class ManageChatFrame {
    //创建 hash 表管理用户打开的聊天窗口(与每个好友聊天可打开一个聊天窗口)
    private static Hashtable<String,Chat> chatFrames = new Hashtable<>();
    //以键值对的方式将聊天窗口添加到 hash 表中,键:好友昵称,值:聊天窗口
    public static void addChatFrame(String frameName,Chat chat){
        chatFrames.put(frameName,chat); }
    //通过好友昵称获得与该好友聊天的聊天窗口
    public static Chat getChatFrame(String frameName){
        return chatFrames.get(frameName); }
    //删除 hash 表中的聊天窗口
    public static Chat removeChatFrame(String frameName){
        return chatFrames.remove(frameName); }
}
```

(3) 一个客户端程序可以登录多个用户,用户登录后,进入主界面(好友列表界面),需要创建一个类来管理所有的好友列表界面。在 com.hncpu.service 包下创建一个类 ManageFriendListFrame,代码如下:

```
package com.hncpu.service;
import java.util.Hashtable;
import com.hncpu.view.FriendList;
/**
 * 管理所有用户的好友列表界面
 */
public class ManageFriendListFrame {
    //以 hash 表的方式管理所有用户的好友列表界面
```

```java
        private static Hashtable<String, FriendList> friendListFrames = new Hashtable<>();
        //以键值对的方式将好友列表界面添加到 hash 表中,键:好友昵称,值:好友列表界面
        public static void addFriendListFrame(String frameName,FriendList fl){
                friendListFrames.put(frameName,fl); }
        //通过好友昵称获得好友列表界面
        public static FriendList getFriendListFrame(String frameName){
                return friendListFrames.get(frameName); }
        //删除 hash 表中的好友列表界面
        public static FriendList removeFriendListFrame(String frameName){
                return friendListFrames.remove(frameName); }
}
```

(4) 在 com.hncpu.service 包下创建一个类 ClientToServerThread,该类用来与服务器通信,也可以将聊天信息保存到文件中,代码如下所示:

```java
package com.hncpu.service;
import com.hncpu.entity.Message;
import com.hncpu.entity.MsgType;
import com.hncpu.view.Chat;
import com.hncpu.view.FriendList;
import javax.swing.*;
import javax.swing.text.StyleConstants;
import java.awt.Color;
import java.io.BufferedReader;
import java.io.BufferedWriter;
import java.io.File;
import java.io.FileInputStream;
import java.io.FileOutputStream;
import java.io.FileWriter;
import java.io.IOException;
import java.io.InputStreamReader;
import java.io.ObjectInputStream;
import java.io.ObjectOutputStream;
import java.io.OutputStreamWriter;
import java.net.Socket;
/**
 * 客户端与服务器通信线程
 */
public class ClientToServerThread extends Thread{
        private Socket client;                   //客户端 Socket
        private volatile boolean isRunning;      //客户端线程是否运行标志
        public ClientToServerThread(Socket client){
                this.client = client;
                this.isRunning = true; //创建客户端线程与服务器通信时,将客户端线程运行标志设
                                       //置为 true
        }
        public Socket getClient() {
                return client; }
        public void myStop(){
                isRunning = false;               //关闭线程时,将客户端线程运行标志设置为 false
        }
```

```java
@Override
public void run() {
    try {
        //当客户端线程标志为 true 时,一直执行循环
        while(isRunning){
            //获得客户端 Socket 上的对象输入流
            ObjectInputStream input = new ObjectInputStream(this.client.getInputStream());
            //通过 Socket 上的对象输入流读取服务器返回的消息
            Message msg = (Message) input.readObject();
            //用户登录或退出时,服务器将消息类型设置为 RET_ONLINE_FRIENDS,并发送给客户端
            if(msg.getType() == MsgType.RET_ONLINE_FRIENDS) {
                String uid = msg.getGetterId();
                System.out.println("find FriendList uid = " + uid);
                //通过用户账号获得该账号对应的好友列表界面
                FriendList fl = ManageFriendListFrame.getFriendListFrame(uid);
                //第一个用户上线通知其他用户时,其他用户不在线,这里为空
                if(null != fl){
                    fl.updateOnlineFriends(msg); }
            }
            //与好友聊天时,消息类型为 COMMON_MESSAGE
            else if(msg.getType() == MsgType.COMMON_MESSAGE) {
                CString frameName = msg.getGetterId() + msg.getSenderId();
                System.out.println("find Chat framename = " + frameName);
                //通过用户昵称获得对应的聊天窗口
                Chat chat = ManageChatFrame.getChatFrame(frameName);
                //已经打开聊天窗口,则在窗口中显示信息
                if(chat != null) {
                    chat.showMessage(msg,false); }
                //没有打开聊天窗口,则将聊天信息保存到文件中,下次打开时,将文件
                //的内容读取到聊天窗口中
                else {
                    writeToFile(msg, frameName); }
            }
            //给未在线的好友发送消息时,服务器会返回消息类型为 NOT_ONLINE,表明好友不在线
            else if(msg.getType() == MsgType.NOT_ONLINE) {
                Chat chat = ManageChatFrame.getChatFrame(msg.getSenderId() + msg.getGetterId());
                JOptionPane.showMessageDialog(chat, "该好友未上线,暂未实现离线聊天功能!");
            }
            //服务器关闭或停止服务时,将消息类型设置为 SERVER_CLOSE,并发送给客户端
            else if(msg.getType() == MsgType.SERVER_CLOSE){
                String toId = msg.getGetterId();
                //自动下线,将下线消息发送给服务器
                ManageFriendListFrame.getFriendListFrame(toId).sendQuitMsgToServer();
                //通过用户账号删除与服务器通信的线程
                ManageThread.removeThread(toId);
                //删除好友列表界面
                ManageFriendListFrame.removeFriendListFrame(toId);
            }
```

```java
            }
        } catch (IOException | ClassNotFoundException e) {
            e.printStackTrace(); }
    }
    public void writeToFile(Message msg, String frameName) {
        //在 chatDir 目录下创建一个以好友昵称+用户昵称命名的文件,用来保存两人的聊天信息
        File chatFile = new File("chatDir/" + frameName + ".txt");
        FileWriter writer = null;
        BufferedWriter bufWriter = null;
        try {
            //如果文件不存在,则创建
            if(!chatFile.exists()){
                chatFile.createNewFile(); }
            writer = new FileWriter(chatFile, true);              //创建一个文件输出流对象
            bufWriter = new BufferedWriter(writer);               //创建缓冲输出流对象
            StringBuilder info = new StringBuilder("");  //构建一个可变字符串,用来保存
                                                         //消息内容
            info.append(msg.getSenderName() + "(" + msg.getSenderId() + ") "); //对方账号
            info.append(msg.getSendTime() + "\n");        //发送时间
            info.append(msg.getContent() + "\n");         //发送内容
            bufWriter.write(info.toString());             //将消息写入文件
        }
        catch(Exception e){
            e.printStackTrace();}
        finally {
            try {
                if(bufWriter != null)
                    bufWriter.close();
                if(writer != null)
                    writer.close();
            }catch (Exception e) {
                //TODO: handle exception
                e.printStackTrace(); }
        }
    }
}
```

（5）在 com.hncpu.service 包下新建一个类 ManageThread,该类使用 hash 表来管理与服务器通信的线程,功能包括：将与服务器通信的线程添加到 hash 表中,从 hash 表中获取与服务器通信的线程,从 hash 表中删除与服务器通信的线程。代码如下：

```java
package com.hncpu.service;
import java.util.Hashtable;
/**
 * 管理所有与服务器通信的线程
 */
public class ManageThread {
    //创建 hash 表管理与服务器通信的线程
    private static Hashtable<String,ClientToServerThread> threads = new Hashtable<>();
    //以键值对的方式将与服务器通信的线程加入到 hash 表中,键:用户账号,值:与服务器通信的
    //线程
```

```java
    public static void addThread(String uid,ClientToServerThread thread){
        threads.put(uid,thread); }
//通过用户账号获得与服务器通信的线程
    public static ClientToServerThread getThread(String uid){
        return threads.get(uid); }
//删除与服务器通信的线程
    public static void removeThread(String uid){
        threads.remove(uid); }
}
```

(6) 修改 com.hncpu.model.LoginUser 类中的方法 sendLoginInfoToServer(并导入相应的包)，在用户登录成功后，创建并启动与服务器通信的线程，同时将该线程添加到 hash 表中，修改后的代码如下：

```java
/**
 * 将通过校验的登录信息发送到服务器
 * 并将得到的消息包返回(包含当前用户的所有好友)
 *
 * @param f
 * @param id 用户名
 * @param password 密码
 */
public Message sendLoginInfoToServer(JFrame f, String id, String password) {
    User user = new User();
    user.setId(id);
    user.setPassword(password);
    try {
        output.writeObject(user); //将用户名、密码以对象的方式发送到服务器
        System.out.println("ok " + user.toString());
        Message msg = (Message) input.readObject();    //接收返回结果
        if (msg.getType() == MsgType.LOGIN_SUCCEED) {  //登录成功
            System.out.println("登录成功:" + msg);
            ClientToServerThread th = new ClientToServerThread(client); //创建与服务器
                                                                        //通信的线程
            th.start();                               //启动线程
            ManageThread.addThread(id, th);           //将线程添加到 hash 表中
            return msg;
        } else if (msg.getType() == MsgType.LOGIN_FAILED) {
            JOptionPane.showMessageDialog(f, "账号或密码输入错误,请重新输入!");
        } else if (msg.getType() == MsgType.ALREADY_LOGIN) {
            JOptionPane.showMessageDialog(f, "该用户已登录,请勿重复操作!");
        }
    } catch (IOException | ClassNotFoundException e) {
        e.printStackTrace();
    }
    return null;
}
```

(7) 为 com.hncpu.view 下的 FriendList 类添加一个方法 sendQuitMsgToServer，该方法用于在用户退出时，通知服务器，并通过服务器转发给好友，代码如下：

```java
/**
 * 将下线消息发送到服务器
 */
```

```java
public void sendQuitMsgToServer() {
    Message msg = new Message();
    msg.setSenderId(ownerId);
    msg.setType(MsgType.QUIT_LOGIN);
    try {
        ClientToServerThread th = ManageThread.getThread(ownerId);
        ObjectOutputStream out = new ObjectOutputStream(th.getClient().getOutputStream());
        out.writeObject(msg);
        //结束线程
        th.myStop();
        ManageThread.removeThread(ownerId);
        this.dispose();
    } catch (IOException e) {
        e.printStackTrace(); }
    System.exit(0);
}
```

(8) 修改 com.hncpu.view.FriendList 类，在用户单击关闭主界面按钮时，发送退出消息给服务器，修改 initList 方法，并删除 main 方法，FriendList 类完整代码如下：

```java
package com.hncpu.view;
import com.hncpu.entity.Message;
import com.hncpu.entity.MsgType;
import com.hncpu.service.ClientToServerThread;
import com.hncpu.service.ManageChatFrame;
import com.hncpu.service.ManageThread;
//import com.hncpu.service.ManageChatFrame;
import com.hncpu.service.MyTreeCellRenderer;
import java.awt.*;
import java.awt.event.*;
import java.io.IOException;
import java.io.ObjectOutputStream;
import java.util.Hashtable;
import javax.swing.*;
import javax.swing.border.Border;
import javax.swing.border.EmptyBorder;
import javax.swing.border.TitledBorder;
import javax.swing.tree.DefaultMutableTreeNode;
import javax.swing.tree.TreePath;
/**
 * 登录成功后的主页面，显示好友列表，未在线好友头像灰色
 * 双击某好友即可打开与其聊天界面
 * 单击"退出"按钮即可退出登录
 */
public class FriendList extends JFrame implements ActionListener{
    private Container c;                              //本窗口面板
    private Point tmp,loc;                            //记录位置
    private boolean isDragged = false;                //是否拖动
    private String ownerId;                           //本人 QQ
    private String myName;                            //本人昵称
    private JTree jtree;                              //树组件显示好友列表
```

```java
public FriendList(String name, String ownerId, Message msg) {
    this.ownerId = ownerId;
    this.myName = name;
    //获取本窗体容器
    c = this.getContentPane();
    //设置窗体大小
    this.setSize(280,600);
    //设置布局
    c.setLayout(null);
    //右上角最小化按钮
    JButton btn_min = new JButton(new ImageIcon("image/friendlist/friendmin.jpg"));
    btn_min.setBounds(220, 0, 30, 30);
    btn_min.addActionListener(new ActionListener() {
        @Override
        public void actionPerformed(ActionEvent e) {
            //窗体最小化
            setExtendedState(JFrame.ICONIFIED); }
    });
    c.add(btn_min);
    //右上角退出按钮
    JButton btn_exit = new JButton(new ImageIcon("image/friendlist/friendexit.jpg"));
    btn_exit.addActionListener(this);
    btn_exit.setBounds(250, 0, 30, 30);
    btn_exit.addActionListener(e->{
        sendQuitMsgToServer();
    });
    c.add(btn_exit);
    //QQ头像
    JLabel jbl_photo = new JLabel(new ImageIcon("image/friendlist/qqimage.jpg"));
    jbl_photo.setBounds(20, 40, 58, 61);
    c.add(jbl_photo);
    //QQ昵称
    JLabel jbl_qqName = new JLabel();
    jbl_qqName.setFont(new Font("微软雅黑",Font.BOLD,14));
    jbl_qqName.setForeground(Color.WHITE);
    jbl_qqName.setText(name + "(" + ownerId + ")");
    jbl_qqName.setBounds(100, 35, 110, 40);
    c.add(jbl_qqName);
    //个性签名
    JTextField jtf_personalSign = new JTextField("编辑个性签名");
    jtf_personalSign.setBounds(100, 70, 167, 21);
    jtf_personalSign.setForeground(Color.WHITE);
    jtf_personalSign.setOpaque(false);
    jtf_personalSign.setBorder(new EmptyBorder(0,0,0,0));
    c.add(jtf_personalSign);
    //设置个性签名获得焦点和失去焦点的操作
    jtf_personalSign.addFocusListener(new FocusListener() {
        @Override
        public void focusGained(FocusEvent e) {
            //TODO Auto-generated method stub
            JTextField jt = (JTextField)e.getSource();
```

```java
                    jtf_personalSign.setBorder(new TitledBorder(""));
                    jt.setText("");}
                @Override
                public void focusLost(FocusEvent e) {
                    //TODO Auto-generated method stub
                    JTextField jt = (JTextField)e.getSource();
                    if("".equals(jt.getText()) || jt.getText() == null){
                        jt.setText("编辑个性签名");
                        jt.setBorder(new EmptyBorder(0,0,0,0));}
                    else{
                        jt.setBorder(null);}
                }
        });
        //搜索框
        JTextField jtf_search = new JTextField();
        jtf_search.setBounds(0, 107, 250, 25);
        c.add(jtf_search);
        //搜索按钮
        JButton btn_search = new JButton(new ImageIcon("image/friendlist/search.png"));
        btn_search.setBounds(250, 107, 30, 25);
        c.add(btn_search);
        //上半部分背景图
        JLabel jbl_background = new JLabel(new ImageIcon("image/friendlist/friendbackground.jpg"));
        jbl_background.setBounds(0, 0, 280, 107);
        jbl_background.setBorder(new EmptyBorder(0,0,0,0));   //清除边框
        c.add(jbl_background);
        //底部
        JButton btn_l1 = new JButton(new ImageIcon("image/friendlist/friendbottom.jpg"));
        btn_l1.setBounds(0, 551, 280, 49);
        btn_l1.setBorder(new EmptyBorder(0,0,0,0));             //清除边框
        c.add(btn_l1);
        //显示好友列表
        initList(this, msg);
        //去除其定义装饰框
        this.setUndecorated(true);
        //设置窗体可见
        this.setVisible(true);
        //添加鼠标监听事件
        this.addMouseListener(new java.awt.event.MouseAdapter() {
                @Override
                public void mouseReleased(MouseEvent e) {
                    isDragged = false;
                    //拖动结束图标恢复
                    setCursor(new Cursor(Cursor.DEFAULT_CURSOR)); }
                @Override
                public void mousePressed(MouseEvent e) {
                    //限定范围内可拖动
                    if(e.getY()< 30) {
```

```java
                        //获取鼠标按下位置
                        tmp = new Point(e.getX(), e.getY());
                        isDragged = true;
                        //拖动时更改鼠标图标
                        setCursor(new Cursor(Cursor.MOVE_CURSOR)); }
            }
        });
        this.addMouseMotionListener(new MouseMotionAdapter() {
            @Override
            public void mouseDragged(MouseEvent e) {
                if (isDragged) {
                    //设置鼠标与窗体相对位置不变
                    loc = new Point(getLocation().x + e.getX() - tmp.x,
                    getLocation().y + e.getY() - tmp.y);
                    setLocation(loc); }
            }
        });
    }

    /**
     * 将下线消息发送到服务器
     */
    public void sendQuitMsgToServer() {
        Message msg = new Message();
        msg.setSenderId(ownerId);
        msg.setType(MsgType.QUIT_LOGIN);
        try {
            ClientToServerThread th = ManageThread.getThread(ownerId);
            ObjectOutputStream out = new ObjectOutputStream(th.getClient().getOutputStream());
            out.writeObject(msg);
            //结束线程
            th.myStop();
            ManageThread.removeThread(ownerId);
            this.dispose();
        } catch (IOException e) {
            e.printStackTrace(); }
        System.exit(0);
    }
    /**
     * 以树形结构显示全部好友列表
     * @param msg
     */
    public void initList(JFrame f, Message msg){
        //用 Hashtable 创建 jtree 显示好友列表
        Hashtable<String,Object> ht = new Hashtable<>();
        String[] friends = msg.getContent().split(" ");
        ht.put("我的好友",friends);
        jtree = new JTree(ht);
        jtree.setCellRenderer(new MyTreeCellRenderer(msg));
        jtree.addMouseListener(new MouseAdapter() {
```

```java
                @Override
                public void mouseClicked(MouseEvent e) {
                    if(e.getClickCount() == 2){
                        JTree tree = (JTree) e.getSource();
                        TreePath path = tree.getSelectionPath();
                        if(null != path){
                            DefaultMutableTreeNode node = (DefaultMutableTreeNode) path.getLastPathComponent();
                            if(node.isLeaf()){
                                String[] info = node.toString().split("\\(");
                                String friendId = info[1].substring(0,info[1].length() - 1);    //取出id号
                                String frameName = ownerId + friendId;
                                if(ManageChatFrame.getChatFrame(frameName) == null){
                                    System.out.println("添加 frameName = " + frameName);
                                    Chat chat = new Chat(ownerId, myName, friendId, info[0]);
                                    ManageChatFrame.addChatFrame(frameName, chat);
                                    chat.showHistoryMessage(frameName);
                                }else{
                                    JOptionPane.showMessageDialog(f,"该窗口已存在!");
                                }
                            }
                        }
                    }
                }
            });
            JScrollPane scrollPane = new JScrollPane();
            scrollPane.setViewportView(jtree);
            scrollPane.setBounds(0, 130, 280, 421);
            c.add(scrollPane);
    }
    /**
     * 刷新在线好友列表
     * @param msg
     */
    public void updateOnlineFriends(Message msg) {
        this.jtree.setCellRenderer(new MyTreeCellRenderer(msg)); }
    @Override
    public void actionPerformed(ActionEvent e) {
        //TODO Auto-generated method stub
    }
}
```

（9）在com.hncpu.view下的Chat类中添加发送消息的方法、显示聊天消息的方法、显示聊天记录的方法、解析日期的成员变量等，同时删除main方法，修改actionPerformed方法（单击"发送"按钮时，发送消息，单击"关闭"按钮时，关闭聊天窗口），代码如下：

```java
private DateFormat df = new SimpleDateFormat("yyyy-MM-dd a hh:mm:ss");    //日期解析
/**
 * 实现消息发送
 * @param f
```

```java
         */
        public void sendMsg(JFrame f, String senderName){
            String str = jtp_input.getText();
            if(!str.equals("")){
                Message msg = new Message();
                msg.setType(MsgType.COMMON_MESSAGE);
                msg.setSenderId(this.myId);
                msg.setSenderName(senderName);
                msg.setGetterId(this.friendId);
                msg.setContent(str);
                msg.setSendTime(df.format(new Date()));
                try {
                    ObjectOutput out = new ObjectOutputStream(ManageThread.getThread(this.myId).getClient().getOutputStream());
                    out.writeObject(msg);
                    System.out.println(myId + "发送成功" + friendId + ":" + str);
                    showMessage(msg,true);
                    jtp_input.setText("");
                } catch (IOException e) {
                    e.printStackTrace();
                }
            }else{
                JOptionPane.showMessageDialog(f,"不能发送空内容!"); }
        }
        /**
         * 将接收到的消息显示出来
         * @param msg
         */
        public void showMessage(Message msg, boolean fromSelf) {
            showMessage(panel_Msg, msg, fromSelf);              //先显示到聊天内容面板
            showMessage(panel_Record, msg, fromSelf);           //再显示到聊天记录面板
        }
        /**
         * 从文件中获取消息,并显示在历史记录面板中
         * @param msg
         */
        public void showHistoryMessage(String frameName){
            File chatFile = new File("chatDir/" + frameName + ".txt");
            FileInputStream in = null;
            InputStreamReader reader = null;
            BufferedReader bufReader = null;
            try {
                if(chatFile.exists()){
                    in = new FileInputStream(chatFile);
                    reader = new InputStreamReader(in);
                    bufReader = new BufferedReader(reader);
                    StringBuilder builder = new StringBuilder();
                    String line = bufReader.readLine();
                    while(line != null){
                        builder.append(line + "\n");
                        line = bufReader.readLine();}
```

```java
                SimpleAttributeSet attrset = new SimpleAttributeSet();
                StyleConstants.setFontFamily(attrset, "仿宋");
                StyleConstants.setFontSize(attrset,14);
                Document msg_docs = panel_Msg.getDocument();
                Document record_docs = panel_Record.getDocument();
                try {
                    msg_docs.insertString(msg_docs.getLength(), builder.toString(), attrset);
                    record_docs.insertString(record_docs.getLength(), builder.toString(), attrset);
                } catch (BadLocationException e) {
                    //TODO Auto-generated catch block
                    e.printStackTrace(); }
            }
        }
        catch(Exception e){
            e.printStackTrace();}
        finally {
            try {
                if(bufReader != null)
                    bufReader.close();
                if(reader != null)
                    reader.close();
                if(in != null)
                    in.close();
            }catch (Exception e) {
                //TODO: handle exception
                e.printStackTrace();}
        }
    }
    /**
     * 将消息内容显示到指定面板
     * @param jtp
     * @param msg
     * @param fromSelf
     */
    public void showMessage(JTextPane jtp, Message msg, boolean fromSelf) {
        //设置显示格式
        SimpleAttributeSet attrset = new SimpleAttributeSet();
        StyleConstants.setFontFamily(attrset, "仿宋");
        StyleConstants.setFontSize(attrset,14);
        Document docs = jtp.getDocument();
        String info = null;
        try {
            if(fromSelf){                               //发出去的消息内容
                info = "我 ";                            //自己账号:紫色
                StyleConstants.setForeground(attrset, Color.MAGENTA);
                docs.insertString(docs.getLength(), info, attrset); StyleConstants.setForeground(attrset, Color.red);
                info = msg.getSendTime() + "\n";        //发送时间:绿色
                StyleConstants.setForeground(attrset, Color.black);
```

```java
                        docs.insertString(docs.getLength(), info, attrset);
                        info = " " + msg.getContent() + "\n";    //发送内容:黑色
                        StyleConstants.setFontSize(attrset,16);
                        StyleConstants.setForeground(attrset, Color.green);
                        docs.insertString(docs.getLength(), info, attrset);
                        //实现垂直滚动条自动下滑到最低端
                        jtp.setCaretPosition(jtp.getStyledDocument().getLength());
                    }else{//接收到的消息内容
                        info = msg.getSenderName() + "(" + msg.getSenderId() + ") ";   //对方账
                                                                                        //号:红色
                        StyleConstants.setForeground(attrset, Color.red);
                         docs.insertString(docs.getLength(), info, attrset); StyleConstants.
setForeground(attrset, Color.red);
                        info = msg.getSendTime() + "\n";       //发送时间:绿色
                        StyleConstants.setForeground(attrset, Color.black);
                        docs.insertString(docs.getLength(), info, attrset);
                        info = " " + msg.getContent() + "\n";   //发送内容:蓝色
                        StyleConstants.setFontSize(attrset,16);
                        StyleConstants.setForeground(attrset, Color.blue);
                        docs.insertString(docs.getLength(), info, attrset);
                        //实现垂直滚动条自动下滑到最低端
                        jtp.setCaretPosition(jtp.getStyledDocument().getLength());
                    }
            } catch (BadLocationException e) {
                    e.printStackTrace();            }
    }
    @Override
        public void actionPerformed(ActionEvent e) {
            if(e.getSource() == btn_send){
                System.out.println("发送");
                sendMsg(this, this.myName);
            }else if(e.getSource() == btn_close | e.getSource() == btn_exit) {
                ManageChatFrame.removeChatFrame(myId + friendId);
                /*
                 * 关闭聊天窗口时,将聊天信息保存到文件中
                 */
                writeChatMsgToFile(panel_Record, myId + friendId);
                this.dispose();
            }
        }
    }
```

(10) com.hncpu.view.Chat 类完整代码如下:

```java
package com.hncpu.view;
import javax.swing.*;
import javax.swing.border.EmptyBorder;
import javax.swing.text.BadLocationException;
import javax.swing.text.Document;
import javax.swing.text.SimpleAttributeSet;
import javax.swing.text.StyleConstants;
import com.hncpu.entity.Message;
import com.hncpu.entity.MsgType;
```

```java
import com.hncpu.service.ManageChatFrame;
import com.hncpu.service.ManageThread;
import java.awt.event.*;
import java.io.BufferedReader;
import java.io.BufferedWriter;
import java.io.File;
import java.io.FileInputStream;
import java.io.FileWriter;
import java.io.IOException;
import java.io.InputStreamReader;
import java.io.ObjectOutput;
import java.io.ObjectOutputStream;
import java.text.DateFormat;
import java.text.SimpleDateFormat;
import java.util.Date;
import java.awt.*;
/**
 * 聊天界面,单击"消息记录"按钮即可显示聊天记录,再次单击即可切换回图片
 */
public class Chat extends JFrame implements ActionListener{

    private JPanel panel_north;                    //北部区域面板
    private JLabel jbl_touxiang;                   //头像
    private JLabel jbl_friendname;                 //好友名称
    private JButton btn_exit, btn_min;             //最小化和关闭按钮
    //头像下方7个功能按钮(未实现)
    private JButton btn_func1_north, btn_func2_north, btn_func3_north, btn_func4_north, btn_func5_north, btn_func6_north, btn_func7_north;
    //聊天内容显示面板
    private JTextPane panel_Msg;
    private JPanel panel_south;                    //南部区域面板
    private JTextPane jtp_input;                   //消息输入区
    //消息输入区上方9个功能按钮(未实现)
    private JButton btn_func1_south, btn_func2_south, btn_func3_south, btn_func4_south, btn_func5_south, btn_func6_south, btn_func7_south, btn_func8_south, btn_func9_south;
    private JButton recorde_search;                //查看消息记录按钮
    private JButton btn_send, btn_close;           //消息输入区下方关闭和发送按钮
    private JPanel panel_east;                     //东部面板
    private CardLayout cardLayout;                 //卡片布局
    //默认东部面板显示一张图,单击查询聊天记录按钮切换到聊天记录面板
    private final JLabel label1 = new JLabel(new ImageIcon("image/chatDialog/righttouxiang.jpg"));
    private JTextPane panel_Record;                //聊天记录显示面板

    private boolean isDragged = false;             //鼠标拖动窗口标志
    private Point frameLocation;                   //记录鼠标单击位置
    private String myId;                           //本人账号
    private String myName;
    private String friendId;                       //好友账号
    private DateFormat df = new SimpleDateFormat("yyyy-MM-dd a hh:mm:ss"); //日期解析
    public Chat(String myId, String myName, String friendId, String friendName) {
```

```java
            this.myId = myId;
            this.friendId = friendId;
            this.myName = myName;
            //获取窗口容器
            Container c = this.getContentPane();
            //设置布局
            c.setLayout(null);
            //北部面板
            panel_north = new JPanel();
            panel_north.setBounds(0, 0, 729, 102);
            panel_north.setLayout(null);
            //添加北部面板
            c.add(panel_north);
            //左上角灰色头像
            jbl_touxiang = new JLabel(new ImageIcon("image/chatDialog/liaotiantouxiang.jpg"));
            jbl_touxiang.setBounds(10, 10, 42, 45);
            panel_north.add(jbl_touxiang);
            //头像右方正在聊天的对方姓名
            jbl_friendname = new JLabel(friendName + "(" + friendId + ")");
            jbl_friendname.setFont(new Font("微软雅黑",Font.BOLD,18));
            jbl_friendname.setForeground(Color.WHITE);
            jbl_friendname.setBounds(285, 18, 145, 25);
            panel_north.add(jbl_friendname);
            //右上角最小化按钮
            btn_min = new JButton(new ImageIcon ("image/chatDialog/min.jpg"));
            btn_min.addActionListener(e -> setExtendedState(JFrame.ICONIFIED));
            btn_min.setBounds(655, 0, 30, 30);
            panel_north.add(btn_min);
            //右上角关闭按钮
            btn_exit = new JButton(new ImageIcon ("image/chatDialog/exit.jpg"));
            btn_exit.addActionListener(this);
            btn_exit.setBounds(685, 0, 30, 30);
            panel_north.add(btn_exit);
            //头像下方功能按钮
            //功能按钮1
            btn_func1_north = new JButton(new ImageIcon("image/chatDialog/phone.jpg"));
            btn_func1_north.setBounds(150, 62, 40, 40);
            panel_north.add(btn_func1_north);
            //功能按钮2
            btn_func2_north = new JButton(new ImageIcon("image/chatDialog/video.jpg"));
            btn_func2_north.setBounds(200, 62, 40, 40);
            panel_north.add(btn_func2_north);
            //功能按钮3
            btn_func3_north = new JButton(new ImageIcon("image/chatDialog/qunliao.jpg"));
            btn_func3_north.setBounds(250, 62, 40, 40);
            panel_north.add(btn_func3_north);
            //功能按钮4
            btn_func4_north = new JButton(new ImageIcon("image/chatDialog/share.jpg"));
            btn_func4_north.setBounds(300, 62, 40, 40);
            panel_north.add(btn_func4_north);
            //功能按钮5
```

```java
btn_func5_north = new JButton(new ImageIcon("image/chatDialog/control.jpg"));
btn_func5_north.setBounds(350, 62, 40, 40);
panel_north.add(btn_func5_north);
//功能按钮6
btn_func6_north = new JButton(new ImageIcon("image/chatDialog/other.jpg"));
btn_func6_north.setBounds(400, 62, 40, 40);
panel_north.add(btn_func6_north);
//设置北部面板背景色
panel_north.setBackground(new Color(34, 204, 255));
//中部聊天内容显示部分
panel_Msg = new JTextPane();
JScrollPane scrollPane_Msg = new JScrollPane(panel_Msg);
scrollPane_Msg.setBounds(0, 102, 446, 270);
c.add(scrollPane_Msg);
//南部面板
panel_south = new JPanel();
panel_south.setBounds(2, 372, 444, 179);
panel_south.setBackground(Color.WHITE);
panel_south.setLayout(null);
//添加南部面板
c.add(panel_south);
//内容输入区
jtp_input = new JTextPane();
jtp_input.setBounds(0, 34, 446, 105);
//jtp_input.setBorder(new TitledBorder(""));                //添加边框
//添加到南部面板
panel_south.add(jtp_input);
//文本输入区上方功能按钮
//功能按钮1
btn_func1_south = new JButton(new ImageIcon("image/chatDialog/biaoqing.jpg"));
btn_func1_south.setBounds(10, 0, 30, 30);
btn_func1_south.setBorder(new EmptyBorder(0,0,0,0));
panel_south.add(btn_func1_south);
//功能按钮2
btn_func2_south = new JButton(new ImageIcon("image/chatDialog/retu.jpg"));
btn_func2_south.setBounds(45, 0, 30, 30);
btn_func2_south.setBorder(new EmptyBorder(0,0,0,0));
panel_south.add(btn_func2_south);
//功能按钮3
btn_func3_south = new JButton(new ImageIcon("image/chatDialog/jietu.jpg"));
btn_func3_south.setBounds(80, 0, 30, 30);
btn_func3_south.setBorder(new EmptyBorder(0,0,0,0));
panel_south.add(btn_func3_south);
//功能按钮4
btn_func4_south = new JButton(new ImageIcon("image/chatDialog/wenjian.jpg"));
btn_func4_south.setBounds(115, 0, 30, 30);
btn_func4_south.setBorder(new EmptyBorder(0,0,0,0));
panel_south.add(btn_func4_south);
//功能按钮5
btn_func5_south = new JButton(new ImageIcon("image/chatDialog/wendang.jpg"));
btn_func5_south.setBounds(150, 0, 30, 30);
```

```java
btn_func5_south.setBorder(new EmptyBorder(0,0,0,0));
panel_south.add(btn_func5_south);
//功能按钮6
btn_func6_south = new JButton(new ImageIcon("image/chatDialog/bendituxiang.jpg"));
btn_func6_south.setBounds(185, 0, 30, 30);
btn_func6_south.setBorder(new EmptyBorder(0,0,0,0));
panel_south.add(btn_func6_south);
//功能按钮7
btn_func7_south = new JButton(new ImageIcon("image/chatDialog/doudong.jpg"));
btn_func7_south.setBounds(220, 0, 40, 30);
btn_func7_south.setBorder(new EmptyBorder(0,0,0,0));
panel_south.add(btn_func7_south);
//功能按钮8
btn_func8_south = new JButton(new ImageIcon("image/chatDialog/shenglue.jpg"));
btn_func8_south.setBounds(265, 0, 40, 30);
btn_func8_south.setBorder(new EmptyBorder(0,0,0,0));
panel_south.add(btn_func8_south);
//功能按钮9
btn_func8_south = new JButton(new ImageIcon("image/chatDialog/quanping.jpg"));
btn_func8_south.setBounds(365, 0, 30, 30);
btn_func8_south.setBorder(new EmptyBorder(0,0,0,0));
panel_south.add(btn_func8_south);
//查询聊天记录
recorde_search = new JButton(new ImageIcon("image/chatDialog/xiaoxijilu.jpg"));
recorde_search.addActionListener(e -> {
    System.out.println("单击查找聊天记录");
    cardLayout.next(panel_east);
});
recorde_search.setBounds(410, 0, 30, 30);
recorde_search.setBorder(new EmptyBorder(0,0,0,0));
panel_south.add(recorde_search);
//消息关闭按钮
btn_close = new JButton(new ImageIcon("image/chatDialog/close.jpg"));
btn_close.setBounds(280, 145, 63, 25);
btn_close.addActionListener(this);
panel_south.add(btn_close);
//消息发送按钮
btn_send = new JButton(new ImageIcon("image/chatDialog/send.jpg"));
btn_send.addActionListener(this);
btn_send.setBounds(360, 145, 80, 25);
panel_south.add(btn_send);
//东部面板(图片和聊天记录)
panel_east = new JPanel();
//卡片布局
cardLayout = new CardLayout(2,2);
panel_east.setLayout(cardLayout);
panel_east.setBounds(444, 102, 270, 405);
panel_east.setBackground(Color.WHITE);
//添加东部面板
c.add(panel_east);
//显示聊天记录面板
```

```java
        panel_Record = new JTextPane();
        //panel_Record.setText("-------------- 聊天记录 -------------- \n\n");
        JScrollPane scrollPane_Record = new JScrollPane(panel_Record);
        scrollPane_Record.setBounds(2, 2, 411, 410);
        //添加到东部面板
        panel_east.add(label1);
        panel_east.add(scrollPane_Record);
        //注册鼠标事件监听器
        this.addMouseListener(new MouseAdapter() {
            @Override
            public void mouseReleased(MouseEvent e) {
                //鼠标释放
                isDragged = false;
                //光标恢复
                setCursor(new Cursor(Cursor.DEFAULT_CURSOR));
            }
            @Override
            public void mousePressed(MouseEvent e) {
                //鼠标按下
                //获取鼠标相对窗体位置
                frameLocation = new Point(e.getX(),e.getY());
                isDragged = true;
                //光标改为移动形式
                if(e.getY() < 102)
                    setCursor(new Cursor(Cursor.MOVE_CURSOR)); }
        });
        //注册鼠标事件监听器
        this.addMouseMotionListener(new MouseMotionAdapter() {
            @Override
            public void mouseDragged(MouseEvent e) {
                //指定范围内单击鼠标可拖动
                if(e.getY() < 102){
                    //如果是鼠标拖动移动
                    if(isDragged) {
                        Point loc = new Point(getLocation().x + e.getX() -
frameLocation.x,getLocation().y + e.getY() - frameLocation.y);
                        //保证鼠标相对窗体位置不变,实现拖动
                        setLocation(loc); }
                }
            }
        });
        this.setIconImage(new ImageIcon("image/login/Q.png").getImage()); //修改窗体默认
                                                                          //图标
        this.setBackground(Color.WHITE);
        this.setSize(715, 553);                                //设置窗体大小
        this.setUndecorated(true);                             //去掉自带装饰框
        this.setVisible(true);                                 //设置窗体可见
    }
    /*
     * 将聊天窗口中的信息保存到文件中,文件命名方式为:聊天用户账号 + 正在聊天的好友账
号.txt
```

```java
     */
    public void writeChatMsgToFile(JTextPane jtp, String frameName) {
        File chatFile = new File("chatDir/" + frameName + ".txt");  //创建一个文件对象
        FileWriter writer = null;
        BufferedWriter bufWriter = null;
        try {
            if(!chatFile.exists()){                                 //如果文件不存在,则创建
                chatFile.createNewFile(); }
            writer = new FileWriter(chatFile);                      //创建一个文件输出流对象
            bufWriter = new BufferedWriter(writer);                 //创建一个缓冲流对象
            StringBuilder info = new StringBuilder("");
            info.append(jtp.getText()); //将聊天信息添加到 StringBuilder 类的对象中
            bufWriter.write(info.toString());                       //将数据写入文件中
        }
        catch(Exception e){
            e.printStackTrace();}
        finally {
            try {
                if(bufWriter != null)
                    bufWriter.close();
                if(writer != null)
                    writer.close();
            }catch (Exception e) {
                //TODO: handle exception
                e.printStackTrace();}
        }
    }
    /**
     * 实现消息发送
     * @param f
     */
    public void sendMsg(JFrame f, String senderName){
        String str = jtp_input.getText();
        if(!str.equals("")){
            Message msg = new Message();
            msg.setType(MsgType.COMMON_MESSAGE);
            msg.setSenderId(this.myId);
            msg.setSenderName(senderName);
            msg.setGetterId(this.friendId);
            msg.setContent(str);
            msg.setSendTime(df.format(new Date()));
            try {
                ObjectOutput out = new ObjectOutputStream(ManageThread.getThread(this.myId).getClient().getOutputStream());
                out.writeObject(msg);
                System.out.println(myId + "发送成功" + friendId + ":" + str);
                showMessage(msg,true);
                jtp_input.setText("");
            } catch (IOException e) {
                e.printStackTrace();
            }
```

```java
            }else{
                JOptionPane.showMessageDialog(f,"不能发送空内容!"); }
    }
    /**
     * 将接收到的消息显示出来
     * @param msg
     */
    public void showMessage(Message msg, boolean fromSelf) {
        showMessage(panel_Msg, msg, fromSelf);            //先显示到聊天内容面板
        showMessage(panel_Record, msg, fromSelf);         //再显示到聊天记录面板
    }
    /**
     * 从文件中获取消息,并显示在历史记录面板中
     * @param msg
     */
    public void showHistoryMessage(String frameName) {
        File chatFile = new File("chatDir/" + frameName + ".txt");
        FileInputStream in = null;
        InputStreamReader reader = null;
        BufferedReader bufReader = null;
        try {
            if(chatFile.exists()){
                in = new FileInputStream(chatFile);
                reader = new InputStreamReader(in);
                bufReader = new BufferedReader(reader);
                StringBuilder builder = new StringBuilder();
                String line = bufReader.readLine();
                while(line != null){
                    builder.append(line + "\n");
                    line = bufReader.readLine();}
                SimpleAttributeSet attrset = new SimpleAttributeSet();
                StyleConstants.setFontFamily(attrset, "仿宋");
                StyleConstants.setFontSize(attrset,14);
                Document msg_docs = panel_Msg.getDocument();
                Document record_docs = panel_Record.getDocument();
                try {
                    msg_docs.insertString(msg_docs.getLength(), builder.toString(), attrset);
                    record_docs.insertString(record_docs.getLength(), builder.toString(), attrset);
                } catch (BadLocationException e) {
                    //TODO Auto-generated catch block
                    e.printStackTrace();}
            }
        }
        catch(Exception e){
            e.printStackTrace();}
        finally {
            try {
                if(bufReader != null)
                    bufReader.close();
```

```java
                    if(reader != null)
                        reader.close();
                    if(in != null)
                        in.close();
            }catch (Exception e) {
                    //TODO: handle exception
                    e.printStackTrace();}
        }
    }
    /**
     * 将消息内容显示到指定面板
     * @param jtp
     * @param msg
     * @param fromSelf
     */
    public void showMessage(JTextPane jtp, Message msg, boolean fromSelf) {
            //设置显示格式
            SimpleAttributeSet attrset = new SimpleAttributeSet();
            StyleConstants.setFontFamily(attrset, "仿宋");
            StyleConstants.setFontSize(attrset,14);
            Document docs = jtp.getDocument();
            String info = null;
            try {
                    if(fromSelf){                                                    //发出去的消息内容
                            info = "我 ";                                            //自己账号:紫色
                            StyleConstants.setForeground(attrset, Color.MAGENTA);
                            docs.insertString(docs.getLength(), info, attrset); StyleConstants.setForeground(attrset, Color.red);
                            info = msg.getSendTime() + "\n";                         //发送时间:绿色
                            StyleConstants.setForeground(attrset, Color.black);
                            docs.insertString(docs.getLength(), info, attrset);
                            info = " " + msg.getContent() + "\n";                    //发送内容:黑色
                            StyleConstants.setFontSize(attrset,16);
                            StyleConstants.setForeground(attrset, Color.green);
                            docs.insertString(docs.getLength(), info, attrset);
                            jtp.setCaretPosition(jtp.getStyledDocument().getLength());//实现垂直
//滚动条自动下滑到最低端
                    }else{//接收到的消息内容
                            info = msg.getSenderName() + "(" + msg.getSenderId() + ") "; //对方账号:
                                                                                     //红色
                            StyleConstants.setForeground(attrset, Color.red);
                            docs.insertString(docs.getLength(), info, attrset); StyleConstants.setForeground(attrset, Color.red);
                            info = msg.getSendTime() + "\n";                         //发送时间:绿色
                            StyleConstants.setForeground(attrset, Color.black);
                            docs.insertString(docs.getLength(), info, attrset);
                            info = " " + msg.getContent() + "\n";                    //发送内容:蓝色
                            StyleConstants.setFontSize(attrset,16);
                            StyleConstants.setForeground(attrset, Color.blue);
                            docs.insertString(docs.getLength(), info, attrset);
                            jtp.setCaretPosition(jtp.getStyledDocument().getLength());//实现垂直
```

```
                    //滚动条自动下滑到最低端
                }
            } catch (BadLocationException e) {
                e.printStackTrace();
        }
    }
    @Override
    public void actionPerformed(ActionEvent e) {
        if(e.getSource() == btn_send){
            System.out.println("发送");
            sendMsg(this, this.myName);

        }else if(e.getSource() == btn_close | e.getSource() == btn_exit) {
            ManageChatFrame.removeChatFrame(myId + friendId);
            /*
             * 关闭聊天窗口时,将聊天信息保存到文件中
             */
            writeChatMsgToFile(panel_Record, myId + friendId);
            this.dispose();
        }
    }
}
```

(11) 在 com.hncpu.view.Login 类中添加一个获得在线好友的方法,同时,在用户登录后调用该方法,代码如下:

```
/**
 * 发送一个获取在线好友的请求包
 * @param fromId
 */
public void getOnlineFriends(String fromId){
    Message msg = new Message();
    msg.setType(MsgType.GET_ONLINE_FRIENDS);
    msg.setSenderId(fromId);
    try {
        ObjectOutputStream out = new ObjectOutputStream(ManageThread.getThread(fromId).getClient().getOutputStream());
        out.writeObject(msg);
    } catch (IOException e) {
        e.printStackTrace();
    }
}
```

(12) 在 com.hncpu.view.Login 类的 actionPerformed(ActionEvent e)方法的 this. dispose();语句前增加两行代码:

```
ManageFriendListFrame.addFriendListFrame(id,fl);
//发送获取在线好友信息包
getOnlineFriends(id);
```

com.hncpu.view.Login 类的完整代码如下:

```
package com.hncpu.view;
import java.awt.Container;
```

```java
import java.awt.Cursor;
import java.awt.Font;
import java.awt.Point;
import java.awt.event.ActionEvent;
import java.awt.event.ActionListener;
import java.awt.event.MouseAdapter;
import java.awt.event.MouseEvent;
import java.awt.event.MouseMotionAdapter;
import java.io.IOException;
import java.io.ObjectOutputStream;
import javax.swing.*;
import com.hncpu.entity.Message;
import com.hncpu.entity.MsgType;
import com.hncpu.model.LoginUser;
import com.hncpu.service.ManageFriendListFrame;
import com.hncpu.service.ManageThread;
/**
 * 客户端登录页面
 */
public class Login extends JFrame implements ActionListener{
    private static final long serialVersionUID = 1L;
    private JLabel jlb_north;              //背景图片标签
    private JButton btn_exit,btn_min;      //右上角最小化和关闭按钮
    private JTextField qqNum;              //账号输入框
    private JPasswordField qqPwd;          //密码输入框
    private JLabel userName;               //账号输入框前的用户名提示标签
    private JLabel userPwd;                //密码输入框前的密码提示标签
    private JCheckBox remPwd;              //"记住密码"复选框
    private JCheckBox autoLog;             //"自动登录"复选框
    private JButton btn_login;             //登录按钮
    boolean isDragged = false;             //记录鼠标是否拖动移动
    private Point frame_temp;              //鼠标当前相对窗体的位置坐标
    private Point frame_loc;               //窗体的位置坐标
    public Login() {
        //获取此窗口容器
        Container c = this.getContentPane();
        //设置布局
        c.setLayout(null);
        //背景图片标签
        jlb_north = new JLabel(new ImageIcon("image/login/login.jpg"));
        jlb_north.setBounds(0,0,430,126);
        c.add(jlb_north);
        //右上角最小化按钮
        btn_min = new JButton(new ImageIcon("image/login/min.jpg"));
        //为最小化按钮添加事件处理,单击最小化按钮,窗口最小化
        btn_min.addActionListener(new ActionListener() {
            @Override
            public void actionPerformed(ActionEvent e) {
```

```java
            //注册监听器,单击实现窗口最小化
            setExtendedState(JFrame.ICONIFIED);}
    });
    btn_min.setBounds(370, 0, 30, 30);
    c.add(btn_min);
    //右上角关闭按钮
    btn_exit = new JButton(new ImageIcon("image/login/exit.jpg"));
    //为关闭按钮添加事件处理,单击关闭按钮,结束程序
    btn_exit.addActionListener(new ActionListener() {
        @Override
        public void actionPerformed(ActionEvent e) {
            //注册监听器,单击实现窗口关闭
            System.exit(0); }
    });
    btn_exit.setBounds(400, 0, 30, 30);
    c.add(btn_exit);
    //账号输入框
    qqNum = new JTextField();
    qqNum.setBounds(120,155,195,30);
    c.add(qqNum);
    //密码输入框
    qqPwd = new JPasswordField();
    qqPwd.setBounds(120,200,195,30);
    c.add(qqPwd);
    //账号输入框前的用户名提示标签
    userName = new JLabel();
    userName.setFont(new Font("微软雅黑",Font.BOLD,12));
    userName.setText("用户名:");
    userName.setBounds(65,151,78,30);
    c.add(userName);
    //密码输入框前的密码提示标签
    userPwd = new JLabel();
    userPwd.setFont(new Font("微软雅黑",Font.BOLD,12));
    userPwd.setText("密 码:");
    //after_qqPwd.setForeground(Color.blue);
    userPwd.setBounds(65,197,78,30);
    c.add(userPwd);
    //"自动登录"复选框
    autoLog = new JCheckBox("自动登录");
    autoLog.setBounds(123,237,85,15);
    c.add(autoLog);
    //"记住密码"复选框
    remPwd = new JCheckBox("记住密码");
    remPwd.setBounds(236,237,85,15);
    c.add(remPwd);
    //登录按钮
    btn_login = new JButton(new ImageIcon("image/login/loginbutton.jpg"));
    btn_login.addActionListener(this);              //为登录按钮注册事件监听器
    btn_login.setBounds(120,259,195,33);
```

```java
        c.add(btn_login);
        //注册鼠标按下、释放监听器
        this.addMouseListener(new MouseAdapter() {
            @Override
            public void mouseReleased(MouseEvent e) {
                //鼠标释放
                isDragged = false;
                //光标恢复
                setCursor(new Cursor(Cursor.DEFAULT_CURSOR));
            }
            @Override
            public void mousePressed(MouseEvent e) {
                //鼠标按下
                //获取鼠标相对窗体位置
                frame_temp = new Point(e.getX(),e.getY());
                isDragged = true;
                //光标改变为移动形式
                if(e.getY() < 126)
                    setCursor(new Cursor(Cursor.MOVE_CURSOR));
            }
        });
        //注册鼠标拖动事件监听器
        this.addMouseMotionListener(new MouseMotionAdapter() {
            @Override
            public void mouseDragged(MouseEvent e) {
                //指定范围内单击鼠标可拖动
                if(e.getY() < 126){
                    //如果是鼠标拖动移动
                    if(isDragged) {
                        frame_loc = new Point(getLocation().x + e.getX() - frame_temp.x,
                                getLocation().y + e.getY() - frame_temp.y);
                        //保证鼠标相对窗体位置不变,实现拖动
                        setLocation(frame_loc);
                    }
                }
            }
        });

        //用户登录界面
        this.setIconImage(new ImageIcon("image/login/Q.png").getImage()); //修改窗体默
                                                                          //认图标
        this.setSize(430,305);                              //设置窗体大小
        this.setUndecorated(true);                          //去掉自带装饰框
        this.setVisible(true);                              //设置窗体可见
    }
    public static void main(String[] args) {
        new Login(); }
    /**
     * 单击登录进行处理
     * @param e
     */
```

```java
    @Override
    public void actionPerformed(ActionEvent e) {
        if(e.getSource() == btn_login){                    //单击登录
            String id = qqNum.getText().trim();            //获取输入账号
            String pwd = new String(qqPwd.getPassword());//获取密码
            String userPattern = "^[1-9][0-9]{5,9}$";//模式匹配
            if("".equals(id) || id == null) {
                JOptionPane.showMessageDialog(this, "请输入账号!"); }
            else if(!id.matches(userPattern)) {
                JOptionPane.showMessageDialog(this, "账号必须为6～10位数字,且不能以0开头!"); }
            else if("".equals(pwd) || pwd == null) {
                JOptionPane.showMessageDialog(this, "请输入密码!"); }
            else if(pwd.length()> 20 || pwd.length()< 3) {
                JOptionPane.showMessageDialog(this, "密码长度必须为3～20位!");}
            else {
                //接收检验结果
                Message msg = new LoginUser().sendLoginInfoToServer(this, id , pwd);
                if(null != msg){
                    String[] info = msg.getContent().split("-");
                    msg.setContent(info[1]);               //后面内容为全部好友
                    FriendList fl = new FriendList(info[0], id, msg); //进入列表界面
                    ManageFriendListFrame.addFriendListFrame(id,fl);
                    //发送获取在线好友信息包
                    getOnlineFriends(id);
                    this.dispose();}                       //关闭登录界面
            }
        }
    }
    /** 发送一个获取在线好友的请求包
     * @param fromId
     */
    public void getOnlineFriends(String fromId){
        Message msg = new Message();
        msg.setType(MsgType.GET_ONLINE_FRIENDS);
        msg.setSenderId(fromId);
        try {
            ObjectOutputStream out = new ObjectOutputStream(ManageThread.getThread(fromId).getClient().getOutputStream());
            out.writeObject(msg);
        } catch (IOException e) {
            e.printStackTrace();
        }
    }
}
```

3. 任务拓展

修改"仿QQ聊天软件"的服务器程序,将用户信息(创建用户表)和好友信息(创建好友

表)保存到数据库中,并使用数据库编程技术访问用户表和好友表中的数据。

三、独立实践

在任务拓展的基础上,完善"仿QQ聊天软件"的服务器程序,实现新增、修改、删除用户功能,实现新增、修改、删除好友功能。

参 考 文 献

[1] 陈炜,张晓蕾,侯燕萍,等.Java软件开发技术[M].北京:人民邮电出版社,2005.
[2] 朱喜福.Java程序设计[M].2版.北京:人民邮电出版社,2007.
[3] 赵丛军.Java语言程序设计实用教程[M].大连:大连理工大学出版社,2008.
[4] 魏先民,徐翠霞.Java程序设计实例教程[M].北京:中国水利水电出版社,2009.
[5] 张兴科,季武昌.Java程序设计项目教程[M].北京:中国人民大学出版社,2010.
[6] 张广斌,孟红蕊,张永宝.Java课程设计案例精编[M].2版.北京:清华大学出版社,2011.
[7] 耿祥义,张跃平.Java程序设计教学做一体化教程[M].北京:清华大学出版社,2012.
[8] 向昌成,聂军,徐清泉.Java程序设计项目化教程[M].北京:清华大学出版社,2013.
[9] Herbert Schildt.Java 8编程参考官方教程[M].9版.北京:清华大学出版社,2015.
[10] 明日科技.Java从入门到精通[M].4版.北京:清华大学出版社,2016.
[11] 黑马程序员.Java自学宝典[M].北京:清华大学出版社,2017.
[12] 明日学院.Java从入门到精通(项目案例版)[M].北京:中国水利水电出版社,2017.
[13] 李刚.疯狂Java讲义[M].4版.北京:电子工业出版社,2018.
[14] 李兴华.名师讲坛——Java开发实战经典[M].2版.北京:清华大学出版社,2018.
[15] 孙修东,王永红,等.Java程序设计任务驱动式教程[M].3版.北京:北京航空航天大学出版社,2019.
[16] 文杰书院.Java程序设计基础入门与实战(微课版)[M].北京:清华大学出版社,2020.
[17] 郭俊.Java程序设计与应用[M].北京:电子工业出版社,2021.
[18] 国信蓝桥教育科技(北京)股份有限公司.Java程序设计高级教程[M].北京:电子工业出版社,2021.
[19] 施威铭研究室.Java程序设计(视频讲解版)[M].6版.北京:中国水利水电出版社,2021.

图书资源支持

感谢您一直以来对清华版图书的支持和爱护。为了配合本书的使用,本书提供配套的资源,有需求的读者请扫描下方的"书圈"微信公众号二维码,在图书专区下载,也可以拨打电话或发送电子邮件咨询。

如果您在使用本书的过程中遇到了什么问题,或者有相关图书出版计划,也请您发邮件告诉我们,以便我们更好地为您服务。

我们的联系方式:

地 址:北京市海淀区双清路学研大厦 A 座 714

邮 编:100084

电 话:010-83470236 010-83470237

客服邮箱:2301891038@qq.com

QQ:2301891038(请写明您的单位和姓名)

资源下载:关注公众号"书圈"下载配套资源。

资源下载、样书申请

书 圈

图书案例

清华计算机学堂

观看课程直播